中国概况

ZHONG GUO GAI KUANG

吴平 主编　　孙俊 副主编

北京·旅游教育出版社

前　言

一

作为一门课程，“中国概况”是本科留学生的必修课，同时教育部在《关于授予来华留学生硕士、博士学位的办法》中要求：“中国概况”应作为来华留学硕士生、博士生的必修课来安排和要求。

尽管少部分外国留学生对中国已经有一些间接了解或直接体验，但是对于大多数学习汉语的外国学生来说，中国仍然是一个陌生甚至有几分神秘的国度。这里的历史地理、文化背景、风俗习惯、人民生活等国情，与他们自己的国家存在着种种差别。因而，不管每个留学生学习汉语的动机如何、目的怎样，大家都怀有也应该有一个共同的愿望——了解中国国情。

语言是文化的一种载体。学习汉语也好，同中国人交际也好，一定是与中国一定的社会、历史、文化、生活等知识联系在一起的。随着汉语学习的一步一步深入，涉及中国各方面的知识会越来越多。如果对有关中国的基本知识缺乏必要的了解和认识，那么，必将影响汉语学习的顺利进行，也会造成交际的困难。

对于已经具有一定汉语水平的学生来说，无论是对于在中国大学学习专业和攻读硕士、博士学位，还是从事跟中国相关的工作，仍然需要深入学习中国某一方面的文化知识。知识都是互相串联、互为作用的。老话说“文史哲不分家”，学习文学离不开历史，学习经济离不开地理，学习法律离不开政治，诸如此类，如果不具备关于中国的基本知识，接受某一学科的专业知识或从事专业工作也将遇到困难。

“中国概况”这一门课程，主要介绍中国的地理、人口、民族、政治、法律、经济、外交、教育、科学、语言文字、文学艺术、民间习俗等国情的基本情况。它将中国的情况向学习者作系统介绍，使他们在原来的基础上，对中国有一个比较全面的了解与认识。可以说，“中国概况”是奠定中国基础知识的需要，是系统、全面了解中国的需要，是顺利学习汉语和专业文化知识的需要。

二

《中国概况》的教学目的是向学生概括性地介绍中国基本国情以及当代所面

对的各种问题，使学生对中国历史传统和当代主流文化有所了解。由于编写者的不同，教材内容采用各种不同的视角和方向来对中国国情尤其是变化不断的当代生活和交流日益密切的世界文化进行考察。

（一）通过对《中国概况》的学习，学习者可以：

1. 对中国特别是改革开放之后中国一系列的社会文化问题有一个较为全面的认识和了解；

2. 熟悉中国社会文化的各种表现；

3. 结合对社会文化变化的了解，形成对中国社会文化尤其是当代中国已经出现或正在出现的重要问题进行审视的概念和体系。

（二）《中国概况》由历史和地理、今日中国、中国文化与文明三大部分组成，包括历史、国土与资源、旅游、民俗、国家政治、人口和民族、经济发展、当代生活、国际交往、传统文化、中国文明对世界的贡献、中外文化交流 12 个专题，基本上构成了对中国国情的全面展示。

《中国概况》的编写体例：

1. 概述：概述本节的基本内容。

2. 关键词：反映本章节的重点。

3. 图片资料：提供本节的相关信息，对学习内容有直观帮助。

4. 延伸阅读：对重要节点提供延伸阅读短文，并推荐相关阅读书目，使学习者扩展其知识范围并激发其研究兴趣。

（三）教学建议：

1. "中国概况"课程一般应该安排 72～108 个课时，开设在二、三年级阶段比较合适。

2. 授课以当代为主，适当偏重留学生感兴趣的内容，具有时代感。教学方法上以课堂讲授为主，结合考察与讨论等多种形式，力求简明客观。要注意本课程与其他课程的衔接及与提高汉语水平的联系。

三

"中国概况"课程在北京第二外国语学院汉语学院开设了十余年了，对这门课程，授课教师进行了精心的准备、认真的讲授和积极的反思。因此，"中国概况"才成为北京第二外国语学院的精品课程。《中国概况》作为教材，也在学校尤其是教务处的支持下才得以出版。

本书编写分工：

主编吴平；副主编孙俊；编写人有：韩秀娟（民俗、国际交往），郝琳（旅游、经济发展），刘联恢（近现代史、当代生活），莫修云（国土与资源、人口和民族），孙俊（中国文明对世界的贡献、中外文化交流），吴平（古代史、国家政治），赵晓晖（新中国发展史、传统文化）。

在编写教材的过程中，编写者参考了大量的相关著作、权威资料，并引用了部分图片；部分参考资料目录请参见“主要参考文献”，其他的恕不一一列出。没有这些资料，完成本书的编写是难以想象的，在此，编写者表示诚挚的感谢！

由于水平所限，本书会有不足甚至是错误，责任由编写者承担，我们恳请使用者批评指正。

编写者祝愿《中国概况》能够使学习者对中国有一个比较全面的了解与认识，为提高汉语水平、学习专业、深入了解中国打下基础。

最后，编写者还要特别感谢旅游教育出版社的大力支持。

吴平
于北京第二外国语学院
wuping@ bisu. edu. cn

目录

1 历 史

1.1 古代史

中国古代史开始于中国境内人类产生，结束于1840年鸦片战争爆发前夕，历经原始社会、奴隶社会和封建社会三个发展阶段。

中国境内至少在170万年前已经出现了人类活动。经过漫长的岁月，原始人类完成了从氏族、部落到国家的发展。公元前21世纪，夏朝的建立标志着早期国家的产生。自夏、商、西周，到春秋、战国，社会发生了剧烈变革。

公元前221年秦兼并六国，实现了国家的统一。秦汉时期，统一的多民族国家得到初步巩固。

三国两晋南北朝时期，出现了长期的分裂局面，西部和北部的少数民族大量涌入中原，逐步实现了与汉族的融合。随着北方人口的南迁，江南地区得到初步开发。

隋唐时期，出现了国家统一、社会经济文化繁荣的局面，国内各民族友好交往和中外交流得到进一步发展。

宋元时期，经济重心由黄河流域转移到长江流域，契丹、党项、女真、蒙古等少数民族南下，民族关系出现了新变化。

明清时期，统一的多民族国家得到巩固和发展，经济和文化取得了一定成就。同时专制统治不断强化，对外闭关锁国，社会危机日益加深。

中华文明源远流长，绵延不断，成就辉煌，对人类进步作出了伟大贡献。

1.1.1 远古时代

关键词：北京猿人　黄帝　大禹治水

在中国云南省元谋发现的一颗古人类牙齿化石，经科学鉴定，距今有170多万年。40万～50万年前，“北京猿人”（简称“北京人”）生活在北京周口店龙骨山的洞穴里，考古证明北京人已经知道使用天然火。

距今六七千年前，中国出现了古老的彩陶文化和黑陶文化。陕西西安半坡文化的彩陶，十分精美。人面网纹盆上各种纹饰，是原始文字和原始艺术的结晶。长江流域的河姆渡文化，与黄河流域的半坡文化同样古老，7 000 年前河姆渡地区的人们已经会用大型木构件建筑房屋，并开始种植水稻。

大约 4 500 多年前，发生了一些部落战争。黄帝是其中一个部落的首领，在华夏族形成的过程中，黄帝发挥了重要的作用，他被后世尊为华夏族（即中华民族前身）的"人文初祖"，黄帝、炎帝部落联盟形成了华夏族的主干，中国人被称为"炎黄子孙"由此而来。

黄帝之后，中华民族先后又出现了几位杰出的人物：尧、舜、禹。尧禅位于舜，舜禅位于禹。尧舜禹的时代，洪水泛滥成灾。大禹治服了洪水，这就是著名的"大禹治水"。

半坡彩陶（摄影：吴平）

三星堆遗址文物（摄影：吴平）

延伸阅读

三皇五帝

中国古书上，把伏羲、女娲、神农称为"三皇"（关于"三皇"所指，还有其他说法：①天皇、地皇、泰皇；②天皇、地皇、人皇；③伏羲、神农、祝融；④伏羲、神农、黄帝；⑤燧人、伏羲、神农），把太皞、炎帝、黄帝、少皞、颛顼称为"五帝"［关于"五帝"所指，还有其他说法：①黄帝、颛顼、帝喾、唐尧、虞舜；②少昊（皞）、颛顼、高辛（帝喾）、唐尧、虞舜；③黄帝、少皞、帝喾、帝挚、帝尧］，其实"三皇五帝"都是象征性的人物，是想象中的氏族部落或部落联盟的领袖。关于"三皇五帝"的记载，虽然是一些美丽动人的神话传说，但却能反映原始社会氏族和部落的历史。

传说伏羲、女娲、神农是远古时代的大圣人，各有一些了不起的功绩。

伏羲据说是个大发明家，"始作八卦"，"作结绳而为网罟"。这是两件大的发明创造。告诉我们，伏羲氏族开始使用一种记事符号，又懂得制网捕鱼了。

女娲的主要业绩是“抟黄土作人”和“炼五色石以补苍天”。

神农是传说中主掌农业的神,他“尝百草之实,察酸苦之味,教民食五谷”。

黄帝姓姬,号轩辕氏,又号有熊氏。传说黄帝族原先居住在西北方,过着游牧生活,打败蚩尤后又与炎帝族发生三次大战。黄帝打败了炎帝部落后,进入黄河流域。从此,黄帝部落定居中原,并很快发展起来。黄帝后代与其他部落共同融合,形成中华民族,黄帝轩辕氏被看成是华夏族的始祖。后来,中国人自称是“炎黄子孙”。

正是这个原因,后人把许多发明创造都传作是黄帝的功绩,说他发明指南车,造舟车弓箭,染五色衣裳。他让妻子嫘祖教人民养蚕。他命令大臣仓颉造文字,大挠造干支,伶伦制作乐器等。

盘古开天辟地

传说宇宙最初像个大鸡蛋,里面混沌一团,分不清上下左右,东南西北。盘古在鸡蛋中足足孕育了一万八千年,终于从沉睡中醒来了。他睁开眼睛,只觉得黑乎乎的一片,透不过气来。他想站起来,但鸡蛋壳紧紧地包着他的身体,连动一下手脚也办不到。盘古抓起一把大斧,用力一挥,只听得一声巨响,震耳欲聋,大鸡蛋骤然破裂,其中轻而清的东西向上不断飘升,变成了天;另一些重而浊的东西,渐渐下沉,变成了大地。

盘古开辟了天地,高兴极了,但他害怕天地重新合拢在一块,就用头顶着天,用脚踏住地。他每天增高一丈,天也随之升高一丈,地也随之增厚一丈,这样过了一万八千年。盘古这时已经成为一个顶天立地的巨人,身子足足有九万里长。就这样不知道又经历了多少万年,终于天稳地固,天地不会重新复合了,这时盘古才放下心来。但这位开天辟地的英雄已经筋疲力尽,再也没有力气支撑自己,他巨大的身躯轰然倒地了。

盘古临死时,全身发生了巨大的变化。他的左眼变成了鲜红的太阳,右眼变成了银色的月亮,呼出的最后一口气变成了风和云,最后发出的声音变成了雷鸣,他的头发和胡须变成了闪烁的星辰,头和手足变成了大地的四极和高山,血液变成了江河湖泊,筋脉化成了道路,肌肉化成了肥沃的土地,皮肤和汗毛化作花草树木,牙齿骨头化作金银铜铁、玉石宝藏,他的汗变成了雨水和甘露,从此开始有了世界。

大禹治水

传说在帝尧时期,黄河流域经常发生洪水。为了制止洪水泛滥,保护农业生产,尧帝曾召集部落首领会议,征求治水能手来平息水害。鲧被推荐来负责这项工作。鲧接受任务后,采用简单的堤埂把居住区围护起来以阻挡洪水,九年而不得成功，最后被放逐羽山而死。舜帝继位以后，任用鲧的儿子禹治水。禹总结父亲的治水经验，改鲧“围堵障”为“疏顺导滞”的方法，就是利用水自高向低流的自然趋势，顺地形把壅塞的川流疏通（因势利导），把洪水引入疏通的河道、洼地或湖泊，然后合通四海，从而平息了水患，使百姓得以从高地迁回平川居住和从事农业生产。

大禹治水是古老简单的故事，面对洪水泛滥，大禹的父亲采用“堵”的方法，失败了，被处死；大禹接过治水的重任，采用“疏”的办法，成功了。

考古新发现

根据现在的考古发现，在中国这片土地上，农业的出现应该是距今12 000年左右，比如说在南方的江西、湖南等一些地方都发现了约1万年以前的与栽培水稻有关的遗存；在江西万年县的仙人洞遗址发现了距今1万年前的陶器和稻子的植物硅酸体；湖南道县的玉蟾岩遗址，发现了世界上最早的栽培稻标本和最早的陶制品。

1999年起，中外考古专家在对河南贾湖遗址发掘出土的数千年前的陶器进行残留物分析时发现，陶器碎片上留有一些沉淀物，化验结果发现残留物的化学成分与现代稻米、米酒、葡萄酒、葡萄丹宁酸以及现代草药的化学成分相同。另外，残留物还包含有山楂和蜂蜜的化学成分，证明陶器中存放过以稻米、蜂蜜和水果为原料调和加工而成的饮料——“千年美酒”。

2007年中国科学家在重庆市巫山县龙骨坡发现的一颗牙齿化石经过年代测定，距今204万年，这是中国发现的最早的古人类化石，由此将中国人类起源的时间往前推进了100万年！

2009年，湖南高庙文化遗址出土了7 400年前的一个竹篾垫子。这比浙江良渚文化遗址发现的竹席、竹篓、竹篮等竹工艺品要早两千多年，是迄今为止中国已知的最早的竹工艺品。

美国《考古学》评出“2008年十大考古发现”，美国人类学家埃里克·特林考斯认为，发掘于距离中国周口店遗址区西南6公里处的田园洞、距今4.2万年的人类趾骨表明，那时候的人已经开始穿鞋。因此，这个源于中国的考古发现也被冠以“最早的鞋”的称号而排在“2008年十大考古发现”第七位。

2010年，中国考古专家历经近18个月的发掘，在浙江良渚遗址区内发现了“中华第一城”良渚古城，古城可能就是良渚国的首都。该考古发现将改写中国历史，也就是由现在认定的最早朝代夏、商、周，改成良渚为最先。因为根据出土的陶瓷碎片，古城年代不晚于良渚文化晚期，也就是距今4 000年以前。

话题讨论：

1. 人类的起源地是在非洲吗？

2. 为什么说黄河、长江是中华民族的摇篮？

1.1.2 夏、商、周、秦

关键词：农历　甲骨文　春秋战国　秦始皇　长城

大禹的儿子启建立了第一个奴隶制王朝夏朝（约公元前21世纪至公元前16世纪）。夏朝开始有了历法，所以人们都把中国古老的传统历法叫夏历。夏历是按月亮的运行周期制订的，又叫阴历。人们又根据太阳的位置，把一年分成二十四个节气，以利于农业种植等活动。纪年用天干地支搭配，六十年周而复始。由于历法中有节气变化和农事安排，所以又称农历。

夏朝之后是商朝（约公元前17世纪到约公元前11世纪），商朝的青铜器制造业有很大的发展。关于商朝的信息多来自于其后面的周朝和汉朝司马迁的《史记》，以及商朝甲骨文和金文的记载。其中，甲骨文和金文是目前已经发现的中国最早的成系统的文字符号。甲骨文，是刻在龟甲兽骨上的一种古代文字，已经是相当成熟的文字了。

周朝（约公元前11世纪到公元前256年）建立后，分封了晋、鲁、越、吴、齐、楚、燕、韩、赵、魏、秦等71个小国。这些小国的国君叫诸侯。公元前770年，周平王将都城东迁，名为“东周”，之前叫作“西周”。东周又分为“春秋”、“战国”两个时期。

约2 500年前，中国出了一位伟大的思想家——老子。老子是道家学派的创始人。

孔子是另一位大思想家、大教育家，是儒家学派的创始人。孔子最早在中国兴办私学。孔子为中国古代文化的发展作出了不朽的贡献，他整理编订了《易》、《诗》、《礼》、《乐经》、《书》、《春秋》等“六经”。孔子故居后来改建为“孔庙”。

孙武，是春秋末期一位杰出的军事家。他在《孙子兵法》中提出了著名的“知彼知己，百战不殆”，“攻其不备，出其不意”等许多战争原则。“孙子兵法”被广泛应用于政治、外交、经济、体育等领域。

“百家争鸣”是春秋战国时期的一场激烈的思想交锋，由此产生了各种思想流派，并奠定了中国古代思想文化的基础。

公元前221年，秦始皇嬴政结束了长达250多年诸侯纷争的战国时期，建立了中国历史上第一个统一的、中央集权的多民族封建国家——秦。秦始皇统一了文字、度量衡及货币，建立了郡县制度。由他奠定的国家框架在以后的2 000多年中一直被人们沿用着。他在中国北部修建了绵延5 000公里的长城，并生前就开始修筑庞大的坟墓。1974年发现的秦始皇陵兵马俑震惊了世界。

延伸阅读

百家争鸣

春秋战国时代，社会大变革，当时的一些思想家纷纷对时局发表看法，他们著书讲学，互相论战，出现了学术上的繁荣景象，后世称为百家争鸣。这一时期人才辈出，群星灿烂，创造了中国历史上百家争鸣、百花齐放的伟大时代，产生了儒家、墨家、道家、法家、阴阳家、名家、农家、纵横家、兵家、杂家众多学派，奠定了中国古代思想文化的坚实基础。

主要流派介绍：

学派	代表人物	著作	特点
儒家	孔子	《论语》	以孔子为师，以六艺为法，崇尚礼乐和仁义，提倡忠恕和不偏不倚的中庸之道，主张德治和仁政，重视道德伦理教育和人的自身修养。
	孟子	《孟子》	
	荀子	《荀子》	
道家	老子	《道德经》	以老子关于“道”的学说作为理论基础，以“道”说明宇宙万物的本质、本源、构成和变化。主张道法自然，顺其自然，提倡清静无为，以柔克刚。政治理想是“小国寡民”、“无为而治”。
	庄子	《庄子》	
墨家	墨子	《墨子》	以“兼相爱，交相利”作为学说的基础：兼，视人如己；兼爱，即爱人如己。“天下兼相爱”，就可达到“交相利”的目的。
法家	韩非子	《韩非子》	经济上主张重农抑商、奖励耕战；政治上主张君主专制，以严刑峻法进行统治。其学说为君主专制的大一统王朝的建立提供了理论根据和行动方略。

《道德经》和世界

早在16世纪，老子的《道德经》就被译成西方文字，17世纪以后，借助西方的商船往返，顺着西方传教士的足迹，《道德经》逐步由中国传入欧洲，老子思想逐渐传遍欧洲大陆。

17、18世纪，欧洲哲学中开始出现老子的名字。1817年，法国学者朱利安出版了一个富有影响的法文《道德经》译本。勒木萨1823年作《老子传》，称老子是一位“真正的哲学家、有见识的伦理师、善言的神学家和形而上学家”，其风格与柏拉图一样崇高，“道”的概念与希腊的“逻格斯”相当。有趣的是，西方人最初把“道德经”3 个字分别翻译为“道路”(way)、“德性”(virtue)和“经典”(classic)3 个词。

德国哲学家莱布尼茨最初正是根据伏羲黄老的阴阳学说提出了二进制思想。当他第一次看到中国《河图洛书》拉丁文译本以后，惊呼“这是一个宇宙最高的奥秘”，连连称赞中国人太伟大了，当即给太极阴阳八卦起了一个西洋名字“辩证法”。由此可见，老子才是真正的辩证法之父。

莱布尼茨对辩证法的论述深刻地影响着伊曼努尔·康德，使康德成为著名的哲学家，成为辩证法的奠基人和阐发者。而黑格尔师承康德，把老子学说看成是真正的哲学，将老子所说的“一生二，二生三，三生万物”发挥得淋漓尽致，使其哲学逻辑合理，充满生气，理论新奇，论述动人。黑格尔研究每一个命题，都完全按照太极图的正(阳)反(阴)合(中)的三维形式，创立了三段式解读法。哲学家海德格尔更把老子的“道”视为人们思维得以推进的渊源。

老子的人生态度和处世哲学也给予西方学者以启迪，哲学大师叔本华其精神源头中就有着老子的影子。哲学家尼采认为《道德经》“像一个永不枯竭的井泉，满载宝藏，放入汲桶，垂手可得”。而俄国文学家托尔斯泰当年也曾说，自己良好精神状态的保持应当归功于阅读《道德经》。现代哲学家海德格尔认为老子与自己的思想很吻合，他将老子“孰能浊以止，静之徐清？孰能安以久，动之徐生?”的字句挂于书房。

一战后，在欧洲人中兴起了一股东方文化热、中国文化热。在这股热潮中，西方人发现，对于西方文化来说，最好的拯救良方莫过于老子和他的《道德经》。他们发现老子“天人合一”的思想理念、“道法自然”的处世原则、“无为而治”的行为方式，对弥补西方文明中的精神失落和强权意志，都具有非常积极的作用。由此老子思想在西方真正热了起来。

不少诺贝尔奖金获得者和著名科学家把自己的科学发现归功于老子这个东方圣人的启示。日本学者汤川秀树说：“早在两千多年前，老子就已预见到了未来人类文明所达到的状况。”美国学者卡普拉惊奇地发现了道家哲理与高能物理现象的吻合，他在《物理学之道》中说：“中国的哲学思想，提供了能够适应现代物理学新理论的一个哲学框架，中国哲学思想的‘道’暗示着‘场’的概念，‘气’的概念与量子‘场’的概念也有惊人的类似。”

当代管理巨著《第五项修炼》风靡全球，其作者“学习型组织”的创始人彼得·圣吉最推崇老子的管理思想；韩国巨作《商道》体现了老子的处世思想；日本“经营之神”松下幸之助最推崇老子的管理哲学；《国富论》的作者，亚当·斯密受《道德经》无为而治理论的指导，开创了市场经济理论。

《孙子兵法》是受《道德经》的影响创作出来的，《道德经》是中国多数兵法的源头；道、儒、释是中华文明的三大根基；老子、孔子是中国历代君王的导师，影响中国

2 500 年的历史。

据联合国教科文组织统计，在世界各国经典名著中，《道德经》是除了《圣经》以外被翻译成最多种语言、发行量最大的传世经典。

屈 原

屈原（约前 339—约前 278 年），战国时期的楚国诗人、政治家，“楚辞”的创立者和代表作者，20 世纪曾被推举为世界文化名人而受到广泛纪念。他写下了忧国忧民的《离骚》、《天问》、《九歌》等不朽诗篇，独具风貌，影响深远，其中《离骚》是中国最长的抒情诗。公元前 278 年，秦军攻破楚国京都，屈原投汨罗江而死。

以后，在每年的农历五月初五，就有了划龙舟、吃粽子、喝雄黄酒的风俗，以此来纪念爱国诗人屈原，这就是“端午节”。后来这习俗传遍了全国，甚至还传到了朝鲜、日本以及东南亚各国。

从孔庙到孔子学院

孔庙，通常称为文庙，最早是中国纪念孔子、供后人祭祀孔子的庙宇式建筑，自汉武帝“罢黜百家、独尊儒术”后成为宣传儒家思想的庙宇。

随着中国文化在中国周边地区的影响加深，越南、朝鲜、日本等地都兴建了许多孔庙。18 世纪以后，在欧洲、美洲等地也相继出现了孔庙。海内外孔庙曾发展到 3 000 多处（目前尚存 1 300 多处）。

孔子一生从事教育事业，相传有弟子三千，贤弟子七十二人。孔子爱教育、爱学生，诲人不倦，他能平等对待学生，做到教学相长，严格要求自己，以身作则，是具有高尚师德的一代宗师。

2004 年起，国外开始设立孔子学院。孔子学院是中外合作建立的非营利性教育机构，致力于适应世界各国（地区）人民对汉语学习的需要，增进世界各国（地区）人民对中国语言文化的了解，加强中国与世界各国（地区）的教育文化交流合作，发展中国与外国的友好关系，促进世界多元文化发展，构建和谐世界。

孔子是中国历史上著名的思想家、教育家、哲学家，其学说在世界上具有十分重要的影响，因此“孔子学院”这一名称体现了中国历史悠久、文化博大精深的底蕴，也体现了新世纪中国语言文化将逐步融入世界的发展趋势。

赵武灵王和“胡服骑射”

赵武灵王即位的时候，赵国正处在国势衰落时期，就连中山那样的邻界小国也经常来侵扰。而在和一些大国的战争中，赵国常吃败仗。赵国眼看着将要被别国兼并。

赵国地处北边，经常与林胡、楼烦、东胡等北方游牧民族接触。赵武灵王看到胡人在军事服饰方面有一些特别的长处：穿窄袖短袄，生活起居和狩猎作战都比较方便；作战时用骑兵、弓箭，与中原的兵车、长矛相比，具有更大的灵活机动性。

为了富国强兵，赵武灵王提出"着胡服""习骑射"的主张，胡服在赵国军队中装备齐全后，赵武灵王就开始训练将士，让他们学着胡人的样子，骑马射箭，转战疆场，并结合围猎活动进行实战演习。在赵武灵王的亲自教习下，国民的生产能力和军事能力大大提高，在与北方民族及中原诸侯的抗争中起了很大的作用。从胡服骑射的第二年起，赵国的国力就逐渐强大起来。

骑射，终于使骑兵这一灵活的新兵种取代了笨重的车兵，中国古代战争的样式从此有了根本性的变化。赵国新建骑兵在战争实践检验中显示出的巨大优越性，很快刺激了其他列国也发展这一全新兵种，马拉战车就此在战场上被淘汰而改为运输之用，中国军事史进入了骑兵起决定作用的新时代。在随后统一华夏的战争中，秦国曾持续40年攻赵，最终依仗着地大财丰，在马业和弓弩制造方面逐渐占有了优势。公元前223年，秦国骑兵最后灭赵，两年后便一统天下。

"胡服骑射"虽然是一场军服和作战方式改革，但影响却是多方面的，使人们的心理和思维方式发生了明显变化，打击了"先王之道不可变"的保守思想，勇于革新的思想得到树立，减弱了华夏民族鄙视胡人的心理，增强了胡人对华夏民族的归依心理，缩短了二者之间的心理距离，促进了二者之间的经济文化交流，为以后的民族大融合和国家大统一奠定了心理基础。

话题讨论：

1. 老子、孔子和秦始皇对后世有什么影响？
2. 长城跟中国文化有什么关系？
3. 收集几个与这段历史相关的成语。

1.1.3 汉、三国、晋和南北朝

关键词：《史记》 隶书 独尊儒术 诸葛亮 魏晋风度

汉朝(前206—220年)是一个持续稳定强盛的王朝，创造了辉煌的文明。汉王朝进一步奠定了汉民族的民族文化，汉朝所尊崇的儒家文化成为当时和日后的社会主流文化。到现在，"汉人"仍然为多数中国人的自称，而华夏族亦慢慢地被称为"汉族"，华夏文字亦逐渐被称为"汉字"。

汉朝是中国历史上科技与文化非常辉煌的一个时期。在史学方面，司马迁的《史记》是中国第一部纪传体通史，也是二十四史中的第一部。班固所编写的《汉

书》是中国历史上第一部内容完整的断代史。

隶书渐渐取代小篆成为主要书写字体，隶书的出现奠定了现代汉字字形结构的基础，成为古今文字的分水岭。这一时期，还出现了标点符号的雏形。

在科技方面，张衡制成了世界上第一台能够感知地震的地动仪。张仲景因写作《伤寒杂病论》而被尊为“医圣”。而华佗更是世界上最早采用全身麻醉的医生，俞跗运用人体解剖术治病。公元前1世纪的《周髀算经》及东汉初年的《九章算术》则是数学领域的杰作。其中，《九章算术》是战国、秦、汉古代社会创立并巩固时期数学发展的总结，列有分数四则运算、开平方与开立方（包括二次方程数值解法）、各种面积和体积公式、线性方程组解法、正负数运算的加减法则、勾股形解法（特别是勾股定理和求勾股数的方法）等筹算方法，形成了一个以筹算为中心、与古希腊数学完全不同的独立体系。

汉代也是中国最早发明瓷器烧造的时代。瓷器的制造工艺比较复杂，故瓷器的出现比陶器晚，从商周起才有原始青瓷。经过漫长的发展过程，到了东汉晚期，中国已能大批生产青瓷。汉代还发明了蒸馏法、水力磨坊、独轮车和吊桥，船只开始使用罗盘（指南针）。汉代出现了蒸馏酒，酿酒水平臻于完美。汉代铁制农具、牛耕、水利工具和设施的普遍采用，使农业生产效率大幅度提高。

随着织花机的发明，纺织技术大大提高。自张骞出使西域后，丝绸传到西域。汉代的丝绸业已十分发达。商人把各种丝和丝织品运到了古罗马帝国，丝绸之路开始形成。

蔡伦改进了造纸术，大大降低了造纸成本，纸取代简帛成为了主要的书写材料。造纸术在公元3世纪后传入朝鲜和日本，在751年又传入中亚，之后通过阿拉伯诸国传入欧洲与北非，改变了世界文明史。

在思想和宗教方面，汉武帝为了巩固大一统的政权，提出“独尊儒术”，以孔子学说为核心内容的儒家思想开始占统治地位。佛教在东汉前后经丝绸之路由印度传到中国，东汉时中国道教在民间开始兴起，儒家思想、佛教和道教从此对中国文化产生了极其深远的影响。

从公元220年起，中国历史进入一个较长的分裂时期，最初是魏、蜀、吴三国鼎立（220—280年）。三国时期有几位著名人物，如：诸葛亮是智慧的化身，关羽是忠义的英雄。他们的故事被明代文学家罗贯中写成了一部中国古代经典小说《三国演义》。三国之后是西晋的统一，不久分裂又重新开始，进入南北朝时期。

这一时期，南方经济有了较大发展。西、北部各少数民族陆续内迁，各民族的迁徙和相互杂处促进了交流与融合。所以说这个阶段的分裂，对加速民族交流与融合起到了极其重要的作用，是中华民族发展过程中不可缺少的一个重要环节。

文化方面，盛行玄学，佛、道二教进一步发展。文学艺术方面，“建安七子”、陶渊明等人的诗文、王羲之等人的书法、顾恺之等人的绘画,皆为不朽之作。科学技术方面,祖冲之第一个将圆周率准确数值计算到小数点以后七位数字;贾思勰的《齐民要术》则是世界农学史上的巨著。

对外交流也很发达,东到日本和朝鲜,西到中亚和大秦(即罗马),还有东南亚地区,中国与它们都有外交关系。

延伸阅读

卓文君与司马相如

卓文君,生在四川临邛一个巨富之家,平日穿金戴银,长得美貌非凡,更兼文采,通晓琴棋书画,17岁由父母包办出嫁,半年后因丈夫病亡而返回娘家守寡。这时候,大才子司马相如正因病辞职寄居在朋友家,与卓家为邻,对文君早已倾心。一日,相如来卓家赴宴,文君对他的文采仰慕已久,便躲在屏风后面窥视。相如见屏风后人影晃动,知道是文君偷看,不禁心中暗喜,但表面上装作不知。当受邀抚琴时,便趁机弹了一曲《凤求凰》,卓文君听着听着,芳心已被这美妙的音乐打动,敏感的她捕捉到随音乐袭来的爱慕之心、崇拜之意,音乐传情,无须言说。由于司马相如爱卓文君,就借酒醉夜宿于卓家花园里,二人得以相见,便私订了终身。司马相如托人去卓家求婚,卓父因嫌相如贫穷而拒绝。没办法,两人只好私奔,一起回到相如老家成都,生活窘迫,文君就把自己的头饰当了,开了一家酒铺,卓文君亲自当垆卖酒,过着虽贫穷却也恩爱的日子。后来,司马相如凭着出众的才情,得到了汉武帝的重用,拜为中郎将。从此,他们的日子如芝麻开花节节高。司马相如的文采,卓文君的美艳,当垆卖酒,白头兴怨,传为千古风流佳话。卓文君敢爱、敢于违抗父命而为自己争取了幸福,这一点,不仅在古时候非常不易,就是在现代,也是令人钦佩的。

汉代的陆路和海路交通

西汉商业交换关系的发展,促进了交通事业的发达。中原地区的陆路和水路交通都有新的发展,中原和边疆地区之间的交通也有发展。自关中通向巴蜀的千里栈道多次得到整治。东汉初年开通的飞狐道,自代(今河北蔚县)至平城(今山西大同),约300余里。又开通峤道,自零陵(今属湖南)、桂阳(今郴县),通岭南,远达交趾、九真、日南等郡,道长1 000余里。自巴蜀亦有通向西南夷地区的大道。此道再向西南,可经今缅甸,达于印度,这就是西南丝绸之路。这些栈道、大道的沿途,多筑有亭障、邮驿,以保卫商旅,安顿食宿,便利交通。

东汉时期海外交通进一步发展,各国之间的往来更加密切。建武二十年(44

年)，光武帝刘秀封韩人苏马堤，倭国派使臣来赠送方物，刘秀赐以印绶。公元1784年，日本人在九州志贺岛(今福冈县粕屋郡志贺町)发现了一方汉制金印，文曰“汉委奴国王”，可能就是刘秀所赐的金印。安帝永初元年(107年)，倭国王帅升派人献奴婢160人，并愿至洛阳朝见。这时汉已通日本以东以南数千里以外的岛屿、地区，有的航程需一年以上。

东汉与南洋、印度洋各地的往来更加密切。和帝(85—105年)时，天竺(今印度)几次遣使前来，赠送方物。顺帝永建六年(131年)，叶调国(今爪哇岛或苏门答腊岛)王遣使师会赠送方物，汉封师会为汉归义叶调邑君，又赐国王金印紫绶。桓帝延熹九年(166年)，大秦国(罗马帝国)王安敦又赠象牙、犀角、玳瑁等。

魏晋风度

魏晋南北朝时期(220—589年)是中国历史上最动荡、最混乱、最黑暗的时期，当时的文人士大夫远离政治、自在逍遥，在中国文化史上形成一道独特的风景，从表象看，这种方式十分颓废和消极，但实际上却蕴含着深刻的社会、人生和命运的意义，是独立人格的觉醒。这一阶段是中国历史上一个思想最解放、个性最张扬的唯美时代，一大批思想家、文学家、艺术家脱颖而出。

魏晋风度是一种什么风度呢?

简单地说，这是“人”的觉醒。它带着鲜明的、不加修饰的个性特征，带着一股清新的气息，扑面而来。在很多人看来，它是一种真正的名士风范，魏晋名士“清峻通脱”的气质和一派“烟云水气”的风度，为后世顶礼膜拜。

魏晋风度是文化史上一段优美的风景。魏晋人提出的“言不尽意”、“气韵生动”、“以形写神”的美学原则，长久地影响了中国艺术。“风度”在魏晋时是用来品评人物的词语，它不仅仅是个人文化素质与精神状态在言谈与仪表上的反映，同时也集中体现在人生观和世界观上。魏晋时代的名士是很另类的，他们在动乱的世事下创造着一个又一个光辉的业绩，且个性十足，潇洒自然，用行动率真地表现着自己的情绪与思想。正始名士、“竹林七贤”都是魏晋风度的典型代表。

话题讨论：

1. 佛教为何能跟儒家、道教一起成为中国文化的影响者?
2. 查询有关北魏孝文帝的史实，讨论社会文化交流问题。
3. 学习陶渊明的《桃花源记》，谈谈对“世外桃源”、“香格里拉”的理解。

1.1.4 隋唐

关键词：唐太宗　大运河　盛唐　李白　杜甫　唐三彩

公元589年,隋朝重新统一中国。隋朝创立了科举制,后又设进士科。

隋朝时,中国经济的重心已开始南移,大量的粮食财富从南方运往全国,为此,公元605年,隋炀帝下令开凿贯通南北的大运河。大运河以洛阳为中心,南至余杭(今浙江杭州市),北达涿郡(今北京通州),全长2 000多公里,沿河修了堤道,栽种了柳树。

公元618年,唐朝(618—907年)建立。626年,李世民继位当了皇帝,即唐太宗。唐太宗十分注意安抚百姓,实行一系列开明的政策,把中国封建社会的繁荣昌盛推向了顶峰:有发达的农业、手工业和商业,纺织、染色、陶瓷、冶炼、造船等技术也都有了进一步的发展,全国水陆交通非常发达。

唐代开始,东南沿海许多商人纷纷扬帆出海。他们每年九十月间,南下东南亚各国经商,待来年三四月间再回唐朝。这些在东南亚"住蕃"和移民的"唐人",成为最早的华侨。唐后,许多国家都把中国人及华侨称为"唐人",他们聚居的地方就成了唐人街。

唐朝时期,中国是东方最先进的国家,日本先后派了十多批遣唐使到中国学习,人数多时达五六百人。这些日本遣唐使回国以后,积极传播中国的社会制度和文化,促进了中日的友好关系发展和文化交流。

唐朝是中国古代诗歌发展史上的黄金时代。诗歌在唐代成为一种最普遍的文学形式。唐诗的内容极其丰富,对大地、山河、战场、边塞、农村、城市,以及历史和人民的生活等,无不加以描写。著名诗人不断涌现,初唐有王勃、陈子昂等,盛唐除李白、杜甫外,还有王维、孟浩然、王之涣等,中唐有白居易、刘禹锡、柳宗元、李贺等,晚唐有杜牧、李商隐等。

韩愈、柳宗元倡导的古文运动,对后世影响甚大。颜真卿的书法,阎立本、吴道子、王维的绘画,《霓裳羽衣舞》等舞蹈,以及众多的石窟艺术,均流传后世。唐朝工匠烧制出青、绿、黄三种艳丽色彩的陶器,所以叫唐三彩。唐三彩作品多为人物或动物俑,个个造型生动,栩栩如生,为艺术珍品。

科学技术方面,唐代天文学家中最有成就的是僧一行(原名张遂),他通过观测,证实了太阳的运行速度是不均匀的。僧一行还大规模实测了子午线的长度,这在世界上是第一次。唐代农业中最引人注目的是茶叶栽培。陆羽的《茶经》是对种茶经验的系统总结,是第一部关于茶叶的专著,后世称陆羽为"茶圣"。孙思邈(581—682年)是隋唐之际著名的医学家,后世尊之为"药王"。

唐朝高度发达的经济和文化,对很多国家都很有吸引力。伊斯兰教创始人穆罕默德曾对他的弟子说:"学问虽远在中国,亦当求之。"唐朝在文化上也敢于兼收并蓄,百花齐放。唐朝在对外交往中,采取了比较开明的政策,鼓励外国商人到中国进行贸易活动。唐代的都城长安(今陕西西安)有百万人口,各国的使节、商人、留学生数以万计。唐朝在广州设市舶司(其长官称为市舶使),专管海外贸易。再加上对外交通发达,周边各国的使臣和商人,纷纷前来中国,与中国通商往来的国家发展到七十多个,出现了前所未有的盛况。唐文化传播到东西方各国,对许多国家产生了巨大的影响。

唐三彩(摄影:吴平)

延伸阅读

唐朝的外国人

唐太宗曾说:“自古皆贵中华,贱夷狄,朕独爱之如一。”他认为,外国的风俗人情与中国不同,“不必猜忌”,如与他们搞好关系,则“四夷可使如一家”。唐朝的长安等城市里住着大量的外国人,他们享受着唐王朝开放与平等的民族政策所带来的自由生活,可以保留自己的宗教信仰、婚姻习惯和葬式葬仪等,丝毫不受歧视。

他们来自哪里?唐代对汉族以外的人们多笼统称作“胡”,如胡人、胡贾、胡僧、胡客等,主要是些来自北方的突厥人和西方的回鹘人、吐火罗人、粟特人、波斯人、大食人和天竺人。另外,亚洲的每个国家几乎都有人曾经进入过唐朝这片神奇的土地。但在前来唐朝的外国人中,最主要的还是使臣、僧侣和商人这三类人。他们来中国的目的不一而足,有出于猎奇的,有心怀野心的,有为了经商谋利的,他们的行为分别代表了当时亚洲各国在政治、宗教、商业方面对唐朝的浓厚兴趣。这些外国人具体又是通过什么途径进入唐朝的呢?

唐朝的外来人中,大多是通过官方途径进入唐朝的。这主要包括使臣、质子、贡人等。他们有的是王室成员甚至是国王本人,有些是身居高位的外交使臣,还有的是打着使节旗号的商人,更多的是作为物品贡献给唐朝的艺人或奴婢等。

使臣和质子大家都理解,所谓“贡人”,则是将人作为“方物”,即地方土产的一种献给唐朝廷,供皇室或贵族官僚玩赏。他们一般有所特长,比如精通歌舞等。

门神的来历

新春伊始,第一件事便是贴门神、对联。家家户户都纷纷上街购买春联,将宅子里里外外的门户装点一新。

门神,传说是能捉鬼的神荼、郁垒。上古的时候,有神荼、郁垒两兄弟,他们住在度朔山上。山上有一棵特别大的桃树。每天早上,他们便在这树下检阅百鬼。如果有恶鬼为害人间,便将其绑了喂老虎。后来,人们便用两块桃木板画上神荼、郁垒的画像,挂在门的两边用来驱鬼避邪。到了唐代,门神的位置便被唐朝的两位将军秦叔宝和尉迟敬德所取代。

近现代以来,门神画几经变迁。但是,门神画具有的吉祥意义始终在人们心中难以磨灭,它的顽强生存正说明了这一点。作为中国民俗和民间艺术中的一个重要品类,它的起源与发展,它的精神形式与艺术形式,的确很值得我们去关注和研究。

梨园是什么地方?

唐明皇(唐玄宗)酷爱音乐、舞蹈、戏曲等艺术。他的皇宫里有上千的歌伎、舞伎。皇宫里有一个很大的园子,种植了梨树百余棵,名叫“梨园”,但是这并不是单纯的果园。唐明皇就将这些人都集中在“梨园”里,练习歌舞、戏曲,以备宫中开宴会时来表演助兴,也供唐明皇平日娱乐之用。他还亲自担任了“梨园”的崔公(相当于现在的校长)。于是,梨园逐渐成为我国历史上第一个集音乐、舞蹈、戏曲等艺术于一体的综合性“艺术学院”。

这个“梨园”是历史上规模最大的培训演员的地方。除了请专门的人士来教习,还请当时有名的文人雅士为他们编撰节目,像唐朝著名的诗人李白、贺知章等人都为“梨园”编写过节目。这里成了历史上有名的集歌、舞、戏于一体的练习场所。因此,在“梨园”这个地方培训过表演行当的都叫“梨园行”,在这里学习过的都叫“梨园弟子”。

戏曲界追根溯源就到了“梨园”这个地方,于是,就有了“梨园”的名称,世代相传,称戏曲界叫“梨园界”,这一行业叫“梨园行”,戏曲演员们为“梨园弟子”,而有几代人从事这个事业的家庭为“梨园世家”。

话题讨论:

1. 你读过多少唐诗?李白为什么叫“诗仙”,杜甫为什么叫“诗圣”?

2. 唐代对日本、朝鲜等国产生了哪些影响?

1.1.5 宋

关键词:两宋　交子　手工业　辽　金　西夏

宋朝(960—1279年)分为北宋(960—1127年,首都开封)与南宋(1127—1279年,首都杭州),合称两宋。两宋时期,农业生产获得显著发展,手工业分工细致,工艺先进,产品闻名于世,商品经济水平超越以往,城市、市镇繁荣,诞生了最早的纸币(交子)。

宋朝时期,中国境内还有一些其他民族建立的政权,如契丹族建立的辽、女真族建立的金、党项族建立的西夏等。

宋朝商贸和手工业发展迅猛,商业和手工业的兴起,解放了大量的农民,使他们投身于商业、手工业中 。全国各地也出现了世界史上最早的制造工厂、加工工厂,如造船厂、造纸厂、印刷工厂、织布厂、火器厂,还有各地的官窑等。两宋时期的制瓷业非常发达。宋瓷品种繁多,花纹秀丽,并大量出口海外,江西的景德镇已成为中国著名的瓷都。

宋代文化空前进步,理学、诗词、歌赋、杂技、戏曲、民间音乐、小说、书法、建筑等都在宋代高度发展。词是宋朝文化的代表之一,与唐诗、元曲等并称。最能代表中国画最高艺术成就的,非宋代之山水画莫属。除此之外,宋时兴起的话本,也在中国文学史上开辟了一个新纪元,可以说它开创了明清白话小说的先河。

宋朝时宋太祖下令雕版刻印《大藏经》,这是中国历史上第一次大规模印刷佛经。印刷术的发明和推广被誉为世界文明之母。北宋时期,毕昇在雕版印刷的基础上发明了活字印刷,大大提高了印刷效率。大约200年后,这一技术传到其他国家,对世界文明的发展进程起到了推动作用。沈括是北宋时期的著名科学家,对天文、历法、音乐、医药、数学等很是精通。他在所著的《梦溪笔谈》一书中,记载了自己丰富的研究成果。此外,他还记录了当时的许多发明创造,如毕昇发明活字印刷术等。

延伸阅读

敦煌莫高窟

莫高窟俗称千佛洞,与山西云冈石窟、河南龙门石窟并称为中国"三大石窟艺术宝库”。莫高窟地处丝绸之路的一个战略要点敦煌。敦煌不仅是东西方贸易的中转站,同时也是宗教、文化和知识的交汇处。莫高窟的492个小石窟和洞穴庙宇,以其雕像和壁画闻名于世,展示了延续千年的佛教艺术。近代发现的藏经洞,内有5万多件古代文物,由此衍生专门研究藏经洞典籍和敦煌艺术的学科——敦煌学。1987年,敦煌莫高窟被列为世界文化遗产。

敦煌石窟艺术是集建筑、雕塑、绘画于一体的立体艺术,古代艺术家在继承中原汉民族和西域兄弟民族艺术优良传统的基础上,吸收、融合了外来的表现手法,创造出具有敦煌地方特色和中国民族风俗的佛教艺术品,为研究中国古代政治、经济、文化、宗教、民族关系、中外友好往来等提供了珍贵资料,是人类的文化宝藏和精神财富。

包公

包拯是中国北宋时期一位非常有名的大臣。他从小聪明好学,后来考中了进士。为官后,他不畏强权、廉洁清正、执法严明,并且以其非凡的智慧屡破奇案,深受皇帝的赏识。

包拯担任知县时,有盗贼将别人家牛的舌头割掉了,牛的主人前来上诉。包拯说:“你只管回家,把牛杀掉卖了。”不久又有人来控告,说有人私自杀掉耕牛,包拯道:“你为什么割了人家牛的牛舌还要来控告人家呢?”这个盗贼听罢又是吃惊又是佩服。

包公从县令被提拔为监察御使后,常常奉旨巡察各地,惩治了许多贪官污吏,查办了无数疑难案件。老百姓都称他是“包青天”,使贪官污吏、恶霸盗贼闻风丧胆。

包公执法断案的故事,千百年来在中国广为流传。许多小说、戏曲也以包公的故事为题材,颂扬清官,惩戒恶人,让为官者向包公学习,做一个公正无私、名垂青史的好官,世代为人称颂。

包拯性格严厉正直,他虽然官位很高,但吃饭穿衣和日常用品都跟做平民时一样。他曾说:“后世子孙做官,有犯贪污之罪的,不得踏进家门,死后不得葬入大墓。不遵从我的志向,就不是我的子孙。”

《清明上河图》

《清明上河图》是中国十大传世名画之一,是北宋画家张择端的一幅精品,属一级国宝。《清明上河图》生动地反映了中国12世纪城市生活的面貌,这在中国乃至世界绘画史上都是独一无二的。

这幅画描绘的是汴京清明时节的繁荣景象,是汴京当年繁荣的见证,也是北宋城市经济情况的写照，展现了北宋都城汴京的日常社会生活与习俗风情。通过这幅画，今天的人们可以了解北宋的城市面貌和当时各阶层人民的生活。总之，《清明上河图》具有极高的史料价值。

《清明上河图》的中心由一座虹形大桥和桥头大街的街面组成。粗粗一看，人头攒动，杂乱无章；但细细一瞧，这些人是不同行业的人，从事着各种活动。大桥西侧有一些摊贩和许多游客。货摊上摆有刀、剪、杂货。有卖茶水的，有看相算命的。许多游客凭着桥侧的栏杆，或指指点点，或在观看河中往来的船只。大桥中间的人行道上，是熙熙攘攘的人流，有坐轿的，有骑马的，有挑担的，有赶毛驴运货的，有推独轮车的……大桥南面和大街相连。街道两边是茶楼、酒馆、当铺、作坊。街道两旁的空地上还有不少张着大伞的小商贩。街道向东西两边延伸，一直延伸到城外较宁静的郊区，可是街上还是行人不断：有挑担赶路的，有驾牛车送货的，有赶着毛驴拉货车的，有驻足观赏汴河景色的。

《清明上河图》丰富的内容、众多的人物、宏大的规模，都是空前的。《清明上河图》的画面疏密相间，有条不紊，从宁静的郊区一直画到热闹的城内街市，处处引人入胜。

话题讨论：

1. 说说在你的母语中，"中国"这个词的来源。
2. 宋代的市民生活会是什么样的？

1.1.6 元明

关键词：成吉思汗　大都　《马可·波罗游记》　郑和下西洋　资本主义萌芽　李时珍

蒙古族是中国北方一个古老的民族。13 世纪，铁木真被推举为蒙古的大汗，尊称为"成吉思汗"，意思是"强大的皇帝"。忽必烈是成吉思汗的孙子，1271 年他建立了元朝（1271—1368 年），称为元世祖。

元朝的首都大都，是闻名世界的商业中心，大都就是中国现在的北京。元朝时，西藏正式成为元朝的行政区。元朝设立澎湖巡检司，加强了对澎湖和台湾的管辖。

元朝时期，中外交往频繁，著名的意大利旅行家马可·波罗写下《马可·波罗游记》一书，生动描述了大都、杭州等城市的繁荣景象，激发了欧洲人对中国的向往。元朝同许多国家和地区有贸易关系。福建省的泉州是元朝最大的港口，在当时和埃及的亚历山大港并列为世界第一大港。中西经济文化交流的空前繁荣，使中国的火药、指南针、印刷术传入阿拉伯和欧洲,推进了这些地区的文明进程。阿拉伯的医学、天文学、农业技术,欧洲的数学、金属工艺,南亚的雕塑艺术等传入中国,促进了中国文化的丰富和发展。

民族融合是元朝的一个特点。第一,元朝的民族融合,是历史上民族融合的进一步加强,从三国、两晋、南北朝民族大融合开始,中经隋、唐、五代十国、辽宋夏金到元朝时,民族融合进入到了一个新的阶段。第二,元朝民族融合的发展表现在四个方面:汉族人民开发边疆;边疆各族迁入内地,同汉族等杂居相处;契丹、女真等族与汉族融合;回族开始形成。第三,元朝的统一促进了民族融合,民族融合又促进了各族经济文化的发展。

元朝的文化艺术达到了相当高的水平,元杂剧在中华文学史上与唐诗、宋词相媲美。著名的作家关汉卿、王实甫分别创作了《窦娥冤》、《西厢记》等佳作,对后来戏曲的发展产生了深远的影响。

1368 年,朱元璋建立了明朝(1368—1644 年)。明初定都南京,后来,明成祖把都城迁到北京。明朝经济文化极其发达,经济规模当时为世界第一。无论是炼铁、造船、建筑等重工业,还是丝绸、纺织、瓷器、印刷等轻工业,在世界上都是遥遥领先,工业产量占全世界的 2/3 以上。

在中外交流上,1405 到 1433 年的近 30 年间,郑和率领的船队先后 7 次下西洋,到达亚、非 30 多个国家和地区。

万历二十年(1592 年),罗马教皇派利玛窦去中国教区工作。由于利玛窦很快学会了中文,得到了信任。他进献了很多代表西方科技水平的贡品。利玛窦不仅传播天主教,还启发徐光启等人学习西学。另外他还将中国各种文化传入欧洲,如儒家思想、佛道学说、围棋等,可谓“贯通中西第一人”。

随着明代商品经济的发展和资本主义的萌芽,反映这一现实的早期启蒙思潮应运而生,在哲学、科学、文学等领域均有所表现。明代出现了反对传统封建教条和假道学的思想家李贽,他有《藏书》、《焚书》传世。杰出的科学家李时珍、徐霞客、徐光启、宋应星分别写出《本草纲目》、《徐霞客游记》、《农政全书》、《天工开物》等重要的科学著作。文学在宋元话本的基础上发展为章回小说,罗贯中的《三国演义》、施耐庵的《水浒传》、吴承恩的《西游记》、兰陵笑笑生的《金瓶梅》等是其优秀代表。明代的绘画和工艺也有所成就,明中期著名画家文徵明、沈周、唐寅、仇英被称为“明四家”,掐丝珐琅(又称景泰蓝)是明代工艺品中的精华。明朝政府编纂了《永乐大典》,这是一部百科全书式的大类书。

延伸阅读

马可·波罗到过中国吗?

大多数现代历史学家相信马可·波罗确实到了中国,但是有些学者认为他并没有去过那么多地方,只是记下他听说的故事。这些学者指出马可·波罗的记录不完全,很常见的东西,如四大发明、筷子、裹脚布、长城等都没有提过。而且,元朝的历史记录从没有提到他是忽必烈的特使,甚至他的名字也不曾出现在中国历史中。这些学者认为就如同吴承恩没有去过印度也可以写作《西游记》一样,马可·波罗也许只是一个编纂故事的人,他可能是根据当时波斯的记载拼凑而成游记。

可是从另一方面来看,他描述了远东生活其他的细节,如纸币、大运河、蒙古军、煤炭、白酒、石棉、虎、皇家邮政系统的结构。他还提到中国对日本的古称,是日本在西方文学里第一次出现。此外,马可·波罗书中描写的大都附近的一座桥也较像卢沟桥。

马可·波罗对杭州这里的繁荣与美丽感到惊讶,称这里是世界上最美丽华贵的天城。但有观点认为马可·波罗对中国南方语言与文化知之甚少,仅仅根据"上有天堂,下有苏杭"就把杭州、苏州分别翻译成天和地,这显然是不对的。

话题讨论:

1. 郑和为什么能下西洋?
2. 元、明、清的首都为什么都设在北京?

1.1.7 清

关键词: 郑成功 《四库全书》《红楼梦》 文字狱 闭关锁国

满族的前身是女真族,早期居住在松花江南北及黑龙江一带。17世纪,女真族建真部的社会生产力有了显著发展,建立了后金政权。1636年,皇太极即皇帝位,改国号为"清"。

1662年,郑成功率领军队驱逐占据台湾的荷兰军队,收复了台湾。1684年,清朝廷在台湾设置台湾府,隶属于福建省。康熙年间,与俄国签订《尼布楚条约》,划定了中俄东段边界;乾隆中叶,统一了新疆。清朝初年,清朝确立了西藏宗教和政治领袖达赖和班禅必须经过中央政府册封的制度。1727年,清朝开始在西藏设驻藏大臣。驻藏大臣代表中央政府,同达赖和班禅共同管理西藏。

清朝在科技文化发展上的主要成就不是创造,而是总结,即集大成,如《古今图书集成》、《四库全书》等,都是对秦汉以来中国两千多年的文化作系统总结。此外,还有《全唐诗》、《词谱》、《曲谱》分别是对诗、词、曲的总结整理,《清会典》是中国古代行政法典的集大成,《康熙字典》是中国古代最完备的字典,《畴人传》是中国第一部纯粹的科学史等。

清朝在文学艺术方面成果丰硕,小说有蒲松龄的《聊斋志异》、吴敬梓的《儒林外史》、曹雪芹的《红楼梦》等;京剧发展成为第一戏剧;绘画有八大山人、石涛的山水花鸟画,以及杨柳青、桃花坞的民间年画。曹雪芹的《红楼梦》是一部现实批判主义文学巨著,是中国文学史上最优秀的一部古典小说,在世界文学史上也占有重要地位。

清朝初期大力推行圈地政策,破坏了中原地区的经济;重农抑商,制约了资本主义萌芽的发展;制造了多起文字狱,加强了对文人的思想控制,导致思想上"万马齐喑";给旗人寄养的特权,使其迅速腐化;统治者轻视科技和闭关锁国,导致中国的科技大大落后于西方。清朝从乾隆末年开始有衰落的迹象。

延伸阅读

京剧的形成

京剧源于明朝的昆曲和京腔,形成于乾隆、嘉庆年间。京剧是中国的国粹,已有200多年的历史了。京剧之名始见于清光绪二年(1876年)的《申报》,历史上曾有皮黄、二黄、黄腔、京调、京戏、平剧、国剧等称谓。乾隆五十五年(1790年)四大徽班进京后,与北京剧坛的昆曲、汉剧、弋阳、乱弹等剧种经过五六十年的融汇,衍变而成京剧,是中国最大的戏曲剧种。京剧是综合性的表演艺术,集唱(歌唱)、念(念白)、做(表演)、打(武打)、舞(舞蹈)为一体,通过程式化的表演手段叙演故事,刻画人物,表达喜、怒、哀、乐、悲、恐、惊等思想感情。角色可分为生(男人)、旦(女人)、净(男人)、丑(男、女皆有)四大行当。人物有忠奸、美丑、善恶之分。

康熙与西学

在中国古代数以百计的帝王中,清朝的康熙是唯一认真学习过欧洲天文、数学、地理知识,并亲自主持过几项大规模科学活动的皇帝。

康熙对西学的兴趣是相当广泛的,涉及数学、天文、地理和医学等诸多方面。经过多年的人才培养和科技实践,康熙在晚年组织了两项重大的全国性科技工程:一是康熙五十二年(1713年)组织全国优秀的天文数学家,编纂了一部中国科技史上极具价值的天文数学乐理丛书《律历渊源》;二是组织了一支测绘队伍,分赴全国各地实地勘测绘制地图,最后汇总成为著名的《皇舆全览图》,英国著名科学家李约瑟博士认为:"它不但是亚洲当时所有的地图中最好的一幅,而且比当时的所有地图都更好，更精确。”

康熙之所以能够取得这些成就，重要原因之一是他学习十分勤奋。据载，《几何原本》他至少读了二十几遍。康熙还把当时全国最优秀的数学家召集起来，设立“蒙养斋算学馆”，这可以算是清代的数学所了。每逢离京，康熙总要利用他学过的天文地理知识，观测天文，勘察地理。黄河三门峡、内蒙乌梁素海等地，都曾留下康熙勘察的足迹。

当然，今天当我们回首康熙与西学的关系时，也不能不说，康熙学西方还不是很到位。他没有像同时期的俄国彼得大帝那样，大力引进工业技术并进行社会变革，以至于使中国与工业革命擦肩而过。

话题讨论：

1. 清朝为什么要实行闭关锁国政策？
2. 传教士对中外文化的交流有什么影响？

推荐书目：

1. 袁柯. 中国神话传说（上下册）. 北京：中国民间文艺出版社，1984.
2. 林汉达. 中国历史故事集. 北京：中国少年儿童出版社，2003.
3. 林汉达，曹余章. 中华上下五千年. 上海：上海人民出版社，2002.
4. 中国历史（七年级上册/下册）. 北京：人民教育出版社，2006.
5. 《三国演义》《西游记》《水浒》《红楼梦》《金瓶梅》《聊斋志异》
6. 《大学》《中庸》《论语》《孟子》《左传》《史记》《老子》《庄子》《孙子兵法》
7. 《诗经》《唐诗选》《宋词选》《历代诗歌选》《历代美文选》
8. 《弟子规》《三字经》《百家姓》《千字文》
9. 谭其骧. 中国历史地图集（1～8册）. 北京：地图出版社，1982—1988.

1.2 近现代史

关键词：鸦片战争　孙中山　辛亥革命　五四运动　抗日战争　国共合作　中华人民共和国成立

中国近现代史以1840年中英鸦片战争爆发为起点，止于1949年南京国民党政权覆亡、中华人民共和国成立。从1840年鸦片战争到1919年“五四”运动前夕，是旧民主主义革命阶段；从1919年“五四”运动到1949年中华人民共和国成立前夕，是新民主主义革命阶段。整个中国近现代史是中国沦为半殖民地半封建社会的历史，历经清王朝晚期、中华民国临时政府时期、北洋军阀时期和国民政府时期,是中国半殖民地半封建社会逐渐形成到瓦解的历史。

鸦片战争前,中国仍是一个独立自主的封建制国家。但由于清王朝腐朽没落、妄自尊大、故步自封,因而完全没有意识到自己已经逐渐落后。19 世纪中期,英、法等西方列强接连发动了侵略中国的战争,中国的主权独立和领土完整不断遭到破坏,西方列强与中华民族的矛盾激化。19 世纪 70 年代之后,列强对华侵略加剧,中华民族危机日益深重。

1911 年孙中山领导的辛亥革命,是中国历史上第一次反帝反封建的资产阶级民主革命,推翻了清王朝的统治,结束了在中国延续两千多年的君主制度,建立了资产阶级民主共和国。它使民主共和的观念深入人心,沉重地打击了帝国主义的殖民统治。

1919 年爆发的五四爱国运动,标志着资产阶级领导的旧民主主义革命的结束和无产阶级领导的新民主主义革命的开始。1921 年中国共产党成立,中国革命的面貌从此焕然一新。第一次国共合作推动了国民革命运动的高涨。国共合作破裂后,中国共产党为反抗国民党反动派的统治,进行工农武装革命,开始了对中国革命道路的艰难探索。

1931 年日本在东北发动"九一八"事变,中华民族面临严重的民族危机,全国抗日救亡运动不断高涨。1936 年 12 月 12 日,国民党爱国将领张学良、杨虎城对蒋介石实行"兵谏",发动"西安事变",中华民族抗日统一战线初步形成。1937 年日本帝国主义发动七七"卢沟桥事变",中华民族全面抗战从此开始。中国人民经过八年浴血奋战,终于第一次取得了近代以来反侵略战争的彻底胜利。

抗日战争胜利后,中国面临着两种命运、两种前途的抉择。中国共产党为争取和平民主作出了很大努力,但是国民党政府在美帝国主义支持下发动了内战。中国共产党领导人民进行了三年多的解放战争,推翻了国民党在中国大陆的统治,取得了新民主主义革命的伟大胜利。

1.2.1 鸦片战争

中国近代史上一共有两次鸦片战争。第一次鸦片战争:1840 年 6 月至 1842 年 8 月;第二次鸦片战争:1856 年 10 月至 1860 年 10 月。两次鸦片战争使旧中国逐步沦为半殖民地半封建社会。

鸦片战争前,清政府在对外关系方面采取闭关锁国政策。它把对外贸易的城市限制于广州一口,并对这种贸易严加控制,规定外国商人销售商品和购买土货必须通过少数特许的公行商人之手。

以英国为首的西方资本主义国家急于开拓中国市场,但中国自给自足的自然经济使得它们的工业品很难在中国获得广泛的销路。中国出口的茶叶、丝绸远远超过英国输入的工业品。于是,英国资产阶级竭力发展对中国的鸦片贸易,利用鸦片作为打开中国大门的手段。

鸦片的大量输入,不仅损害吸食者的健康,造成国家的白银外流,而且引起银贵钱贱,直接破坏社会生产,影响广大劳动人民的生活。

为了维护清朝的统治,1839 年 6 月 3—25 日,当时的道光皇帝派大臣林则徐率地方官吏,在虎门海滩将缴获的烟土全部当众销毁,禁烟运动获得初步胜利。这就是震惊中外的"虎门销烟"。

清政府的禁烟措施,对急于打开中国大门的英国来说,无疑是一个很好的借口,英国政府很快作出向中国出兵的决定。1840 年 6 月 28 日英舰封锁珠江口,第一次鸦片战争正式爆发,英国凭借船坚炮利打败了清朝力量薄弱的守军。

第一次鸦片战争以中英签订《南京条约》宣告结束,条约规定清朝割让香港,赔款 2 100 万元,开放广州、福州、厦门、宁波、上海五口通商,以及协定关税权、领事裁判权、片面最惠国待遇等一系列特权,严重损害了中国的独立主权。

19 世纪 50 年代,英、法、美等资本主义国家的工业生产进一步发展,要求有更多的原料产地和商品市场,它们越来越不满足于第一次鸦片战争中从中国掠夺到的权益,要求在《南京条约》的基础上签订新的不平等条约。1854 年和 1856 年,英、法、美曾两次以帮助镇压了太平天国为借口,向清政府提出包括中国全境开放、鸦片贸易合法化等无理要求,遭到了清政府的拒绝。随后,英法两国即策划了一场新的侵华战争,以武力达到了目的。这就是英法共同侵略中国的第二次鸦片战争。

1.2.2 辛亥革命

20 世纪初,资产阶级民主革命思潮在中国迅猛传播,震撼着中国思想界,并推动民主革命运动的兴起。首先觉醒的是新兴知识分子群体。近代知识分子宣传民主革命学说,以报刊为重要阵地,创办了 20 多种政治性刊物,还出版发行了宣传民主革命思想的小册子 130 余种。知识分子还翻译了不少西方资产阶级的社会政治著作,蔡元培翻译了德国科培尔的《哲学要领》,严复翻译了赫胥黎的《天演论》、亚当·斯密的《国富论》等著作。

民主思潮广泛传播的同时,国内外出现许多革命团体。影响较大的有兴中会、华兴会、科学补习所和光复会。1905 年 8 月 20 日,中国同盟会成立,孙中山提出"驱除鞑虏,恢复中华,创立民国,平均地权"作为同盟会的政治纲领。中国同盟会的成立,标志着中国资产阶级民主革命进入一个新阶段。

1911 年 10 月 10 日晨,由于革命党人试制炸药不慎爆炸,清军在武昌四处捕捉革命党人。武昌城内新军士兵打死镇压革命士兵的排长,攻占楚望台军械库,打响武昌起义的枪声。经一夜战斗,10 月 11 日,起义军占领武昌城,成立湖北军政府。

12月13日，起义军攻占汉阳、汉口。武昌起义的成功，鼓舞了中国各地人民的革命斗志，中国各地革命党人纷纷起义响应。首先响应的是湖南和陕西。此后，江西、山西、云南、贵州、浙江、江苏、广西、安徽、四川以及福建、广东等省先后宣布脱离清政府而独立。

1911年12月29日，孙中山以绝对多数票当选为中华民国第一任临时大总统。1912年元旦，孙中山宣誓就职，宣告中华民国成立。1912年1月3日，中华民国临时政府在南京成立；1月28日，各省代表会议改组为临时参议院，成为临时政府的最高立法机关。

1.2.3　五四运动

五四运动发生于1919年的5月4日，它由以青年学生请愿为主的学生运动发展而来，是广大群众、市民、工商人士等中下阶层广泛参与的一次包括示威游行、请愿、罢课、罢工等多种形式的爱国运动。

事件起因为：在第一次世界大战结束后，战胜国列强在法国举行的巴黎和会上，肆意践踏中国主权，把德国在山东的权益转让给日本。当时中国的北洋政府未能捍卫国家利益，在列强面前显得软弱，使国人异常愤怒，从而引起青年学生上街游行。当时最著名的口号之一是“外争主权，内惩国贼”。

广义的五四运动则与之前兴起的中国新文化运动联系密切。在新文化运动中，中国知识界和青年学生反思中国传统文化，追随“德先生”（民主）与“赛先生”（科学），探索强国之路。

西方思想在晚清大量传入中国并影响着年轻人的思想，而在民国初年这种影响随着《新青年》等刊物的出版以及白话文运动的开展更加扩大，其中自由、反抗传统权威等思想，影响了学生以及一般市民。

中国的教育制度在清末的新政中，学习西方及日本学制而改革。到了民国初年，高等教育获得进一步的发展。尤其是北京大学，在校长蔡元培的领导下，引进了开放的学风，提出了“思想自由，兼容并包”的办学方针。有一大批著名的学者教授在北大任教，同时培养学生独立自主、开放进步的思想和精神，这种思想和精神成为五四运动的重要动力。

新文化运动高举民主、科学的大旗，从思想、政治、文化等方面激发了中国人尤其是中国青年的爱国救国热情，从根本上为五四运动的发生奠定了思想基础和智力来源。

1.2.4　抗日战争

中国抗日战争（1937年7月7日—1945年9月9日），是中国反抗日本侵略的一场大规模战争,战场主要在中国大陆。1937 年 7 月 7 日"卢沟桥事变",宣告中日战争全面爆发。

从 1937 年 7 月"卢沟桥事变"到 1938 年 10 月广州、武汉失守,是战略防御阶段,也称为抗日战争的第一阶段。1937 年 7 月 7 日夜,日本驻中国华北军队借口一个兵士失踪,要求进入北平西南的宛平县城搜查,中国守军拒绝了日军要求。日本军队于是开枪开炮猛轰北平卢沟桥,向城内的中国守军进攻,"卢沟桥事变"爆发。7 月 28 日、30 日,日本军相继占领北平、天津,中国军队第二十九军退守保定一线。平津一带的大学纷纷迁移。7 月 31 日,蒋介石发表《告全体将士书》:"……和平既然绝望,只有抗战到底",表明抗战到底的决心。

抗日战争的第二阶段:从 1938 年 10 月至 1943 年 12 月,是战略相持阶段。随着战局的扩大、战线的延长和长期战争的消耗,日军的财力、物力、兵力严重不足,已无力再发动大规模的战略进攻。日本的侵华方针有了重大变化:逐渐将其主要兵力用于打击在敌后战场的八路军和新四军,而对国民党政府则采取以政治诱降为主的方针。1941 年 12 月 7 日,日本偷袭美国珍珠港后,日本的战略重心从中国转变为美国。翌日,美国向日本宣战,并呼吁世界各国对日本实施贸易制裁。

抗日战争第三阶段:从 1944 年 1 月解放区战场局部反攻至 1945 年 8 月日本宣布无条件投降,是战略反攻阶段。1945 年 8 月 6 日,美军在日本广岛投下第一枚原子弹,3 天后又在长崎投下第二枚原子弹。苏联红军也根据《雅尔塔协议》,在 8 月 8 日对日宣战,于 8 月 9 日出兵中国东北,以两倍于敌方的优势兵力横扫日本关东军。同时,毛泽东发表《对日寇最后一战》,抗日战争进入全面大反攻阶段,将原本分散的抗日根据地一一连通。国民党方面也在美军空运、海运帮助下,迅速占领各大城市,接受日本投降。

1945 年 8 月 15 日正午,日本裕仁天皇通过广播发表《终战诏书》,宣布无条件投降。至此,历时八年的中国人民抗日战争终于迎来了胜利。

1.2.5 中国国共两党的两次合作与分裂

1924 年 1 月 20 日至 30 日,国民党在广州召开了第一次全国代表大会,大会由孙中山主持。这次会议对孙中山的旧三民主义——"民族、民生、民权"进行了适应时代潮流的新解释,提出了"联俄、联共、扶助农工"三大政策的新三民主义。新三民主义的政治纲领同中国共产党的民主革命纲领在主要原则上是一致的,因而成为国共合作的共同纲领。中国国民党一大的召开,标志着第一次国共合作的正式形成。

以国共两党合作为特征的革命统一战线的建立,加速了中国革命的进程,在中国革命历史上出现了轰轰烈烈的大革命。但是到了大革命后期,1927 年 4 月,由于蒋介石和汪精卫不顾以宋庆龄为代表的国民党左派的坚决反对，宣布与共产党决裂，发动了“四一二”、“七一五”反革命政变，公开叛变革命，致使第一次国共合作破裂。

在抗日战争时期，中国共产党同中国国民党第二次合作，建立了抗日民族统一战线。1935 年 12 月，中共中央在瓦窑堡召开政治局扩大会议，会议正式确立了中国共产党关于建立抗日民族统一战线的总方针。1936 年 12 月 12 日，“西安事变”爆发，中国共产党确定了和平解决的方针，并应张学良、杨虎城的邀请，派周恩来、叶剑英等人赴西安谈判，迫使蒋介石接受停止内战、联共抗日等 6 项条件。

1937 年 7 月 7 日，日本侵略军向北平西南的卢沟桥发动进攻，制造了震惊中外的“卢沟桥事变”（“七七”事变），抗日战争全面爆发。“七七”事变的第二天，中共中央发布通电号召全国军民团结起来，抵抗日本的侵略。7 月 15 日，中共中央将《中国共产党为公布国共合作宣言》送交蒋介石。后在北方的红军改编为八路军，总司令朱德，副总司令彭德怀；南方的游击队改编为新四军，军长叶挺，副军长项英。抗日民族统一战线正式形成，第二次国共合作建立，取得了抗日战争的伟大胜利。

1946 年 11 月至 1947 年 3 月，国民党破坏了停战协定和政协决议，调集兵力，准备进攻陕甘宁边区和延安。至此，国共两党的第二次合作彻底破裂了。

1.2.6　中华人民共和国成立

1948 年 4 月 30 日，中共中央号召召开新的政治协商会议，筹备建立民主联合政府。各民主党派、各阶层代表人士热烈响应，并陆续摆脱国民党的阻挠，通过各种渠道进入解放区，参与筹备召开新政协、建立新中国的工作。人民民主统一战线的发展，奠定了中国共产党领导的多党合作和政治协商制度的基础。

1949 年 4 月 23 日，解放军占领南京，延续二十二年的国民党统治宣告覆灭。

9 月 21 日，中国人民政治协商会议第一届全体会议在北平隆重开幕。毛泽东在开幕词中庄严地宣告：“占人类总数四分之一的中国人从此站立起来了。”

这次政协会议一致选举毛泽东为中央人民政府主席，朱德、刘少奇、宋庆龄、李济深、张澜、高岗为副主席，周恩来等 56 人为中央人民政府委员会委员。会议决定新中国的国名为中华人民共和国，北平为新中国的首都并改名为北京，采用公元纪年，以《义勇军进行曲》为代国歌，五星红旗为国旗。会议于 9 月 30 日胜利闭幕。当晚，在天安门广场举行了人民英雄纪念碑奠基典礼。

1949 年 10 月 1 日，毛泽东在开国大典上宣布：中华人民共和国中央人民政府成立。

延伸阅读

白话文运动

文言文原是古人的书面语言文字，早在先秦时代就已经出现。到后世，文言文同实际口语的距离越来越远。这种情况是不能适应社会和语言的发展的。从唐宋以来，白话文书面语逐渐兴盛了起来。先是采用比较接近口语的“变文”、“语录”一类文体，传播佛教教义，后来随着资本主义因素的萌芽和市民阶级的兴起而出现了用当时口语来书写的明清章回小说。不过直到清代末年，白话文还只是局限在通俗文学的范围之内，未能改变文言文独尊的局面而作为通用的书面语。

清朝晚期，改良派为宣传变法维新、开发民智而提倡白话文。如黄遵宪主张“我手写我口”，梁启超的“新文体”，用的虽还是文言，但平易畅达，杂以俚语、韵语及外国语法，已向着白话文迈出了第一步。接着白话书报在各地涌现，日见兴盛，其中白话报纸有10多种，白话教科书有50多种，白话小说有1 500多种。

1917年1月，胡适在《新青年》上发表题为《文学改良刍议》的文章，这是白话文运动的公开信号。文中提出：白话文学为文学之正宗。这个纲领性的意见，很快就得到陈独秀的响应。钱玄同第一个考虑到应用文的改革。1918年1月，《新青年》实现自己的主张，全部改用白话文。5月，鲁迅在《新青年》上发表《狂人日记》，标志着白话文运动在文艺方面首先取得突破。1919年反帝反封建的“五四”运动爆发，使白话文运动得到突飞猛进的发展。一年之内，白话报至少出了400种。1920年，北洋政府教育部命令，小学教科书改用白话文。新文学的团体如文学研究会、创造社等也相继成立。

白话文运动的结果，是使白话文在文学作品和一般学术著作的范围内取得了合法的、正统的地位。

“五四”白话文运动，是一个活泼的、前进的、革命的运动，它在文艺语言上宣告了文言文时代的结束、白话文时代的开始。数千年来，中国通用的书面语没有白话文的合法地位，只有与口语脱节的文言文才算正统。直到“五四”时期，才把这种反常的局面翻了过来，开辟了一个白话文学的新纪元。这正好与中国社会在“五四”期间实现了从封建向民主的转变相适应。

清末民初的中国“海归”

清末民初是半殖民地半封建社会的中国向现代社会的转型时期。这一时期，在推动中国社会发展方向的转变和社会的进步过程中，起先导和主导作用的是一个特殊的社会群体——中国留学生群体。“海归”们面对世界范围的各种思想文化的相互激荡和辛亥革命失败后中国社会的局面，接连掀起了震撼世界的新文化运动和五四爱国运动，由此开始了中国革命和中国社会转型的新时期，开启了中国走向现代化的新时代。

新文化运动中崭露头角者，几乎是清一色的留学生。北京大学校长蔡元培1907年留学德国，后又留学法国。新文化运动的发起人陈独秀，曾于1900年和1907年两次留学日本，1915年回国，在上海创办《青年》杂志，1917年被蔡元培聘为北京大学文科学长。李大钊于1913年留学日本，1916年回国，1918年任北大图书馆主任兼经济学教授。胡适于1910年留学美国，1917年回国后被聘为北大文科教授兼哲学系主任。北大教授钱玄同、周作人、刘师培、鲁迅（兼职）都留学日本，李石曾留学法国，章士钊留学英国。

留学生是五四爱国运动的主体，也是人所共知的事实。陈独秀是五四运动的领袖，仅从5月4日到6月8日，他就连续发表了7篇论文和33篇《随感录》，把群众对卖国贼的痛恨引向北洋政府，提高了人民群众的斗争觉悟，从而把五四运动推向了全国。因而毛泽东评价说，陈独秀是思想界的明星，是五四运动时期的总司令。北京大学是五四运动的发源地，校长蔡元培及北大教授李大钊等都是社会公认的五四运动的领袖人物。五四运动的爆发也是留学生直接鼓动的。

推荐书目：

1. 徐中约. 中国近代史. 香港：香港中文大学出版社，2001.

2. 胡福明. 中国现代化的历史进程. 安徽人民出版社，1994.

3. 王桧林. 中国现代史百题. 湖南人民出版社，1987.

4. 魏宏运. 中国现代史. 高等教育出版社，2002.

5. 夏以溶. 中国近代史话. 云南人民出版社，2001.

6. 郭智勇. 中国近现代史纲要. 中国社会出版社，2007.

话题讨论：

1. 你对“中国近代史”专题中所涉及的哪一个事件或哪一位人物最感兴趣？希望认真说明主要内容，并讲明使你感兴趣的原因。

2. 为什么说鸦片战争是中国现代史的起点？

3. 你认为外国的侵略给中国带来了什么？

4. 中国在近代落后的原因是什么？

5. 如何吸收外国的思想和文化？

附:中国历史纪年表:

<table>
<tr><td colspan="3">旧石器时代</td><td>约170万年前—约1万年前</td></tr>
<tr><td colspan="3">新石器时代</td><td>约1万年前—约4 000年前</td></tr>
<tr><td colspan="3">夏</td><td>约公元前21世纪—约公元前16世纪</td></tr>
<tr><td colspan="3">商</td><td>约公元前16世纪—约公元前1046</td></tr>
<tr><td rowspan="4">周</td><td colspan="2">西周</td><td>约公元前1046—公元前771</td></tr>
<tr><td colspan="2">东周</td><td>前770—前256</td></tr>
<tr><td colspan="2">春秋时代</td><td>前770—前476</td></tr>
<tr><td colspan="2">战国时代①</td><td>前475—前221</td></tr>
<tr><td colspan="3">秦</td><td>前221—前206</td></tr>
<tr><td rowspan="2">汉</td><td colspan="2">西汉②</td><td>前206—公元25</td></tr>
<tr><td colspan="2">东汉</td><td>25—220</td></tr>
<tr><td rowspan="3">三国</td><td colspan="2">魏</td><td>220—265</td></tr>
<tr><td colspan="2">蜀</td><td>221－263</td></tr>
<tr><td colspan="2">吴</td><td>222－280</td></tr>
<tr><td colspan="3">西晋</td><td>265—317</td></tr>
<tr><td rowspan="2">东晋十六国</td><td colspan="2">东晋</td><td>317—420</td></tr>
<tr><td colspan="2">十六国③</td><td>304—439</td></tr>
<tr><td rowspan="9">南北朝</td><td rowspan="4">南朝</td><td>宋</td><td>420—479</td></tr>
<tr><td>齐</td><td>479—502</td></tr>
<tr><td>梁</td><td>502—557</td></tr>
<tr><td>陈</td><td>557—589</td></tr>
<tr><td rowspan="5">北朝</td><td>北魏</td><td>386—534</td></tr>
<tr><td>东魏</td><td>534—550</td></tr>
<tr><td>北齐</td><td>550—577</td></tr>
<tr><td>西魏</td><td>535—556</td></tr>
<tr><td>北周</td><td>557—581</td></tr>
</table>

续表

隋		581—618
唐		618—907
五代十国	后梁	907—923
	后唐	923—936
	后晋	936—947
	后汉	947—950
	后周	951—960
	十国④	902—979
宋	北宋	960—1127
	南宋	1127—1297
辽		907—1125
西夏		1038—1227
金		1115—1234
元		1206—1368
明		1368—1644
洪武		1368—1398
建文		1399—1402
永乐		1403—1424
洪熙		1425
宣德		1426—1435
正统		1436—1449
景泰		1450—1456
天顺		1457—1464
成化		1465—1487
弘治		1488—1505
正德		1506—1521

续表

嘉靖	1522—1566
隆庆	1567—1572
万历	1573—1619
泰昌	1620
天启	1621—1627
崇祯	1628—1644
清	1644—1911
顺治	1644—1661
康熙	1662—1722
雍正	1723—1735
乾隆	1736—1795
嘉庆	1796—1820
道光	1821—1850
咸丰	1851—1861
同治	1862—1874
光绪	1875—1908
宣统	1909—1911
中华民国	1912—1949
中华人民共和国	1949—

附注：

①这时期主要有秦、齐、楚、燕、韩、赵、魏等国。

②包括王莽建立的“新”朝（公元8—23年）。王莽时期，爆发了大规模的农民起义，建立了农民政权。公元23年，新王朝灭亡。公元25年，东汉王朝建立。

③这时期，中国北方先后存在着一些封建政权，其中有：汉（前赵）、成（成汉）、前凉、后赵（魏）、前燕、前秦、后燕、后秦、西秦、后凉、南凉、北凉、南燕、西凉、北燕、夏，历史上叫作“十六国”。

④这时期，除后梁、后唐、后晋、后汉、后周外，还先后存在过一些封建政权，包括：吴、前蜀、吴越、楚、闽、南汉、荆南（南平）、后蜀、南唐、北汉等国，历史上叫作“十国”。

1.3 新中国发展史

1.3.1 20 世纪 50 年代—60 年代中期

关键词：开国大典 "一化三改" 反右运动 大跃进 人民公社 社会主义建设

1949 年 10 月 1 日，毛泽东主席在北京天安门城楼上庄严宣告中华人民共和国中央人民政府正式成立，标志着中国革命的胜利，结束了中国半殖民地半封建社会的历史。

中华人民共和国成立之初，面临着极为复杂严峻的形势。军事上，中国大陆并没有完全解放，大半个中国还掌握在国民党手中。为此，首先，中国人民解放军完成了除西藏、台湾和少数沿海岛屿以外的全部中国领土的解放。接着，又实现了西藏的和平解放。至此，除台湾、澎湖、金门、马祖等岛屿和香港、澳门外，实现了全国各地区、各民族空前未有的统一。外交上，中华人民共和国得不到以美国为首的西方资本主义国家的承认，中国政府只能采取"一边倒"的外交政策。经济上，由于饱经战乱，中国的经济已经到了崩溃的边缘，中国政府采取坚决果断的措施，整顿经济秩序，维护市场稳定，打击各种投机分子，巩固和发展了国营经济。与此同时，在中国的广大农村地区还实行了彻底的土地改革，消灭了几千年来封建制度的基础——地主阶级的土地所有制，使农民获得了自己的土地。正当中国人民为争取国家经济状况根本好转而努力奋斗的时候，1950 年 6 月，朝鲜战争爆发了。为了保卫新生的人民共和国政权，中国政府作出了"抗美援朝，保家卫国"的决策，组织中国人民志愿军开赴朝鲜战场。经过三年多艰苦卓绝的战争，终于迫使美国人在谈判桌前坐下来，签订了《朝鲜停战协定》。可以说，1949 年至 1952 年是初步巩固政权、医治战争创伤的三年。

1952 年底，中国共产党提出了过渡时期的总路线，即在一个相当长的时期内，逐步实现国家的社会主义工业化，并逐步实现国家对农业、手工业和资本主义工商业的社会主义改造，即"一化三改"总路线的实质就是要变资本主义私有制为社会主义全民所有制，变个体所有制为社会主义集体所有制，使生产资料的社会主义公有制成为中国社会唯一的经济基础，实现由新民主主义向社会主义的过渡。总路线的提出具有一定的历史必然性，但是也和当时的国际环境有很大的关系。从 1953 年起，中国开始执行发展国民经济的第一个五年计划。这个计划体现了过渡时期总路线的要求，即总路线的实施是通过第一个五年计划的各项指标的落实来实现的。于是通过对农业和手工业实行合作化的方式、对资本主义工商业实行“和平赎买”的方式,实现了社会主义改造,到1957年底,第一个五年计划超额完成了。中国的经济结构发生了根本性的变化,社会主义公有制经济已经占统治地位,从此,中国建立起了高度集中的经济、政治体制。这种经济、政治体制的形成,既受中国固有的历史文化的影响,也受当时特定的社会现实的制约,更是中国共产党人向苏联学习的结果。在“一五”期间,第一届全国人民代表大会也于1954年9月在北京胜利召开了,大会制定了《中华人民共和国宪法》。

1956年9月15日,中国共产党第八次全国代表大会在北京开幕。大会揭示了中国社会主义改造基本完成以后国内阶级关系和主要矛盾的变化,提出了党和国家今后的主要任务是集中力量发展社会生产力。由此,中国开始进行社会主义建设。在建设社会主义的过程中,为了更好地解决国内外出现的一系列问题,中国共产党决定开展整风运动,并要求党外人士帮助共产党整风。在此过程中,党中央认为社会上极少数右派分子趁帮助共产党整风的机会,企图推翻共产党的领导,于是整风运动后来转变成了反右运动,反右派斗争又犯了严重的扩大化错误。这一时期,在国内的经济建设上也出现了追求冒进的错误倾向。中国共产党的八大二次会议于1958年5月在北京召开。会议制定和通过了社会主义建设的总路线。这条总路线是“鼓足干劲,力争上游,多快好省地建设社会主义”。这条总路线充分体现了广大人民群众迫切要求尽快改变中国经济文化落后状况的普遍愿望,但是脱离了当时中国的实际,违背了经济规律,给中国的社会主义建设造成了重大损失。由于大跃进、人民公社化运动和反右倾斗争,加上自然灾害和苏联单方面撕毁建设合同的影响,到1960年,中国国民经济陷入严重的危机之中。1961年1月,中共中央在北京召开了八届九中全会,会议正式通过了调整国民经济的八字方针:调整、巩固、充实、提高。之后,中国共产党进行了认真的调查研究,努力纠正工作中的左倾错误,恢复和发展国民经济。经过大幅度的调整,到1963年,国民经济出现了全面好转的形势。1965年,调整国民经济任务胜利完成,中国又进入了一个新的历史时期。

可以说,1956年至1966年是初步建设社会主义的十年。在这期间虽然走过弯路,也遭到了严重的挫折,但是总的来说,中国的社会主义建设还是取得了一定的成就,主要表现在:

1. 工业生产有了巨大的增长。

2. 建立了独立的、比较完整的工业体系。

(1)一些旧的工业部门得到充实与加强。

(2)电子工业、石油工业和石油化工、原子能工业等一批新兴的工业部门建立起来。

(3)工业布局有了很大的改善。

3. 农业基本建设和技术改造开始大规模地展开并逐渐收到成效。

4. 教育和科技事业取得了很大的进步。

5. 国防建设取得了巨大进展。

6. 涌现出了大批的英雄模范人物并展开了向他们学习的运动。

延伸阅读

开国大典

中华人民共和国开国大典是指1949年10月1日在北京为中华人民共和国中央人民政府成立而举行的仪式,是中华人民共和国成立的标志。

1949年6月,中国人民政治协商会议筹备会议决定,10月1日在北平天安门广场举行开国大典。10月1日下午3时,天安门广场上欢声雷动。刚刚就职的中华人民共和国中央人民政府主席毛泽东和朱德两位伟人一前一后,沿着城楼西侧的古砖梯道,最先登上了天安门城楼。当林伯渠宣布开会后,在国歌《义勇军进行曲》的乐曲声中,中央人民政府主席、副主席和委员就位。毛泽东庄严宣布:“同胞们,中华人民共和国中央人民政府已于本日成立了!”①这个洪亮的声音震撼了北京城,震撼了全国,震撼了全世界,开创了中国各民族人民的新世纪。

毛泽东亲手按动电钮,第一面五星红旗在广场上冉冉升起。与此同时,代表参加中国人民政治协商会议第一届全体会议的共54个单位的54门礼炮齐鸣28响,如报春惊雷回荡在天地间,它标志着中国共产党领导中国人民英勇奋斗28年,终于取得了中国新民主主义革命的最后胜利。

升旗之后,毛泽东宣读了《中华人民共和国中央人民政府公告》,紧接着举行了规模浩大的阅兵式和群众游行。庆祝活动到晚上9点多钟结束,但欢乐的人群依然抑制不住内心的兴奋。

中华人民共和国的成立开辟了中国历史的新纪元,从此,中国结束了一百多年来被侵略、被奴役的屈辱历史,真正成为独立自主的国家;中国人民从此站起来了,成为国家的主人。新中国的成立,壮大了世界和平、民主和社会主义的力量,鼓舞了世界被压迫民族和被压迫人民争取解放的斗争。

---

① 《人民日报》1949年10月2日1版。

“反右”运动

中国1957年开展了反对资产阶级右派的政治运动。

1957年4月27日，中共中央公布《关于整风运动的指示》，决定在全党进行一次以正确处理人民内部矛盾为主题，以反对官僚主义、宗派主义和主观主义为内容的整风运动，发动群众向党提出批评和建议。这是发扬社会主义民主、加强党的建设的正常步骤。广大群众、党外人士和广大党员积极响应党中央的号召，对党和政府的工作以及党员干部的作风提出了许多有益的批评、建议。但也确有极少数资产阶级右派分子乘机向共产党和新生的社会主义制度发动进攻，妄图取代共产党的领导。针对这种情况，中国开始了大规模的反击右派的斗争。在当时的形势下，对极少数资产阶级右派分子的进攻进行反击是正确的、必要的，这对于分清大是大非、稳定新建立起来的社会主义制度具有重要意义。但是，由于对1957年春夏的国内阶级斗争形势估计得过于严重，又采取了大鸣、大放、大字报、大辩论的形式，在全国开展了一场群众性的政治运动，致使反右运动被严重扩大化了。一大批忠贞的中共党员、有才能的知识分子、有长期合作历史的民主党派朋友、政治上不成熟的青年被错划为右派分子。他们被下放进行劳动改造，身心受到严重伤害，不能发挥应有的作用，给党和国家造成严重损失。

在中共十一届三中全会后，绝大多数被错划的右派分子都得到了平反。

大跃进

“大跃进”是指1958年至1960年间，中国共产党在全国范围内开展的一场运动。

1958年5月，中共八大二次会议正式通过了“鼓足干劲，力争上游，多快好省地建设社会主义”的总路线。之后，发动了“大跃进”运动。“大跃进”运动，在生产发展上追求高速度，以实现工农业生产高指标为目标，要求工农业主要产品的产量成倍、几倍甚至几十倍地增长。由于硬要完成那些不切实际的高指标，必然导致瞎指挥盛行，浮夸风泛滥，广大人民群众生活遇到了严重的困难。

从1958年“大跃进”开始的三年“左”倾冒进导致了国民经济比例的大失调，并造成严重的经济困难。

农村人民公社化运动

农村人民公社化运动是中国共产党在20世纪50年代后期全面开展社会主义建设中，为探索中国社会主义建设道路所作的一项重大决策。

发起人民公社化运动的原因，是认为由于农业生产全面的大跃进和亿万农民越来越高的政治觉悟,建立人民公社的时机已经成熟,同时较小规模的合作社阻碍了农田基本建设的开展等,客观上需要有更大形式的合作社。但主要的原因还是对于建成社会主义标准的认识问题。当时认为,实现全面的全民所有制就是建成了社会主义。1958 年 8 月,毛泽东说"人民公社好";中共中央政治局在北戴河召开扩大会议,会议通过了《中共中央关于在农村建立人民公社问题的决议》,全国迅速形成了人民公社化运动的热潮,仅在两个月内,全国农村就基本上实现了公社化。

人民公社的突出特点是"一大二公",具体说来包括:一是规模大,二是公有化程度高,三是实行供给制与工资制相结合的分配制度,实质上是企图在生产力不发达的基础上建立一个所谓普遍平等、平均、公平合理的社会。但事实上,人民公社化运动也带来了严重后果:一是大大降低了共产主义在人民心目中的标准,使共产主义理想庸俗化;二是极大地破坏了农业生产,挫伤了劳动人民的生产积极性。很快人民公社实行的"吃饭不要钱"的制度就推行不下去了,只好进行调整,但人民公社最终退出历史舞台是在"文化大革命"结束以后。

人民公社化运动给后人留下了深刻的教训,它使中国人认识到"一大二公"不是社会主义优越性的体现,贫穷不是社会主义,平均不是社会主义。人民公社化运动是中国共产党在探索中国建设社会主义道路过程中的一次严重失误。

推荐书目:

1. 郭德宏. 中华人民共和国专题史稿. 成都:四川人民出版社,2004.
2. 沈志华. 毛泽东、斯大林与朝鲜战争. 广州:广东人民出版社,2003.
3. 于风政. 改造. 河南人民出版社,2001.
4. 张乐天. 告别理想——人民公社制度研究. 上海:上海东方出版中心,1998.

话题讨论:

1. 新中国成立之初,面临着什么样的国际国内形势?中国政府采取了哪些措施?
2. 建国初期,中国政府建立的政治、经济体制有什么特点?你觉得有哪些优缺点?
3. 你认为在 20 世纪 50 年代到 60 年代中期这段时间内,中国的社会主义建设取得了哪些成就?又有些什么失误?

1.3.2 文化大革命时期

关键词:"文化大革命"

"大跃进"的失败以及中苏交恶,被普遍认为是造成毛泽东对国内国际形势作出错误判断的原因，由此，毛泽东发动了“文化大革命”运动。这场给党、国家和各族人民带来严重灾难的运动，被称为“十年浩劫”。

从1966年5月“文化大革命”的发动到1969年4月是“文化大革命”的第一阶段。全国大动乱的局面开始形成，制造了刘少奇冤案等无数冤案。

从1969年4月到1973年8月是“文化大革命”的第二阶段。林彪的阴谋活动被毛泽东察觉后，林彪乘坐飞机出逃，坠毁在蒙古的温都尔汗，这就是“九·一三事件”，这一事件客观上宣告了“文化大革命”的失败。此后，周恩来在毛泽东的支持下主持中央日常工作，在政治、经济、外交等方面采取了许多措施，使各方面的工作有了转机。

第三阶段是从1973年8月到1976年10月“四人帮”被粉碎。1976年1月、7月、9月，周恩来、朱德、毛泽东相继逝世。10月，以华国锋、叶剑英、李先念等为核心的中央，粉碎了江青反革命集团，结束了“文化大革命”这场灾难。1977年8月，中共中央正式宣布“文化大革命”结束。

“文化大革命”时期，中国国民经济虽然遭到巨大损失，仍然取得了进展。粮食生产保持了比较稳定的增长。工业交通、基本建设和科学技术方面取得了一批重要成就，其中包括一些新铁路和南京长江大桥的建成，一些技术先进的大型企业的投产，氢弹试验和人造卫星发射回收的成功，籼型杂交水稻的育成和推广，等等。在国家动乱的情况下，人民解放军仍然英勇地保卫着祖国的安全。对外工作也打开了新的局面。当然，这一切绝不是“文化大革命”的成果，如果没有“文化大革命”，我们的事业会取得大得多的成就。

从1966年到1976年，是世界科技革命日新月异的十年，很多国家都抓住了机遇，实现了经济的腾飞。而中国“文化大革命”的十年，给中国各族人民带来了深重的灾难，给国家造成了巨大的物质与精神文化的损失，使中国错失了与世界共同进步的大好机会。

1981年6月中共十一届六中全会通过的《关于建国以来党的若干历史问题的决议》指出：“1966年5月至1976年10月的‘文化大革命’使党、国家和人民遭到建国以来最严重的挫折和损失。”“文化大革命”是一场由领导者错误发动，被反革命集团利用，给党、国家和各族人民带来严重灾难的内乱。

尽管毛泽东在这一个时期犯了严重错误，但就毛泽东一生来看，他对中国革命的功绩远远大于他的过失，因此中国人民依然将毛泽东视为最为伟大的领袖之一。

“文化大革命”时期的家庭布置(摄影:吴平)

延伸阅读

红卫兵

在“文化大革命”中,“红卫兵”是一个很常见的名称。史学家往往将红卫兵分为广义与狭义的两种定义。广义的红卫兵泛指系上红色袖标的各种民间团体,狭义的红卫兵则专指大学和中学里单纯、热血沸腾的青年学生自发组成的团体。红卫兵的典型装束是头戴绿军帽、身着绿军装、腰间束武装带、左臂佩红袖标、手握红宝书。

红卫兵的宗旨包括打倒“走资本主义道路的当权派”、“资产阶级反动权威”和“资产阶级保皇派”,“革命无罪,造反有理”等。手段有贴大字报、大批斗、“破四旧”、“抄家”等。“打砸抢”行为时有发生。

红卫兵运动是在特定历史条件下产生、发展起来的,随着红卫兵“北上、南下、东征、西进”的大串联如火如荼地展开,红卫兵运动逐渐远离了它的初衷,从而严重地阻碍干扰了中国国民经济的发展和正常次序的维护。它的特征具体表现为:

崇拜性:对偶像的崇拜、对毛泽东同志的个人迷信是维系千百万红卫兵的精神纽带,一切传统和现实的社会思想、准则以及一般的社会习俗,都以毛泽东教导为价值判断的标准。

破坏性:红卫兵运动最流行的语言是:不破坏一个旧世界,就不能建立一个新世界。红卫兵运动的破坏涵盖着政治上的冲动、青春期反叛心理的表现和缺乏理性的情绪宣泄。同时,他们否定传统文化,试图以“破四旧,立四新”去创造一个水晶般纯洁的社会,在对“走资派”、“牛鬼蛇神”进行肉体打击和精神折磨时,给未来编造了一幅空幻的蓝图。

空幻性：红卫兵运动具体表现在缺乏理性精神，他们的思想和行为过于情绪化、观念化和绝对化，阶级感情、思想道德被看成是第一位的。红卫兵的幻想一般来说其出发点是好的、是善意的，可惜的是，他们的观念不是以事实为依据，而是被畸形的政治宣传所蛊惑。他们的绝对化体现为，没有民主的论争与科学的分析，只有绝对的专制和服从。

"四·五"运动

"四·五运动"即"天安门事件"，是指于1976年4月5日发生的以天安门事件为中心的反对"四人帮"的全国性的群众抗议运动。

"四·五运动"源于全国人民对周总理的悼念。1976年1月8日，周恩来逝世，全国各族人民无限悲痛。但是，"四人帮"压制广大人民群众悼念周恩来，诬陷邓小平，加紧篡党夺权的阴谋活动，激起人民群众的强烈义愤。1976年3月下旬至4月5日，全国各大城市的群众，纷纷自发进行悼念周恩来、抗议"四人帮"的各种活动。清明节前后，北京市上百万人民群众自发地聚集于天安门广场，在人民英雄纪念碑前献花篮、送花圈、贴传单、作诗词，悼念周恩来，拥护邓小平，声讨"四人帮"。4月4日，这一活动达到了高潮。当天晚上，在中央政治局会议上，江青等人把天安门广场的事态定性为反革命事件，决定清理广场上的花圈、标语。4月5日，愤怒的群众与部分民兵、警察和战士发生了冲突。晚上，群众遭到了驱赶、殴打和逮捕。

"四·五运动"是一场悼念周总理、反对"四人帮"的强大抗议运动，并波及到全国范围，形成强大的群众革命运动。这个运动实质上是拥护以邓小平同志为代表的党的正确领导，它为后来粉碎江青反革命集团奠定了伟大的群众基础。

"文化大革命"的严重后果

毛泽东发动"文革"的出发点在于"反修防修"，这个出发点、动机是良好的，但事与愿违，它使党、国家和人民遭受了严重的挫折和失败。动机和效果严重背离，这不能不说是毛泽东晚年的一个悲剧所在。

政治上，党的组织和国家政权、民主法制受到严重削弱。一大批领导干部受到迫害，党长期依靠的积极分子和基本群众受到排斥，制造了大量的冤假错案。仅1978年5月至1980年9月间，全国各级法院改判的冤假错案就有21.1万多件，其中反革命案件17.5万件。"文革"期间，所谓的反革命案件比例约占64%，有些地区高达70%到80%。全国约有一亿人受到不同程度的迫害(《中国青年报》1986年12月25日)。相反，一些投机分子、反革命分子、野心家等则混进党内。社会主义民主和法制也遭到严重破坏，宪法法律都变成了一纸空文。

经济上,遭到了建国以来最严重的损失。正确的经济建设方针、政策受到批判,许多合理的规章制度被废弃,许多工厂被迫停产。人民生活长期得不到改善,人民得到的只能是经常开展的"忆苦思甜"运动。经济上中国与世界上一些国家的距离拉大了。据权威人士测算,"文革"带来的直接经济损失是5 000亿元。

科学文化上,优秀的文化遗产受到摧残,许多有才能有成就的知识分子被打击迫害。教育质量下降,大学停止招生。在文化艺术上实行专制的愚民政策,造成万花凋零的局面。

思想上,"左"倾错误思想严重泛滥,在一系列重大问题上混淆甚至颠倒了社会主义与资本主义、马克思主义与修正主义的关系,封建主义的个人迷信严重滋长,形而上学泛滥。

社会伦理道德水平下降,社会风气不如以前。

总之,"文化大革命"不是也不可能是任何意义上的革命和社会进步,它是一场历史的倒退和灾难。

推荐书目:

1. 席宣,金春明. 文化大革命简史. 北京:中共党史出版社,1996.
2. 黄峥. 在历史的档案里:"文革"十年风云录. 沈阳:辽宁大学出版社,1988.
3. (英)麦克法夸尔. 文化大革命的起源. 北京:北京求实出版社,1990.

话题讨论:

1. 你觉得为什么会发生"文化大革命"?有哪几方面的原因?
2. "文化大革命"给中国社会造成了什么影响?给中国人留下了哪些经验教训?
3. 在"文化大革命"期间,中国依然取得了一些成就,你知道有哪些?

1.3.3 改革开放时期

关键词:改革开放　有中国特色的社会主义　市场经济　科学发展观

"文化大革命"结束以后,遗留的大量政治、经济、文化方面的问题亟须解决。其中,首要的任务是要将思想从"文革思维"中解放出来。当时流行的指导思想是"两个凡是",即:凡是毛主席作出的决策,我们都坚决维护;凡是毛主席的指示,我们都始终不渝地遵循。"两个凡是"束缚了人们的思想,有鉴于此,中国展开了"实践是检验真理的唯一标准"的大讨论。

1977年8月12日至18日,党的第十一次全国代表大会召开。大会总结同江青反革命集团的斗争,宣告历时十年的"文化大革命"已经结束,重申在二十世纪内把我国建设成为社会主义现代化强国的根本任务。邓小平重新当选中央副主席,邓小平复出后,主动要求分管教育科学工作。他肯定新中国成立后科教事业取得了很大成就,强调"科学技术是生产力",为社会主义服务的脑力劳动者是劳动人民的一部分,使知识和知识分子重新受到重视,开始了科教领域的拨乱反正。1977 年秋,在"文化大革命"中被废弃的高考制度得到恢复,全国高校重新通过统一考试招收新生。

1978 年 12 月 8 日至 22 日召开的十一届三中全会是建国以来党的历史上具有深远意义的伟大转折。这次会议彻底否定"两个凡是"的方针,重新确立解放思想、实事求是的指导思想,实现了思想路线的拨乱反正;停止使用"以阶级斗争为纲"的口号,作出了把全党工作重点转移到社会主义现代化建设上来的战略决策,从此中国进入了改革开放的新时期。这标志着中国共产党终于从严重的历史挫折中重新奋起,带领中国人民开始了改革开放和为实现社会主义现代化而奋斗的新长征。这是在以邓小平为核心的第二代中央领导集体的领导下,中国人民进行的新的革命,是中国社会在二十世纪的第三次历史性的巨大变化。

改革开放首先是从农村起步的,在邓小平等领导人的支持下,农村实行了以家庭联产承包责任制为中心的改革,改变了束缚农业生产力的旧体制,使农业生产摆脱了长期停滞的困境,农村面貌发生了深刻的变化。在此基础上又推行了城市的改革。城市的经济体制改革是从改革经济管理体制、扩大基层单位的自主权,即从解决企业同国家的关系问题入手的。与此同时,对外开放政策也开始实施,决定开办经济特区,引进外资,创办三资企业,引进国外的先进技术和设备。在这一时期,党和国家的领导制度也进行了初步改革,社会主义民主和法制得到了加强。

1982 年 9 月,在中国共产党的第十二次全国代表大会上,提出了要建设有中国特色的社会主义。十二大以后,人民公社制度被取消,家庭联产承包制普遍实行,为农村商品经济的发展创造了条件,乡镇企业开始大量出现。在城市,经济体制改革全面展开,城市经济生活出现了前所未有的活跃局面。在对外开放方面,建立了深圳、珠海、汕头、厦门四个经济特区,后来又增设了海南,形成了"经济特区—沿海开放城市—沿海经济开放区—内地"这样一个多层次、有重点、点面结合的对外开放格局。这一时期,为了实现包括台湾、香港、澳门在内的祖国统一,中国政府提出了"一国两制"的构想,在此基础上与英国、葡萄牙政府成功地进行了谈判,解决了香港、澳门的历史遗留问题。在对外政策上一贯坚持独立自主的原则,积极开展外交活动,扩大同各国的联系和交往。

在 1987 年召开的中国共产党第十三次全国代表大会上,确认了中国从 1956 年生产资料私有制的社会主义改造基本完成,到社会主义现代化的基本实现,其间至少需要上百年的时间,都属于社会主义初级阶段。党在社会主义初级阶段建设有中国特色社会主义的基本路线是“领导和团结全国各族人民，以经济建设为中心，坚持四项基本原则，坚持改革开放，自力更生，艰苦奋斗，为把我国建设成为富强、民主、文明的社会主义现代化国家而奋斗”，即“一个中心，两个基本点”。十三大的中心任务是加快和深化改革。

1989 年，邓小平辞去中央军委主席职务，顺利实现了由以邓小平为中心的第二代中央领导集体向以江泽民为核心的第三代中央领导集体的交接。1992 年初，改革开放的总设计师邓小平，先后到武昌、深圳、珠海、上海等地视察并发表了重要讲话，要求坚持党的基本路线，抓住有利时机，大胆解放思想，加快经济发展，把有中国特色的社会主义事业全面推向前进。邓小平的南巡讲话总结了十一届三中全会以来的基本实践和基本经验，明确回答了许多重大认识问题，进一步解放了人们的思想。在此基础上，1992 年 10 月召开的中共十四大初步概括了建设有中国特色的社会主义的理论，明确提出建立社会主义市场经济体制。以邓小平 1992 年初南方谈话和党的十四大为标志，中国改革开放和现代化建设事业进入了一个新的发展阶段。

在建设有中国特色社会主义理论的指引下，中国的经济迅速发展，社会全面进步，人民生活水平不断提高，并根据“一国两制”的原则，分别于 1997 年 7 月 1 日和 1999 年 12 月 20 日顺利实现了香港和澳门的回归，成功抵御了 1998 年的亚洲金融危机，于 2001 年加入了“世界贸易组织”。2002 年，又一次实现了向以胡锦涛为总书记的第四代中央领导集体的顺利过渡，新一代领导集体率领中国人民众志成城战胜了 2003 年的“非典型性肺炎”传染病，经受了 2008 年“5 · 12”汶川大地震的考验，在 2008 年的世界金融危机中表现卓越。新一代的中国领导人在 2007 年召开的中共十七大上阐述了“科学发展观”，要求实现人与社会的全面协调可持续发展，提出了建设“和谐社会”的构想。2008 年第 29 届奥林匹克运动会在北京召开，2010 年世界博览会在上海开幕，标志着中国日益融入国际社会，成为国际大家庭中有重要影响的一员。在国际上，中国继续奉行独立自主的和平外交政策，与多个国家保持着平等合作的友好关系，在各项国际事务中发挥着越来越重要的作用。

当前，中国各族人民在中国共产党的领导下，继续深化经济、政治等各方面的改革，沿着建设有中国特色社会主义的道路阔步前进。

延伸阅读

家庭联产承包责任制

家庭联产承办责任制，是指农户以家庭为单位向集体组织承包土地等生产资料和生产任务的农业生产责任制形式。其基本特点是在保留集体经济必要的统一经营的同时，集体将土地和其他生产资料承包给农户，承包户根据承包合同规定的权限，独立作出经营决策，并在完成国家和集体任务的前提下分享经营成果，一般做法是将土地等按人口或劳动力比例根据责、权、利相结合的原则分给农户经营，承包户和集体经济组织签订承包合同。

家庭联产承包责任制是中国农民的伟大创造，是农村经济体制改革的产物。十一届三中全会以后，在党中央的积极支持和大力倡导下，家庭联产承包责任制逐步在全国推广，到1983年初，全国农村已有93%的生产队实行了这种责任制。家庭联产承包责任制的实行取消了人民公社，又没有走土地私有化的道路，而是实行家庭联产承包，统分结合，双层经营，既发挥了集体统一经营的优越性，又调动了农民生产的积极性，是适应中国农业特点和当前农村生产力发展水平以及管理水平的一种较好的经济形式。

从2006年1月1日起，中国全面取消了农业税，这一在中国实行了2 600年的最为古老的税种已经成为历史，中国的农村发展获得了新的机遇。

"一国两制"与台湾问题

十一届三中全会后，中国共产党为完成祖国统一大业，解决历史遗留的台湾、香港、澳门等领土问题，提出了"一个国家，两种制度"的创造性构想，并依据这一构想，对台湾、香港、澳门分别制定"一国两制，和平统一"，"一国两制，港人治港"，"一国两制，澳人治澳"等具体的方针、政策。香港1997年、澳门1999年顺利回归中国，对台湾的和平统一也起到了积极的推动作用。

台湾问题纯属中国的内政，不同于第二次世界大战后经国际协议而形成的德国问题和朝鲜问题。因此，台湾问题不能和德国问题、朝鲜问题相提并论。中国政府历来反对用处理德国问题、朝鲜问题的方式来处理台湾问题。台湾问题应该也完全可以通过两岸的协商，在一个中国的架构内求得合理的解决。具体说来，"一国两制，和平统一"的基本点包括：

（一）一个中国。世界上只有一个中国。

（二）两制并存。在一个中国的前提下，大陆的社会主义制度和台湾的资本主义制度实行长期共存，共同发展。

（三）高度自治。统一后，台湾将成为特别行政区。它不同于中国其他一般省区，享有高度的自治权。

（四）和平谈判。通过接触谈判，以和平方式实现国家统一是全体中国人的共同心愿。

鉴于两岸的现实状况，中国政府主张在实现统一之前，双方按照相互尊重、互补互利的原则，积极推动两岸经济合作和各项交往，进行直接通邮、通商、通航和双向交流，为国家和平统一创造条件。和平统一是中国政府既定的方针，然而，每一个主权国家都有权采取自己认为必要的一切手段，包括军事手段，来维护本国主权和领土的完整。中国政府在采取何种方式处理本国内部事务的问题上，并无义务对任何外国或图谋分裂中国者作出承诺。

经济特区

“经济特区”一词，1979 年提出，并在深圳率先加以实施。按其实质，经济特区是世界自由港区的主要形式之一。“经济特区”以减免关税等优惠措施为手段，通过创造良好的投资环境，鼓励外商投资，引进先进技术和科学管理方法，以达到促进特区所在国经济技术发展的目的。经济特区实行特殊的经济政策、灵活的经济措施和特殊的经济管理体制，并坚持以外向型经济为发展目标。

1980 年中国建立了 4 个经济特区：深圳、珠海、汕头、厦门。1988 年又把海南岛作为经济特区。中国建设和发展经济特区的基本经验主要有：

①完善投资环境，包括完善投资的物质环境和人际环境。前者为基础设施结构中以通电、通水、通路、通信、通煤气、通排污、通排洪和平整土地为主体的“七通一平”等，后者包括政治条件（政治、社会、政策等的稳定和法制的健全）、管理水平（政府的效率等）、经营条件（货币和物价、外汇管制、金融、信息服务和自主权等状况）、人口素质和市场、政策优惠（税费等）等。

②外引内联有机结合，发挥特区的“四个窗口”（技术、知识、管理和对外政策）和两个扇面辐射（对内和对外）的“枢纽”作用。

③努力探求建立一种灵活而有效地适应国际市场规律的特区经济体制模式。为此，需要在计划管理体制、企业管理体制、基本建设管理体制、流通体制、价格体制、劳动人事制度、工资制度以及财政金融体制等方面进行一系列改革。

总之，从特征上讲，经济特区是中国采取特殊政策和灵活措施吸引外部资金，特别是外国资金进行开发建设的特殊经济区域；从功能上讲，经济特区是中国改革开放和现代化建设的窗口、排头兵和试验场。

中国发展面临的严峻挑战与科学发展观

21 世纪，中国的发展进程不可避免地遭遇到如下的六大基本挑战：人口三大高峰（即人口总量高峰、就业人口总量高峰、老龄人口总量高峰）相继来临的压力；能源和自然资源的超常规利用；加速整体生态环境“倒 U 型曲线”的右侧逆转；实施城市化战略的巨大压力；缩小区域间发展差距并逐步解决“三农”问题；国家可持续发展的能力建设和国际竞争力的培育。上述这些严重制约中国未来发展的挑战，只有在实现国家“全面、协调、可持续发展”的科学发展观的统率下，才能得到真正有效的克服。

科学发展观的理论核心,紧密地围绕着两条基本主线:其一,努力把握人与自然之间关系的平衡,寻求人与自然的和谐发展及其关系的合理性存在。同时,必须把人的发展同资源的消耗、环境的退化、生态的胁迫等联系在一起。其实质体现了人与自然之间关系的和谐与协同进化。其二,努力实现人与人之间关系的协调。不仅通过舆论引导、伦理规范、道德感召等,更要通过法制约束、社会有序、文化导向等,去逐步达到人与人之间关系(包括代际关系)的和谐与公正。

总之,全球所面临的"可持续发展"的宏大命题,从根本上体现了人与自然之间和人与人之间关系的总协调。有效协同"人与自然"之间的关系,是保障可持续发展的基础;而正确处理"人与人"之间的关系,则是实现可持续发展的核心。

推荐书目:

1. 郑德荣. 社会主义初级阶段论. 济南:山东人民出版社,1999.
2. 卫炜. 中国改革第一人邓小平. 太原:山西人民出版社,1999.
3. 陈欣新. 一国两制决策研究. 北京:北京党建读物出版社,2000.

话题讨论:

1. 根据你的理解,谈谈中国为什么要实行改革开放政策。
2. "一国两制"是什么? 对中国有什么重大意义?
3. 改革开放三十多年来,中国在政治、经济、社会发展方面取得了哪些成就? 你觉得还有哪些方面需要进一步改革?

2　国土与资源

2.1　地理

2.1.1　面积与位置

中国位于亚洲东部，太平洋西岸。陆地面积960万平方千米。

中国领土北起漠河以北的黑龙江江心（北纬53°30′），南到南沙群岛南端的曾母暗沙（北纬4°），跨纬度49度多；东起黑龙江与乌苏里江汇合处（东经135°05′），西到帕米尔高原（东经73°40′），跨经度60多度。从南到北，从东到西，距离都在5 000千米以上。

中国陆地边界长达2.28万千米，东邻朝鲜，北邻蒙古，东北邻俄罗斯，西北邻哈萨克斯坦、吉尔吉斯斯坦、塔吉克斯坦，西和西南与阿富汗、巴基斯坦、印度、尼泊尔、不丹等国家接壤，南与缅甸、老挝、越南相连。东部和东南部同韩国、日本、菲律宾、文莱、马来西亚、印度尼西亚隔海相望。省级行政区划为4个直辖市、23个省、5个自治区、2个特别行政区，首都北京。

来源：中国政府网

延伸阅读

什么是北京时间？

北京时间是中国标准时间，它是东八区的区时，不是北京所在地的时间，北京所在地的时间比北京时间晚约14分半钟。

地球一周被分成24等份，即24个时区，每一时区跨经度15度。一天24小时，相差一个时区就相差一个小时。经度零度即子午线的时间为世界标准时间。由于子午线穿越伦敦附近的格林尼治市，故称格林尼治时间，这也是英国的标准时间。北京的经度位置在子午线往东第八个时区内，即东八时区。东八时区的区时为东经120度的时间，就是北京时间。

北京时间是由位于陕西省蒲城县境内的中国科学院国家授时中心计算和发布的，因为这里地处中原腹地，离大地原点仅100千米，发射的时间信号可以覆盖全中国。

有趣的地理现象

如果你住在中国的乌苏里江一带，当你起床享受早晨的阳光时，西部的帕米尔高原还是满天的星斗；夏天，如果你去新疆旅游，到晚上十点了天空还是很亮，而你在北京的朋友却已经进入了梦乡。你能解释为什么吗？

推荐书目：

1. 课程教材研究所，地理课程教材研究开发中心. 地理(八年级上册). 北京：人民教育出版社，2006.

2. 人民教育出版社地图编辑室，天域北斗数码测绘科技有限公司. 读图识中国. 北京：人民教育出版社，2009.

话题讨论：

1. 你觉得中国的地理位置有什么特点？

2. 说说你们国家有哪些邻国。

2.1.2 海洋与岛屿

中国大陆海岸线长约1.8万千米。海岸地势平坦，多优良港湾，且大部分为终年不冻港。中国大陆的东部与南部濒临渤海、黄海、东海和南海。海域面积473万平方千米。渤海为中国的内海，黄海、东海和南海是太平洋的边缘海。

在中国海域上，分布着5 400个岛屿。其中最大为台湾岛，面积3.6万平方千米；其次是海南岛，面积3.4万平方千米。位于台湾岛东北海面上的钓鱼岛、赤尾屿，是中国最东的岛屿。散布在南海上的岛屿、礁、滩总称南海诸岛，为中国最南的岛屿群，依照位置不同称为东沙群岛、西沙群岛、中沙群岛和南沙群岛。

渤海位于辽东半岛老铁山角到山东半岛北岸蓬莱角的渤海海峡，与黄海水域相通，有庙岛群岛绵亘峡口，面积7.7万平方千米，平均水深18米，最深处70米。

黄海北起鸭绿江口，南以长江口北岸向济州岛方向一线同东海分界，西以渤海海峡与渤海相连。平均水深44米，最深处140米，面积38万平方千米，海床为半封闭型浅海大陆架。

东海北起长江北岸至济州岛方向一线，南以广东省南澳到台湾省本岛南端一线，东至冲绳海槽(以冲绳海槽与日本领海分界)，正东至台湾岛东岸外12海里一线，面积77万平方千米。

南海的海底是一个巨大的海盆,海盆的山岭露出海面就是我国的东沙、西沙、中沙、南沙群岛,这些海底山岭是中国大陆架的自然延伸。南海总面积约350万平方千米。

延伸阅读

中国的宝岛——台湾

台湾自古以来就是中国的领土,它位于中国大陆架的东南缘。北临东海,东北接琉球群岛,东濒太平洋,南接巴士海峡,与菲律宾相邻,西隔台湾海峡与大陆福建省相望,最近处仅130千米。

台湾是个由岛屿组成的海上省份,由台湾本岛和周围属岛以及澎湖列岛两大岛群,共80余个岛屿所组成。陆地总面积35 000多平方千米,是中国第一大岛。

台湾多山,高山和丘陵面积占2/3,平原不到1/3。著名山脉有中央山脉、玉山山脉、雪山山脉、阿里山脉和台东山脉,都是东北—西南走向。台湾岛的地形,中间高,两侧低。

台湾气候宜人,冬无严寒,夏无酷暑,四季树木葱茏,百花芬芳,是个著名的旅游胜地。

台湾有丰富的森林资源,是个天然的森林宝库。林木种类繁多,包括热带、亚热带、温带和寒带树种近4 000种,是亚洲有名的天然植物园。台湾的樟树为世界之冠,用樟树提炼的樟脑和樟油,在医药上和化学工业上用途很大,是台湾一大特产,产量约占世界总产量的70%,最多时年产1 000多万斤。

台湾已探明的各种矿藏有200多种,但多数储量不丰富,铁、煤、石油等资源尤缺。目前已经开采的矿藏有30余种,主要是煤、硫黄、金、铜、天然气等。

台湾四面环海,又处于暖流与寒流的交汇地,海产十分丰富,一向是中国重要的产鱼区。鱼类多达500多种,其中以鲷鱼、鲔鱼、鲨鱼、鲣鱼、鰛鱼最多。高雄、基隆、苏澳、花莲、新港、澎湖等地都是著名的渔场。近几年台湾还发展虱目鱼、吴郭鱼、鲢鱼、鳗鱼及虾、贝等淡水养殖业。此外,台湾出产的海盐也久负盛名。

南海明珠——海南岛

海南岛是海南省的主岛,位于中国雷州半岛的南部。海南岛的面积为33 900平方千米,是中国第二大岛。

海南岛平均海拔120米,山地位于中央,丘陵、台地、平原依次环绕四周。500米以上的山地占全岛的25%,100米以上的平原、台地占2/3。

海南岛是一个"四时常花,长夏无冬"的地方,一年四季都适合旅游,有"东方夏威夷"之称,也是世界最大的冬都。年平均气温在22℃～26℃之间。最热的7月份平均温度只有28.4℃,由于海风吹拂,感觉并不闷热;最冷的1月份平均气温在19℃以上,更是温暖如春。海南岛雨量充沛,年降雨量在1 600多毫米,其中以8、9月份降雨量最为充沛,时见暴雨出现,也常有台风侵袭。

海南岛之所以被称为宝岛,除了有丰富的地下宝藏,如石绿富铁矿和羊角岭水晶矿等,地面上还生长着几乎所有的热带作物,出产橡胶、咖啡、可可、椰子、槟榔、胡椒等。附近海域鱼类群聚,可以捕捉到热带海洋中的各种鱼类,以及龙虾、对虾等,渔业资源十分丰富。

海南生活着汉、黎、苗、回、壮、水、京、高山等30多个民族,具有浓郁的民族风情。

海南有多个旅游景点获得"世界之最"、"中国之最"的美誉,著名景点有红树林、东郊椰树林、东山岭(笔架山)、南海猕猴岛、仙境鹿回头、东方夏威夷——亚龙湾、天涯海角。

海南的美丽风光和热带风情以及丰富多彩的民族风情都等待着你的到来。

推荐书目:

1. 陈凡. 中国少儿百科全书海洋百科. 西安:西安出版社,2009.

2. 课程教材研究所,地理课程教材研究开发中心. 地理(八年级上册). 北京:人民教育出版社,2006.

话题讨论:

1. 说说中国的海洋和岛屿的基本情况。

2. 台湾岛和海南岛两岛有什么异同?

2.1.3 地形与山脉

关键词:地形　山地　平原　丘陵　盆地　高原

几百万年前,青藏高原隆起,地球历史上这一重大地壳运动造就了中国的地貌。

从空中俯瞰中国大地,地势就像阶梯一样,自西向东逐渐下降。受印度板块与欧亚板块的撞击,青藏高原不断隆起,平均海拔4 000米以上,号称"世界屋脊",构成了中国地形的第一阶梯。高原上的喜马拉雅山主峰珠穆朗玛峰高达8 848米,是世界第一高峰。第二阶梯由内蒙古高原、黄土高原、云贵高原和塔里木盆地、准噶尔盆地、四川盆地组成,平均海拔1 000～2 000米。跨过第二阶梯东缘的大兴安岭、太行山、巫山和雪峰山,向东直达太平洋沿岸是第三阶梯,此阶梯地势大部分在

500 米以下,自北向南分布着东北平原、华北平原、长江中下游平原,平原的边缘镶嵌着低山和丘陵。再向东为中国大陆架浅海区,也就是第四级阶梯,水深大都不足 200 米。

平原主要分布在中国的东部地区,有东北平原、华北平原和长江中下游平原。

丘陵主要分布在长江以南,有著名的东南丘陵。

中国大地给我们呈现的就是这样形形色色的地形地貌,从终年覆盖着白雪的高山到平坦的三角洲,从陡峭的山地到凹陷的盆地,它们都给壮丽的祖国增添了颜色。

延伸阅读

中国地理的世界之最

世界上最高的山峰在哪里?世界上最低的盆地在哪里?它们都在中国。

你一定很想知道中国还有什么世界之最吧?我们一起来看看。中国有世界上最高的高原——青藏高原,它的平均海拔是 4000 米,被称为“世界屋脊”。

世界上最低的盆地——吐鲁番盆地,盆地中的艾丁湖海拔为 -154 米,是中国陆地的最低点。

世界上最高的山脉——喜马拉雅山,它拥有全世界超过 8000 米以上的著名山峰中的 10 座。

世界上最高的山峰——珠穆朗玛峰,它的海拔是 8844.43 米。

世界上最深的峡谷——雅鲁藏布大峡谷,最深的地方达到 6009 米,平均深度是 2 268 米。

世界上最长的运河——京杭运河,它北起北京,南到杭州,全长 1 800 千米。

中国的地势

中国的西部地区以山地和高原、盆地为主,东部则以平原和丘陵为主。中国地势总的特点是西高东低,大致呈阶梯状分布。

第一级阶梯:青藏高原。它的平均海拔 4 000 米以上,面积达 230 万平方千米,是世界上最大的高原,号称“世界屋脊”。

第二级阶梯:越过青藏高原北缘的昆仑山、祁连山和东缘的横断山一线,地势就迅速下降到海拔 1 000 ~ 2 000 米,局部地区可在 500 米以下。它的东缘大致以大兴安岭至太行山,经巫山向南至武陵山、雪峰山一线为界。中国的三大高原和四大盆地都分布在这里。

第三级阶梯:从第二级阶梯往东直到海岸,这里是一片海拔 500 米以下的丘陵和平原。中国的东北平原、华北平原和长江中下游平原以及东南丘陵都分布在这一带。

从海岸线向东,则是浅海大陆架区,水深一般不到200米。

推荐书目:

1. 方如康. 中国的地形. 北京:商务印书馆,1995.

2. 课程教材研究所,地理课程教材研究开发中心. 地理(八年级上册). 北京:人民教育出版社,2006.

话题讨论:

1. 和你们国家相比,中国的地形有什么特点?

2. 你能说出中国的地势对气候有什么影响吗?

2.1.4 河流与湖泊

关键词:长江 黄河 湖泊

中国境内河流众多,流域面积在1 000平方千米以上者多达1 500余条。由于主要河流多发源于青藏高原,从河源到河口落差很大,因此中国的水力资源非常丰富,蕴藏量达6.8亿千瓦,居世界第一位。

河流分为外流河和内流河。注入海洋的外流河,流域面积约占全国陆地总面积的64%。长江、黄河、黑龙江、珠江、辽河、海河、淮河等向东流入太平洋;西藏的雅鲁藏布江向东流出国境再向南注入印度洋,河流的上方是长504.6千米、深6 009米的世界第一大峡谷——雅鲁藏布江大峡谷;新疆的额尔齐斯河则向北流出国境注入北冰洋。流入内陆湖或消失于沙漠、盐滩之中的内流河,流域面积约占全国陆地总面积的36%。新疆南部的塔里木河是中国最长的内流河,全长2 179千米。

长江是中国第一大河,全长6 300千米,仅次于非洲的尼罗河和南美洲的亚马孙河,为世界第三大河。其上游穿行于高山深谷之间,蕴藏着丰富的水力资源。长江也是中国东西水上运输的大动脉,天然河道优越,有“黄金水道”之称。长江中下游地区气候温暖湿润、雨量充沛、土地肥沃,是中国重要的农业区。

黄河为中国第二大河,全长5 464千米。黄河流域牧场丰美,矿藏丰富,历史上曾是中国古代文明的发祥地之一。

黑龙江是中国北部的大河,全长4 350千米,其中有3 101千米流经中国境内;珠江为中国南部的大河,全长2 214千米。

中国境内湖泊众多,长江中下游地区和青藏高原是湖泊最多的两个地区。前者为淡水湖最集中的地区，主要有鄱阳湖、洞庭湖、太湖、洪泽湖等，其中江西省北部的鄱阳湖最大，面积2 933平方千米；后者主要分布着咸水湖，有青海湖、纳木湖、奇林湖等，当中以青海省东北部的青海湖最大，面积4 635平方千米。

延伸阅读

长江与黄河

长江全长6 300千米，是中国最长的河流，在世界上仅次于尼罗河和亚马孙河，居第三位。长江发源于唐古拉山主峰——各拉丹冬，流经青海、西藏、云南、四川、重庆、湖北、湖南、江西、安徽、江苏和上海11个省(区)市，在崇明岛流入东海。长江的流域面积为180万平方千米，平均每年入海总径流量9 793.5亿立方米，有“水能宝库”和“黄金水道”的美称。

长江从河源到宜昌以上为上游，水急滩多；宜昌至湖口为中游，曲流发达，多湖泊；湖口以下为下游，江宽水深，江口有泥沙堆积而成的崇明岛。

黄河是中国的第二大河，也是世界上著名的大河之一。黄河的形状就像一个大大的“几”字，是古老文明的发祥地。黄河发源于青海省巴颜喀拉山北麓的卡日曲，流经青海、四川、甘肃、宁夏、内蒙古、陕西、山西、河南、山东9个省区，在山东垦利县流入渤海，全长5 464千米，流域面积75万平方千米。

黄河从源头到内蒙古河口镇是上游，水量大；从河口镇到河南省孟津是中游，支流众多；从孟津到入海口是下游，河道变宽，坡度变缓，河水流速减慢，携带的泥沙沉积下来使河床抬高，成为地上河。

长江与黄河都是中国的母亲河。

京杭大运河

中国大地上除了天然的河流以外，还有一条著名的人工河流，这就是京杭大运河。

它是世界上最长的人工运河，全长1 794千米，是苏伊士运河的16倍，巴拿马运河的33倍。它北起北京，南至杭州，经过北京、天津、河北、山东、江苏、浙江六省市，沟通了海河、黄河、淮河、长江、钱塘江五大水系。它的修建持续了1 779年(从公元前486年始凿，至公元1293年全线通航)。

京杭大运河是中国一条重要的南北水上干线，目前它的通航里程为1442千米，全年通航里程为877千米，主要分布在山东、江苏和浙江三省。京杭大运河是仅次于长江的第二条黄金水道，它不仅是南北物资运输的重要通道，还对沿岸的农田水利建设事业起到了巨大的作用。

推荐书目:

1. 王洪道.中国的湖泊.北京:商务印书馆,1995.

2.《中国秘境之旅丛书》编委会.大川之美,中国著名河流全线穿越.中国广播电视出版社,2005.

3.陈史坚.中国的河流.生活·读书·新知三联书店出版社,1950.

话题讨论:

1.比较你们国家和中国的河流分布情况。

2.你觉得中国的河流分布与地形和气候有什么关系?

2.2 气候

关键词:温度带 季风 降水量 等温线

1月份,如果你坐火车从海南到中国的东北地区旅游,你会发现一路上你得不停地加衣服,从出发时的一件衬衣到最后换上了笨重的棉衣、棉帽、棉鞋。

不要奇怪,这就是中国的气候。冬季,中国最北部的漠河和最南部的曾母暗沙气温相差50℃。东北地区飘着漫天大雪,海南等地则是一片浓浓暖意。冬季中国气温南北差别很大。1月0℃等温线以秦岭、淮河为界,以北地区冬季平均气温在0℃以下,而南部则超过0℃。夏季,中国南北温差不大,除地势特别高的青藏高原以外,大多数地方普遍高温,7月的平均气温在20℃以上。

根据气温的差异,中国从北到南,一共划分为五个温度带:寒温带、中温带、暖温带、亚热带和热带。此外,还有以青藏高原为主的高原气候区。

中国大部分地区受海洋暖湿气流的影响,降水比较丰富,但地区分布和时间分配不均匀。东部多,西部少,由东南沿海向西北内陆逐渐减少,并且,多集中在夏季。南方雨季长,集中在5~10月;北方雨季短,集中在7、8月。东南沿海地区的年降水量多在1 600毫米以上,而西北部的一些地区的年降水量则不足50毫米。

根据降水量和蒸发量的关系,中国可以划分为湿润地区、半湿润地区、半干旱地区和干旱地区。湿润半湿润地区主要分布在中国的东南部、东部和东北地区,而干旱和半干旱地区主要分布在西北部地区。气候干湿程度不同直接影响到经济类型,南部湿润地区以农业为主,而西北干旱地区以畜牧业为主。

中国地处世界上最大的陆地——欧亚大陆的东南部,面临世界上最大的海洋——太平洋,地形复杂,疆土辽阔。它东西跨越63个经度,南北跨越50个纬度。

这种特殊的纬度位置和海陆位置，使得中国大多数地区一年内的盛行风向随季节而变化，形成了显著的季风气候。

影响中国的冬季风主要来自寒冷的蒙古和西伯利亚一带，以偏北风为主。它带来的气流寒冷而干燥，是中国冬季南北温差大的主要原因。夏季影响中国的季风主要来自东部和南部的海洋，以湿润的偏南风为主，能带来丰富的水汽，形成了中国的降水。习惯上以大兴安岭—阴山—贺兰山为界，把中国分为季风区和非季风区。当然，广阔的青藏高原属于特殊的高原气候区。季风区受夏季风的影响很明显，夏季降水丰富；而非季风区受地形以及海陆位置等因素的制约，夏季风很难到达，常年比较干旱。

中国季风气候类型主要有热带季风气候、亚热带季风气候和温带季风气候。

除了季风气候，中国还有多种气候类型。例如，西北地区主要是温带大陆性气候；青藏高原地区由于地势高，形成了独特的高原气候。

延伸阅读

什么是等温线？

等温线(isotherm)就是图上温度值相同各点的连线。

等温线稀疏，则各地气温相差不大；等温线密集，表示各地气温相差悬殊；等温线平直，表示影响气温分布的因素较少；等温线弯曲，表示影响气温分布的因素很多；等温线是东西走向，表示温度因纬度而不同，以纬度因素为主；等温线和海岸线平行，表示气温因距海远近而不同，以距海远近因素为主。

等温线是由德国人洪堡发明的，世界上第一幅等温线图是1817年绘制完成的。

利用等温线可以做什么呢？我们可以用它来判断南北半球，判断季节和海陆分布，判断洋流的性质及流向，计算某地海拔高度，判断地形。

推荐书目：

1. 课程教材研究所，地理课程教材研究开发中心. 地理（八年级上册）. 北京：人民教育出版社，2009.

2. 丁一汇. 中国气候变化科学概论. 北京：气象出版社，2008.

讨论话题：

1. 和你们国家相比，中国的气候有什么优势或者不足？

2. 你能分析中国气候形成的原因吗？

2.3 资源

2.3.1 土地和矿产

关键词：耕地　林地　草地　矿产

形容中国的土地和矿产时，人们常常要用到许多庞大的数字。耕地、林地、草地、荒漠、滩涂等在中国都有大面积分布。耕地主要集中在东部，草原多分布在北部和西部，而森林大都集中在东北和西南边远地区。

中国现有耕地18.2574亿亩。东北平原、华北平原、长江中下游平原、珠江三角洲和四川盆地是耕地分布最为集中的地区。面积35万多平方千米的东北平原是中国第一大平原，大部分是黑色沃土，盛产小麦、玉米、大豆、高粱、亚麻和甜菜。华北平原大多是褐色土壤，土层深厚，农作物有小麦、玉米、谷子、棉花等。长江中下游平原地势低平，河流和湖泊星罗棋布，是中国主要的水稻、淡水鱼产区，素有“鱼米之乡”的美誉，并且盛产茶叶和桑蚕。被誉为“天府之国”的四川盆地多为紫色土壤，气候暖湿，农作物可四季生长，盛产水稻、油菜和甘蔗。珠江三角洲盛产水稻，每年可收获二至三次。

中国森林面积达到29.25亿亩，森林覆盖率达到20.36%。我国人均森林面积0.145公顷，不足世界人均占有量的四分之一。东北地区的大兴安岭、小兴安岭和长白山区，是中国最大的天然林区，遍布望不到边的红松、落叶松、黄花松等针叶林及白桦、柞树、水曲柳、杨树、榆树等阔叶林。其次为西南天然林区，该区主要树种有云杉、冷杉、云南松等，还有珍贵的柚木、紫檀、樟、楠、红木等；云南省南部的西双版纳是中国少有的热带阔叶林区，森林植物多达5 000余种，有“植物王国”之称。

中国的草地面积约4亿公顷。在从东北到西南绵延3000多千米的广阔草原上，分布着多个畜牧业基地。内蒙古草原为中国最大的天然牧场，出产著名的三河牛、三河马和蒙古绵羊。新疆天山南北也是中国重要的天然草场和牲畜良种基地，出产著名的伊犁马和新疆细毛羊。

中国耕地、森林、草地面积的绝对数量均居世界前列，但由于人口众多，按人口平均计算的相对数量却很少。尤其是耕地，仅为世界人均水平的三分之一。

世界上已知的矿产在中国均能找到，且储量丰富。截至2007年年初，全国已发现171种矿产，有查明资源储量的矿产159种。煤、铁、铜、铝、锑、钼、锰、锡、铅、锌、汞等主要矿产储量均居世界前列。其中煤炭保有储量为10 033亿吨，主要分布在北部，尤以山西省和内蒙古自治区最为丰富。铁矿的保有储量为457亿吨，主要分布在东北、华北和西南地区。石油、天然气、油页岩、磷、硫等矿产也很丰富。石油主要蕴藏在西北地区，其次为东北、华北地区和东部沿海浅海大陆架。稀土金属的储量比世界其他国家的稀土总量还多。

2.3.2 动物和植物

关键词：野生动物　植物

中国是世界上野生动物种类最多的国家之一，仅脊椎动物就有6 266种，其中陆栖脊椎动物2 404种，鱼类3 862种，约占世界脊椎动物种类的10%。大熊猫、金丝猴、华南虎、褐马鸡、丹顶鹤、朱鹮、白鳍豚、扬子鳄等百余种中国特产的珍稀野生动物，闻名于世。

毛色黑白相间的大型哺乳动物——大熊猫，体重80～120公斤，最重可达180公斤，靠吃嫩竹和竹笋为生，目前野生大熊猫只剩下1 000多只，由于极其珍贵，已成为世界保护野生动物的标志。

丹顶鹤，体长可达1.2米以上，身上覆盖着白色羽毛，头顶上长着一小块丹红色的裸露皮肤，它在东亚地区被视为"长寿"的象征。

白鳍豚是世界上仅有的两种淡水鲸类之一，1980年首次从长江里捕获一头雄性白鳍豚，引起世界豚类研究界的极大兴趣。

中国也是世界上植物资源最为丰富的国家之一，仅高等植物就有3.2万余种。北半球寒、温、热各带的主要植物，在中国几乎都可以看到。木本植物有7 000多种，其中乔木2 800余种，水杉、水松、银杉、金钱松、台湾杉、福建柏、珙桐、杜仲、喜树等为中国所特有。水杉是一种高大乔木，被列为世界古稀名贵植物。金钱松产于长江流域山地，叶子簇生在短枝上，状如铜钱，春夏苍绿，秋天变黄，是世界五大庭园珍贵树种之一。中国食用植物有2 000余种；药用植物3 000多种，长白山的人参、西藏的红花、宁夏的枸杞、云南和贵州的三七等，都是名贵药材。花卉植物种类极多，"花中之王"——牡丹，为中国固有，它花朵硕大、多瓣，色彩艳丽，被推崇为中国的"国花"之一。

来源：中国政府网

延伸阅读

什么是富营养化现象？

是在湖泊、水库、海湾、水口，由于氮、磷等植物营养成分大量积聚，使水生生物，特别是水藻类过分繁殖引起污染的现象。富营养化还可能使有些湖泊由贫营养湖变为富营养湖，进一步发展为沼泽和干地。

中国耕地面临的问题

中国耕地面临着一些严峻的问题，主要有以下几个方面：

土壤质量呈下降趋势：全国耕地有机质含量平均已降到1%，明显低于欧美国家2.5%～4%的水平。东北黑土地带土壤有机质含量由刚开垦时的8%～10%已降为目前的1%～5%。中国缺钾耕地已占耕地总面积的56%，约50%以上的耕地微量元素缺乏，70%～80%的耕地养分不足，20%～30%的耕地氮养分过量。由于有机肥投入不足，化肥使用不平衡，造成耕地退化，保水保肥的能力下降。

耕地的水土流失：中国约有1/3的耕地受到水土流失的危害。每年流失的土壤总量达50多亿吨，相当于在全国的耕地上刮去1厘米厚的地表土。50年来，水土流失毁掉的耕地达4 000万亩。

污染现象严重：2000年对30万公顷基本农田保护区土壤有害重金属抽样监测发现，其中有3.6万公顷土壤重金属超标，超标率达12.1%。环境污染事故对中国耕地资源的破坏时有发生，2000年发生的891起污染事件一共污染农田4万公顷，造成的直接经济损失达2.2亿元。中国每年农药的使用量约2.3亿公斤，其中除草剂占17%，杀菌剂占21%，杀虫杀螨剂占62%，而在杀虫剂中，具有高毒性的有机磷农药占70%。

推荐书目：

课程教材研究所，地理课程教材研究开发中心．地理（八年级上册）．北京：人民教育出版社，2009.

讨论话题：

1. 比较你们国家和中国的资源状况有什么异同之处。
2. 对于合理利用水资源，你有什么建议？
3. 你认为怎样可以保护耕地？

2.4　行政区划

关键词：行政区划　省　自治区　直辖市　特别行政区

如果你问一个中国人，中国有多少个省市，他大概不能立刻回答你。中国的行政区划在几十年来有过一些变化，而且中国的行政区划和世界其他国家很不相同，分省（自治区、直辖市、特别行政区）、县（自治县、市）、乡（自治乡、镇）三级区划。

中国现在有34个省级行政单位，其中北京是中国的首都。其他的还有哪些呢？我们用一首歌来帮助你记忆吧。中国的省级行政单位是：

两湖两广两河山；五江(疆)云贵福吉安；

四西二宁青甘陕；海内台北上渝天 ；

香港澳门和台湾；这是中国好河山。

这首歌谣包括了中国的23个省、5个自治区、4个直辖市和2个特别行政区。让我们一起来看看。

"两湖两广两河山"是湖南、湖北、广东、广西、河南、河北、山东、山西，其中广西是自治区。

"五江(疆)云贵福吉安"是新疆、黑龙江、江西、浙江、江苏、云南、贵州、福建、吉林、安徽，其中新疆是个自治区。

"四西二宁青甘陕"是四川、西藏、宁夏、辽宁、青海、甘肃、陕西，其中西藏、宁夏是自治区。

"海内台北上渝天"是海南、内蒙古、台湾、北京、上海、重庆、天津，其中内蒙古是自治区，北京、上海、重庆、天津4个城市是直辖市。

"香港澳门和台湾"，还有香港、澳门和台湾，其中香港、澳门是特别行政区。

中国还根据各个省市的地理位置，划分为华北 、华中、华东、华南、西北、东北和西南七个地区。

华北地区包括：北京市、天津市、河北省、山西省、内蒙古自治区的一部分。华中地区包括：河南省、湖北省、湖南省。华东地区包括：山东省、江苏省、安徽省、浙江省、江西省、福建省和上海市。华南地区包括：广东省、海南省和广西壮族自治区。广义上的华南地区还包括福建省中南部、台湾、香港、澳门。西南地区包括：四川省、云南省、贵州省、西藏自治区和重庆市。西北地区包括：陕西省、甘肃省、青海省、宁夏回族自治区、新疆维吾尔自治区和内蒙古中西部。东北地区包括：黑龙江、吉林、辽宁和内蒙古东部。

现在你对中国的行政区划很清楚了吧？

延伸阅读

中国的特别行政区

我们已经介绍过了，中国有两个特别行政区，它们是香港和澳门。香港和澳门自古以来就是中国的领土，可是鸦片战争以后，它们分别被英国和葡萄牙占领。1997年7月1日，中国政府正式恢复对香港行使主权，香港回到了祖国的怀抱。1999年12月20日，澳门也回到了祖国的怀抱。

香港的区旗是一面中间配有动态紫荆花图案的红旗。红旗代表祖国，紫荆花代表香港。区徽是圆形的，中间的图案和象征意义与区旗相同，其外圈写有“中华人民共和国香港特别行政区”和英文“HONG KONG”字样。

澳门的区旗是绿色的，上面绘有五星、莲花、大桥和海水，象征着澳门是祖国不可分割的一部分，预示澳门将兴旺发达。区徽呈圆形，中间图案和象征意义与区旗相同，外圈写有“中华人民共和国澳门特别行政区”和葡萄牙文“MACAU”字样。

现在，香港和澳门的旅游业很发达，吸引了越来越多的中国内陆人士和世界各地的人去旅游观光。

中国省级行政单位简称和行政中心

中国34个省级行政单位，都有自己的简称和行政中心城市，我们通过下边的表格来学习一下。

名称	简称	行政中心	名称	简称	行政中心
北京市	京	北京	湖南省	湘	长沙
天津市	津	天津	广东省	粤	广州
河北省	冀	石家庄	海南省	琼	海口
山西省	晋	太原	重庆市	渝	重庆
内蒙古自治区	内蒙古	呼和浩特	广西壮族自治区	桂	南宁
辽宁省	辽	沈阳	四川省	川	成都
吉林省	吉	长春	贵州省	黔	贵阳
黑龙江省	黑	哈尔滨	云南省	滇	昆明
上海市	沪	上海	西藏自治区	藏	拉萨
江苏省	苏	南京	陕西省	陕	西安
浙江省	浙	杭州	甘肃省	甘	兰州
安徽省	徽	合肥	青海省	青	西宁
福建省	闽	福州	宁夏回族自治区	宁	银川
江西省	赣	南昌	新疆维吾尔自治区	新	乌鲁木齐
山东省	鲁	济南	台湾省	台	台北
河南省	豫	郑州	香港	港	香港
湖北省	鄂	武汉	澳门	澳	澳门

推荐书目：

1. 人民教育出版社地图编辑室，天域北斗数码测绘科技有限公司. 读图识中国. 北京：人民教育出版社，2009.

2. 陈潮. 中国行政区划沿革手册. 北京：中国地图出版社，2007.

3. 中国地图出版社. 2009 中华人民共和国行政区划手册. 北京：中国地图出版社，2009.

话题讨论：

1. 中国的行政区划和你们国家有什么不同？

2. 在中国地图上画出各个省级行政单位的界线。

3 旅　游

中国国土辽阔、山川秀美、历史悠久、文化灿烂，漫长的历史和辽阔的国土形成了无比丰富的旅游资源。目前，全国已拥有15 000多处旅游景区（点），涵盖了自然景观、历史文化、改革成就和社会生活等各方面，其中被列入《世界遗产名录》的38处，国家重点风景名胜区208处，国家地质公园182处，国家自然保护区303个，国家森林公园710个，国家历史文化名城117个，国家5A级旅游区97个，中国优秀旅游城市339个，还有2 352处国家级重点文物保护单位，2 400余座各类博物馆。神奇美妙的名山大川、雄伟壮观的建设工程、多姿多彩的城市风光、各具特色的风土人情，为旅游业的发展提供了得天独厚的条件和基础。

一般来说，旅游资源包括自然旅游资源和人文旅游资源。

3.1　自然旅游资源

关键词：旅游胜地　地形　自然景观　自然保护区

自然旅游资源就是指自然风景旅游资源。中国是一个美丽的国家，其巍峨的高山与辽阔的草原、奔流的江河与怡人的海滨、明媚的热带风光与皑皑的北国雪景，就像磁石一样吸引着无数中外来客。

说到山，古诗写道"五岳归来不看山"，意思是：要是你先去了五岳，那就不用看别的山了，可见，"五岳"多美！"五岳"是哪几座山呢？东岳泰山、西岳华山、北岳恒山、南岳衡山、中岳嵩山。真的看完"五岳"就不看山了吗？别急，还有"黄山归来不看岳"呢，这句诗是说，要是你先去了黄山，那你连五岳也不用看了，这是什么意思呢？是说五岳虽然美，但还不如黄山美。

除了五岳和黄山，岩溶地貌的九寨沟、张家界，更是人间仙境，梦幻世界！除了这些"普通"的山，雪山和火山也别有情趣，玉龙雪山、梅里雪山、长白山火山群、腾冲火山群都是不容错过的旅游胜地。

"仁者乐山,智者乐水"。海滨度假,南有海南岛、鼓浪屿,北有青岛、大连、北戴河,阳光海风,白浪沙滩;温泉疗养,北有辽宁汤岗子泉、黑龙江五大连池,南有广东从化温泉、云南安宁温泉,休养身心,治病疗疾;欣赏江河风光,长江三峡、漓江山水秀美多姿,钱塘江大潮、雅鲁藏布江大峡谷壮观奔放;泛舟湖上,西湖、太湖江南烟雨,天池、青海湖塞外风光。

除此之外,更有流泉飞瀑锦上添花:黄果树瀑布、黄河壶口瀑布、雁荡十八瀑,各具特色;趵突泉、黑虎泉、珍珠泉,别有风姿。

中国的国土广阔,地形多样,构成了各具魅力的自然景观。"蓝蓝的天上白云飘,白云下面马儿跑"的内蒙古大草原清新宁静,"在那遥远的地方"戈壁沙漠浩瀚无际,号称"世界屋脊"的青藏高原古朴神秘,对于久居现代都市的旅游者来说,来这些地方无疑是一种很特别的体验。

国土广阔还伴随着各地气候差异巨大,特殊的气候条件,也形成了独特的旅游资源。冰雪覆盖的哈尔滨、热带丛林密布的西双版纳、大风呼啸的乌尔禾都成为生活单调的人们获得新鲜感受的宝地。

除了自然风景外,大自然中的动植物也值得一提。中国被誉为"世界植物的故乡",有许多在其他地方已经绝迹了的植物在中国还存活着。大熊猫、金丝猴、梅花鹿等珍稀动物也在中国自由自在地生活着,而且游客还有机会在青海湖的鸟岛和大理的"蝴蝶泉"观赏到成千上万的飞鸟、蝴蝶翩翩起舞的盛大场面。为了保护野生动植物,目前,中国已建立了多个国家级自然保护区,其中比较有名的有长白山自然保护区、卧龙自然保护区、西双版纳自然保护区、鼎湖山自然保护区、锡林郭勒自然保护区等,这些保护区正逐渐引领新的旅游潮流。

人民币上的长江三峡

人民币上的桂林山水

贵州黄果树瀑布（摄影：吴平）

延伸阅读

九寨沟

九寨沟位于四川省阿坝藏族羌族自治州九寨沟县境内，因为有九个藏族村寨而得名。传说很久以前，一个叫达戈的男神，爱上了美丽的女神沃洛色嫫。达戈做了一面镜子送给心爱的女神色嫫，女神不小心打碎了镜子，镜子的碎片于是掉到人间，变成了114个晶莹的湖泊。从此，人间便有了这仙境般美丽的九寨沟。

九寨沟主沟呈“Y”字形，在青山、雪峰的环抱中，分布着114个湖泊，它们由许多瀑布、滩流连接起来，绵延50多千米。

水是九寨沟的主角，湖水清澈艳丽，瀑布多姿多彩，碧绿晶莹的溪水穿流于森林与浅滩之间。天光、云影、雪峰、树林倒映在湖中，伴随着春夏秋冬、阴晴雨雪的变化，湖水也变成深绿、浅绿、深蓝、浅蓝等多种颜色。更为奇特的是，九寨沟的地下水中含有大量的碳酸钙,形成了乳白色的钙华沉积,湖底、湖边的钙华沉积和各种色泽艳丽的水藻,把整个湖水分成许多色块——宝蓝、翠绿、橙黄、浅红,像宝石一样镶嵌在大地上,艳丽典雅,美不胜收。

飞珠溅玉、气势宏伟的瀑布是九寨沟的又一美景,珍珠滩瀑布、高瀑布、树正瀑布各具特色,而宽320米的诺日朗瀑布为中国最宽的瀑布。

除了湖泊、瀑布,九寨沟的"五绝"还包括森林、雪峰和藏情。原始森林覆盖了九寨沟一半以上的面积,九寨沟现有天然森林近3万公顷,几千种野生动植物在这里繁衍生息。到了秋天,树叶呈现出翠绿、金黄、火红等色彩,倒映在大大小小的湖泊里,湖山同色,风光迷人;而当冬天来临,巍巍雪峰在蓝天的映衬下放射出耀眼的光辉,景色壮美。九寨沟九个藏族村寨也呈现出浓郁的藏族风情。而这一切,又位于远离尘世的高原深处,在那片宁静得能够听见人的心跳的净土,融入春夏秋冬的美景之中,对其的感受是任何语言都难以表达的。

原始的生态环境、一尘不染的清新空气和雪山、森林、湖泊组合成奇幻、美丽的自然风光,使九寨沟在1982年成为国家首批重点风景名胜区,1992年被联合国教科文组织列入《世界遗产名录》。

中国旅游业的变化

自古以来,中国人就有"读万卷书,行万里路"的传统。不过,现代中国旅游资源的开发起步较晚。20世纪90年代以前,旅游点的游客主要是那些对古老中国抱有浓厚兴趣的外国游客,还有一小部分是借出差的机会顺便旅游的国内游客。

近20年来,为了发展旅游业,各级政府普遍以税收优惠、财政补贴、修路建桥、景区升级改造、举办各类旅游推介活动、发放消费券等方式对旅游行业进行支持,截止到2009年1月,已有27个省、自治区和直辖市把旅游业作为支柱产业、重点产业、先导产业来发展,这些措施有效地推动了旅游业的健康发展。

同时,中国经济增长迅猛,自21世纪以来,中国连续七年GDP增长率维持在10%以上,即使在2009年遭遇世界金融危机的影响,中国GDP增长率仍维持在8.7%。随着人民生活水平的提高,人们手中有了一部分可支配收入,于是越来越多的人开始走出家门旅游,认识祖国,了解世界。特别是2000年以来,国家开始推行"五一"、"十一"黄金周休假制度("五一"现改为休假三天),随之兴起了全国范围的旅游热潮,人们开始把旅游当作一种现代生活方式,当作自己生活的一个重要内容。

30年来,旅游业的发展成就是巨大的。1978年中国国际旅游接待180.92万人,居世界第四十一位;2002年接待海外旅游者达到9791万人次,跃居世界第五、亚洲第一;2008年这一数字达到13 002.74万,居世界第三。1978年,中国国际旅游创汇2.63亿美元，仅占全球的0.038%，居世界第四十七位；2002年增至204亿美元，占全球的4.4%，成为世界第五大旅游创汇国；2008年中国旅游创汇又增至408.43亿美元。同时，中国公民出境人数达4 584万人次，成为亚洲地区令人瞩目的新兴客源输出大国；而国内旅游人数也达到17.12亿人次，成为世界上数量最多、增速最快、潜力最大的国内旅游市场。数据显示，中国旅游业正以高于同期GDP增长率2~5个百分点的速度增长。世界旅游组织预测，到2020年，中国将成为世界第一大旅游目的国和第四大客源输出国。

驴友

"驴友"一词源自网络，起源于新浪网。"驴友"最初由新浪旅游论坛传出，泛指参加旅游的朋友，特指参加自助旅行、一般性探险、爬山、穿越等的爱好者，来源于"旅"友和"绿"友的谐音。"绿"是指环保，不污染环境。因此，"驴友"特指"爱好者"，是指人，而非旅游本身。因此，将"驴友"当作旅游的谐音，可能是误解。

"驴友"也是旅游爱好者自称、尊称对方的一个名词，因为驴子能驮能背，吃苦耐劳，所以，也常被旅游爱好者作为自豪的资本之一。"驴友"一般指的是徒步或骑自行车出去的旅游者。他们自带帐篷、厨具以及各种野外生存工具，往往能够发现一些别人没有去过或者很少去的美丽风景区，但是在路途中往往也会遇到一些意想不到的困难或突发事件。"驴友"也特指以风景、人文、生活的体验或采风为目的的旅行者，而非那些以度假为目的的游客。

推荐书目：

1. 鲍威. 自助游中国(2010年出游必备). 北京：中国旅游出版社，2009.
2. 范黎光，张仁军. 中国旅游地理. 北京：化学工业出版社，2007.

话题讨论：

1. 你去过中国哪些地方？那里有什么自然旅游资源？
2. 谈谈你对中国自然旅游资源的认识和感受。
3. 对保护和开发自然旅游资源，你有什么建议？

3.2 人文旅游资源

关键词：古代建筑　古代工程　宗教文化　早期文明遗址　名人故居和遗迹　历史文化名城　民族风情　现代人文景观

中国不仅有丰富的自然旅游资源，还有丰富的人文旅游资源。作为一个有着5000年悠久历史的文明古国，中国有着光辉灿烂的文化，它们形成了宝贵的人文旅游资源，主要包括下面几类：

（一）古代建筑景观

中国的古代建筑主要由皇家建筑和民间建筑组成，它们以独特的风格和艺术成就，成为东方文化的重要组成部分。

皇家建筑包括帝王的宫殿、园林、陵墓、庙坛等，具有规模宏大、气势雄伟的特点。宫殿以北京故宫、沈阳故宫为代表，园林以北京颐和园、承德避暑山庄为代表，陵墓以西安秦始皇陵、北京十三陵为代表，庙坛以天坛、地坛为代表。

民间建筑虽然规模、气势比不上皇家建筑，但也体现了高超的建筑艺术，反映了中华民族的审美取向。江南三大楼阁——黄鹤楼、岳阳楼、滕王阁，苏州园林、皖南民居、北京四合院等都具有代表意义。

（二）古代工程景观

中国的古代工程是古代劳动人民智慧创造的结晶，在众多的古代工程景观中，万里长城、大运河、都江堰、赵州桥、灵渠、坎儿井价值最高。

（三）宗教文化景观

古代宗教深刻地影响着中国社会文化生活的各个方面，成为中国文化的一个重要组成部分。无论是虔诚的教徒，还是普通的游客，都可能对宗教文化景观产生兴趣。像四大佛教名山（五台山、峨眉山、普陀山、九华山）、四大道教名山（武当山、龙虎山、青城山、齐云山）、少林寺、大雁塔、布达拉宫、大昭寺、四大石窟（敦煌莫高窟、云冈石窟、龙门石窟、麦积山石窟）等都从不同角度展示了中国的宗教文化。

（四）早期文明遗址

是指从人类产生到最初有文字记载的历史文化遗迹，如北京猿人遗址、西安半坡遗址、四川三星堆遗址、河南安阳殷墟遗址。

（五）名人故居和遗迹

最著名的是孔庙、孔府、孔林，其中孔庙是孔子的故居，它按照皇宫的规格建造，是中国三大古建筑群之一。此外，杜甫草堂、庐山美庐（蒋介石、宋美龄故居）、中山纪念堂等都是非常有价值的纪念历史名人的建筑。

（六）中国的历史文化名城

中国是一个历史悠久的文明古国，许多历史文化名城是中国古代政治、经济、文化的中心，或者是近代革命运动和发生重大历史事件的重要城市。这些城市，有的曾被各朝帝王选作都城；有的曾是当时的政治、经济重镇；有的曾是重大历史事件的发生地；有的因拥有珍贵的文物遗迹而享有盛名；有的则因出产精美的工艺品而著称于世。它们的留存，为今天的人们回顾中国历史打开了一个窗口。

目前，中国已经拥有历史文化名城119座、历史文化名镇名村350个，其中平遥和丽江两座名城还被列入《世界遗产名录》，具有历史文化特色的城市、村镇、历史街区和一批非物质文化遗产得到有效保护。

中国的历史文化名城按照各个城市的特点主要分为七类：

(1)古都型：以都城时代的历史遗存物、古都的风貌为特点，如：洛阳、西安、南京、北京、开封、杭州、安阳、郑州、大同；

(2)传统风貌型：保留一个或几个历史时期积淀的有完整建筑群的城市，如：苏州、扬州、平遥、潮州、聊城、商丘；

(3)风景名胜型：由建筑与山水环境的叠加而显示出鲜明个性特征的城市，如：敦煌、泰安、桂林、肇庆、承德；

(4)地方及民族特色型：由地域特色或独自的个性特征、民族风情、地方文化构成城市风貌主体的城市，如：丽江、拉萨、喀什、库车；

(5)近现代史迹型：以反映历史上某一事件或某个阶段的建筑物或建筑群为其显著特色的城市，如：上海、遵义、延安、哈尔滨；

(6)特殊职能型：城市中的某种职能在历史上占有极突出的地位，如："盐城"自贡、"瓷都"景德镇、"天下第一关"山海关；

(7)一般史迹型：以分散在全城各风景型文化名城处的文物古迹为历史传统体现主要方式的城市，如：徐州、长沙、常州。

(七)民族风情景观

中国是一个56个民族的大家庭，各具特色的民族风情景观也是人文旅游资源的一个重要组成部分。这类景观主要集中在少数民族聚居的地方，例如云南丽江的纳西族文化、拉萨的藏族文化、新疆的维吾尔族文化、内蒙古的蒙古族文化等。

(八)现代人文景观

随着新中国的发展，国家的各项建设取得了巨大的成就，很多现代文化景观也吸引着广大中外游客前往参观。例如2008年北京奥运会的运动场馆鸟巢、水立方以及奥林匹克公园，2010年上海世博展馆、上海浦东开发区，深圳特区，三峡工程，南京长江大桥，香港的迪斯尼乐园，北京的世界公园等，成为人们了解现代中国的一个窗口。

上面这些宝贵的人文旅游资源，有很多已经被联合国教科文组织列为世界文化遗产，成为全世界人民共同的精神财富。

延伸阅读

孔庙、孔府、孔林

孔子是中国伟大的思想家、政治家、教育家,儒家学说的创始人。作为中华民族的精神导师,几千年来孔子一直受到人们的尊敬和膜拜。

孔子的故乡是山东省曲阜市,那里保留了很多与孔子以及儒家文化相关的文物古迹,有祭祀孔子的孔庙、孔子的后代居住的孔府、孔子及其子孙的家族墓地——孔林,孔庙、孔府、孔林被称为“三孔”。

孔庙是祭祀孔子的地方,是孔子的弟子们在孔子死后的第二年(公元前478年),为了纪念孔子,在他的故居基础上修建的。当时只有三间房屋,里面存放着孔子生前穿戴过的衣物、帽子,还有他看过、用过的书、琴和马车,规模很小。后来,历朝历代的皇帝出于尊重儒家学说的政治需要,为了表达对孔子的尊崇,不断扩建孔庙,使之成为一组具有东方建筑特色、规模宏大、气势雄伟的古代建筑群,里面展览的内容也越来越丰富。

历史上孔庙曾经经历了多次战争、雷击、大火等的损毁,现在所见的孔庙是明、清两代完成的,但里面也保留了一些各个朝代的建筑物。这个大规模的建筑群,看起来有点像北京的故宫,一层一层的庭院建筑在南北走向的中轴线上,两旁的建筑左右对称。孔庙显示了中国卓越的建筑艺术,是中国古建筑的瑰宝之一。

孔庙中的大成殿是供奉孔子的地方,它四周共有28根高达5.7米的石柱,正面的10根柱子上雕刻着两条巨龙,据说这样的龙柱连北京故宫也没有。当清代皇帝来祭拜孔子时,人们总要把龙柱包裹起来,不敢让皇帝看到,生怕因超过皇宫而被降罪。这些龙柱表明了孔子受尊崇的程度,因为在封建社会,龙是皇帝的专属物,没有皇帝的特许,一般人使用龙图案是犯重罪的。

孔庙的西面是孔府,是孔子的子孙们居住的地方。历史上,孔子的后代拥有很多特权,占有大量田地,孔府的规模相当宏大,仅次于明、清皇帝的宫殿。

孔林是埋葬孔子及其后代的墓地,是中国规模最大、持续年代最长、保存最完整的一处家族墓葬群和人工园林。孔子的墓位于享殿之后,墓的东边是孔子的儿子孔鲤的墓,前面是其孙子的墓,这种布局形式称为“携子抱孙”,很有中国特色。孔林中还有一批明代和清代书法名家题写的墓碑,这些墓碑掩映在树林中,再加上石兽的点缀,显得古朴、典雅,形成了独特的碑林景观。

1994年12月,“三孔”被联合国教科文组织列为世界文化遗产加以保护。

中国的名山旅游资源

中国有很多名山,名山既是自然的产物,又是历史文化的遗存。按照名山的文化特征，可以把它们分为历史名山、文化名山、宗教名山和政治名山等类型。

“五岳”，是中国最有名气的名山，其中东岳泰山是历代皇帝祭天封禅的地方，这使泰山在中国历史上起到了举足轻重的政治象征作用，因而也被称为“五岳之长”、“五岳独尊”。此外，拥有少林寺和嵩阳书院的中岳嵩山，拥有悬空寺的北岳恒山，“寿比南山”的南岳衡山以及代表“中华”、“华夏”的华山都各有鲜明的文化特色。

“五岳归来不看山，黄山归来不看岳”，这句话是说：要是你先去了五岳，那就不用看别的山了；但要是你先去了黄山，那你连五岳也不用看了，意思是，别的山都不如五岳美，但五岳还不如黄山美。可见，中国自然风光最美丽的山是黄山，可以说，它集合了所有名山的优点，泰山的雄伟、华山的峻峭、峨眉的清凉、庐山的飞瀑，所有这些，黄山都兼而有之。黄山所代表的徽州文化也博大精深，被誉为天然的历史文化博物馆。

“自古名山僧占多”，很多名山集灿烂悠久的宗教文化和优美的山水风光为一体，具有自然景观和人文景观相结合的特点。例如四大佛教名山，山西五台山、四川峨眉山、浙江普陀山、安徽九华山，它们分别是文殊、普贤、观音、地藏四位菩萨的道场；四大道教名山，湖北武当山、江西龙虎山、四川青城山、安徽齐云山，是中国本土宗教道教的朝圣地，其美妙无尽的自然风光与奥妙无穷的道教文化吸引着无数善男信女。

庐山风光很早就出现在古代诗人的笔下，如唐代大诗人李白的《望庐山瀑布》：“日照香炉生紫烟，遥看瀑布挂前川。飞流直下三千尺，疑是银河落九天。”又如宋代大文豪苏东坡的《题西林壁》：“横看成岭侧成峰，远近高低各不同。不识庐山真面目，只缘身在此山中。”这些诗给庐山带来了极高的声誉。近现代以来，蒋介石、宋美龄在“美庐”别墅避暑，20世纪80年代电影《庐山恋》红遍中国，又使庐山带上了政治名山和爱情名山的色彩。

除了上面提到的以外，中国的名山还有很多，如武夷山、雁荡山、长白山、崂山等，这里就不一一介绍了。名山记录着中国的历史和文化，如果把名山与有关的历史人物、事件串联在一起，就构成一幅生动的中国历史长卷，这使得很多名山（泰山、黄山、峨眉山—乐山大佛、武夷山、都江堰—青城山）成为“世界文化与自然双重遗产”的一员。

推荐书目：

1. 朱桂凤. 中国人文旅游资源概论. 北京：中国林业出版社，2009.

2. 江乐兴. 风情酒吧（激情版）——人文旅游的休闲读本. 西安：陕西旅游出版社，2005.

话题讨论：

1. 你去过中国的哪些人文旅游景观？有什么感受？

2. 你认为应该怎么保护和开发人文旅游资源？

3. 你更喜欢自然旅游景观还是人文旅游景观？为什么？

3.3　中国的世界文化遗产和自然遗产

关键词：世界文化遗产　世界自然遗产

《保护世界文化和自然遗产公约》是联合国教科文组织于1972年11月16日在第十七届大会上正式通过的。1976年，世界遗产委员会成立，并建立《世界遗产名录》。中国于1985年12月12日加入《保护世界文化和自然遗产公约》，成为缔约方。1999年10月29日，中国当选为世界遗产委员会成员。中国于1986年开始向联合国教科文组织申报世界遗产项目。自1987年至2011年6月，中国先后被批准列入《世界遗产名录》的世界遗产已达41处。

《保护世界文化和自然遗产公约》规定，属于下列各类内容之一者，可列为文化遗产：①文物：从历史、艺术或科学角度看，具有突出、普遍价值的建筑物、雕刻和绘画，具有考古意义的成分或结构，铭文、洞穴、住区及各类文物的综合体；②建筑群：从历史、艺术或科学角度看，因其建筑的形式、同一性及其在景观中的地位，具有突出、普遍价值的单独或相互联系的建筑群；③遗址：从历史、美学、人种学或人类学角度看，具有突出、普遍价值的人造工程或人与自然的共同杰作以及考古遗址地带。

凡提名列入《世界遗产名录》的文化遗产项目，必须符合下列一项或几项标准方可获得批准：①代表一种独特的艺术成就，一种创造性的天才杰作；②能在一定时期内或世界某一文化区域内，对建筑艺术、纪念物艺术、城镇规划或景观设计方面的发展产生过大影响；③能为一种已消逝的文明或文化传统提供一种独特的至少是特殊的见证；④可作为一种建筑或建筑群或景观的杰出范例，展示出人类历史上一个（或几个）重要阶段；⑤可作为传统的人类居住地或使用地的杰出范例，代表一种（或几种）文化，尤其在不可逆转之变化的影响下变得易于损坏；⑥与具特殊普遍意义的事件或现行传统或思想或信仰或文学艺术作品有直接或实质的联系（只有在某些特殊情况下或该项标准与其他标准一起作用时，此款才能成为列入《世界遗产名录》的理由）。

中国的世界遗产名录

截止到2014年6月22日，中国拥有47项世界遗产。其中世界文化遗产33项，世界自然遗产10项，文化和自然双重遗产4项。

世界文化遗产(33项)

1. 明清皇宫 Imperial Palaces of the Ming and Qing Dynasties in Beijing and Shenyang[北京故宫(北京)，1987.12；沈阳故宫(辽宁)，2004.7)]

2. 秦始皇陵 Mausoleum of the First Qin Emperor(陕西，1987.12)

3. 敦煌莫高窟 Mogao Caves(甘肃，1987.12)

4. 周口店北京人遗址 Peking Man Site at Zhoukoudian(北京，1987.12)

5. 长城 The Great Wall[北京，1987.12；辽宁九门口长城(水上长城)2002.11]

6. 武当山古建筑群 Ancient Building Complex in the Wudang Mountains(湖北，1994.12)

7. 拉萨布达拉宫历史建筑群 Historic Ensemble of the Potala Palace, Lhasa(西藏，1994.12；大昭寺，2000.11；罗布林卡，2001.12)

8. 承德避暑山庄及其周围寺庙 Mountain Resort and its Outlying Temples, Chengde(河北，1994.12)

9. 曲阜孔府、孔庙、孔林 Temple and Cemetery of Confucius and the Kong Family Mansion in Qufu(山东，1994.12)

10. 庐山国家公园 Lushan National Park(江西，1996.12)

11. 平遥古城 Ancient City of Ping Yao(山西，1997.12)

12. 苏州古典园林 Classical Gardens of Suzhou(江苏，拙政园、网师园、留园和环秀山庄，1997.12；艺圃、耦园、沧浪亭、狮子林和退思园，2000.11)

13. 丽江古城 Old Town of Lijiang(云南，1997.12)

14. 北京皇家园林——颐和园 Summer Palace, an Imperial Garden in Beijing(北京，1998.11)

15. 北京皇家祭坛——天坛 Temple of Heaven: an Imperial Sacrificial Altar in Beijing(北京，1998.11)

16. 大足石刻 Dazu Rock Carvings(重庆，1999.12)

17. 皖南古村落——西递、宏村 Ancient Villages in Southern Anhui—Xidi and Hongcun(安徽，2000.11)

18. 明清皇家陵寝 Imperial Tombs of the Ming and Qing Dynasties[明显陵(湖北)、清东陵(河北)、清西陵(河北)，2000.11；明孝陵(江苏)、十三陵(北京)，2003.7；盛京三陵(辽宁)，2004.7]

19. 龙门石窟 Longmen Grottoes(河南，2000.11)

20. 青城山和都江堰 Mount Qingcheng and the Dujiangyan Irrigation System（四川，2000.11）

21. 云冈石窟 Yungang Grottoes（山西，2001.12）

22. 高句丽王城、王陵和贵族墓葬 Capital Cities and Tombs of the Ancient Koguryo Kingdom（吉林、辽宁，2004.7.1）

23. 澳门历史城区 Historic Centre of Macao（澳门，2005）

24. 殷墟 Yin Xu（河南，2006.7.13）

25. 开平碉楼与村落 Kaiping Diaolou and Villages（广东，2007.6.28）

26. 福建土楼 Fujian Tulou（福建，2008.7.7）

27. 五台山 Mount Wutai（山西，2009.6.26）

28. 登封"天地中心"历史建筑群 Historic Monuments of Dengfeng in "The Centre of Heaven and Earth"（河南，2010.8.2）

29. 杭州西湖文化景观 West Lake Cultural Landscape of Hangzhou（浙江，2011.6.29）

30. 元上都遗址 Site of Xanadu（内蒙古，2012.7.6）

31. 红河哈尼梯田文化景观 Cultural Landscape of Honghe Hani Rice Terraces（云南，2013.6.22）

32. 丝绸之路：长安—天山廊道的路网 Silk Roads: the Routes Network of Chang'an-Tianshan Corridor（陕西、河南、甘肃、新疆，2014.6.22）

33. 大运河 The Grand Chanal（北京、天津、河北、山东、河南、安徽、江苏、浙江，2014.6.22）

世界自然遗产（10 项）

1. 黄龙风景名胜区 Huanglong Scenic and Historic Interest Area（四川，1992.12）

2. 九寨沟风景名胜区 Jiuzhaigou Valley Scenic and Historic Interest Area（四川，1992.12）

3. 武陵源风景名胜区 Wulingyuan Scenic and Historic Interest Area（湖南，1992.12）

4. 云南三江并流保护区 Three Parallel Rivers of Yunnan Protected Areas（云南，2003.7）

5. 四川大熊猫栖息地——卧龙、四姑娘山和夹金山 Sichuan Giant Panda Sanctuaries—Wolong, Mt Siguniang and Jiajin Mountains（四川，2006.7）

6. 中国南方喀斯特 South China Karst（云南、贵州、重庆，2007.6.28）

7. 三清山国家公园 Mount Sanqingshan National Park（江西，2008.7.7）

8. 中国丹霞 China Danxia（贵州、福建、湖南、广东、江西、浙江，2010.8）

9. 澄江化石遗址 Chengjiang Fossil Site（云南，2012.7.6）

10. 新疆天山 Xinjiang Tianshan（新疆，2013.6.21）

世界文化自然双重遗产（4 项）

1. 泰山 Mount Taishan（山东，1987.12）

2. 黄山 Mount Huangshan（安徽，1990.12）

3. 峨眉山风景区及乐山大佛风景区 Mount Emei Scenic Area, including Leshan Giant Buddha Scenic Area（四川，1996.12）

4. 武夷山 Mount Wuyi（福建，1999.12）

来源：国家文物局

重庆大足石刻（摄影：吴平）

福建武夷山（摄影：吴平）

长城（摄影：吴平）

延伸阅读

世界遗产

被世界遗产委员会列入《世界遗产名录》的地方，将成为世界级的名胜，可接受"世界遗产基金"提供的援助，还可由有关单位组织游客进行游览。由于被列入

《世界遗产名录》的地方能够得到世界的关注与保护,提高知名度并能产生可观的经济效益和社会效益,各国都积极申报"世界遗产"。

由于申报"世界遗产"的国家和所报的项目越来越多,2002 年 6 月召开的世界遗产委员会第 26 次会议决定,今后审批世界遗产的条件将更加严格,一个国家一次只能提出一处申请,尚没有世界遗产景点的国家将享有优先权。世界遗产包括"世界文化遗产(含文化景观)"、"世界自然遗产"、"世界文化与自然双重遗产"三类。

世界非物质文化遗产

1972 年《世界遗产公约》的制订和公布为全世界文化与自然遗产的保护工作奠定了国际法基础,全球物质类的世界遗产保护系统正在逐步形成,但是这个公约不适用也不包括非物质文化遗产。非物质文化遗产又叫口头与非物质遗产,是人类通过民间口头形式传播下来的无形文化遗产,它蕴藏着一个民族古老的生命记忆和活态的文化基因库,代表着民族普遍的心理认同和基因传承,代表着民族智慧和民族精神,是人类另一种伟大的精神创造,其内容、内涵比起物质类遗产更为丰富多彩和博大精深。

但是人类进入 20 世纪特别是其后半世纪以来,现代工业和交通发展、全球经济趋向一体化、人口向城市迁徙和聚集、国际文化标准化推广、大国文化渗透、武力冲突、旅游业发展等因素,都使得几千年来以一代代口传身授为主要特征的民族民间活态文化传统面临着急剧的演变和消失,和物质遗产相比,非物质文化遗产面临着更为严峻的形势,大量具有文化传统特性和当地民族文化渊源的口头遗产正面临消失的危险。

从 20 世纪 80 年代起,许多《世界遗产保护公约》缔约国呼吁国际社会采取积极的拯救措施,并制定相应的国际性文化标准,保护非物质文化遗产。1989 年 11 月,联合国教科文组织 25 届大会通过了《关于保护民间传统文化的建议》(简称《建议》),《建议》要求各国采取法律和一切必要措施,对容易受到全球化影响的遗产进行必要的鉴别、维护、传播、保护和宣传。以后,联合国教科文组织秘书处又要求各国建立本国的"人类生动财富"系统。1997 年 11 月,联合国教科文组织 29 届大会进一步通过了建立"人类口头与非物质遗产代表作名录"的决议。到 2003 年 10 月,联合国教科文组织 32 届大会又通过了《保护非物质文化遗产公约》,至此"非物质文化遗产"这一概念和名称在国际性标准法律文件中得到了最后的确立。

推荐书目:

1. 曹南燕主编,中华人民共和国建设部、中国联合国教科文组织全国委员会、中华人民共和国国家文物局联合编写. 中国的世界遗产 World Heritage of China. 北京：中国建筑工业出版社，2003.

2.《世界文化与自然遗产》编委会. 世界文化与自然遗产. 北京：蓝天出版社，2007.

3. 联合国教科文组织世界遗产中心. 国际文化遗产保护文件选编. 北京：文物出版社，2007.

4. 向云驹. 世界非物质文化遗产. 银川：宁夏人民出版社，2006.

话题讨论：

1. 你认为应该如何保护世界遗产？

2. 请你介绍一处世界遗产。

4 民 俗

4.1 主要节日

关键词:传统节日　法定节日

节日是世界人民为适应生产和生活的需要而共同创造的一种民俗文化,是世界民俗文化的重要组成部分。

中国的节日可分为四类:第一类是传统节日,是有着几千年、几百年历史的,来源于民间传说或历史故事的节日,如春节、元宵节、清明节、端午节、中秋节等。第二类是近现代节日,是为了纪念某一重大事件而创立的节日,如五四青年节、七一建党节、八一建军节、十一国庆节等。第三类是国际节日,如三八妇女节、五一劳动节等。第四类是少数民族的传统节日,如傣族的泼水节、彝族的火把节、壮族的三月三等。

下面按一年中的顺序,简单介绍一下中国重大的传统节日。

春节是中国人一年中的第一个传统佳节。过去,春节被称为“新年”,因为按照中国历史上一直沿用的农历,这天是正月初一,为新一年的开头。中国人民过春节已有4 000多年的历史。春节时,家家贴春联、贴年画、装饰居室。春节前一夜叫“除夕”,是家庭团聚的重要时刻,全家人欢聚在一起,吃一顿丰盛的“年夜饭”;许多人通宵不眠,称“守岁”。次日,大家便开始到亲朋好友家里“拜年”,相互问候,祝愿在新的一年里万事如意。春节期间,传统的文娱活动以狮子舞、龙灯舞、划旱船、踩高跷最为普遍。

农历正月十五为元宵节,又称上元节、元夜、灯节。这是春节后的第一个月圆之夜。过元宵节,有吃元宵和观灯的习俗。每到元宵节之夜,许多城市举办灯会,展出各种彩灯,造型新奇,千姿百态。在农村,则举行文娱活动,如放焰火、踩高跷、耍龙灯、扭秧歌、荡秋千等。

每年的4月5日前后为清明节。清明节原是祭祀祖先的节日,而如今更多的是在这一天开展祭扫烈士陵墓、悼念先烈的活动。

农历五月初五是端午节，这个节日，传说是为了纪念中国古代伟大爱国诗人屈原。每逢此节，民间有戴香袋、吃粽子、赛龙舟的习俗。

农历八月十五为中秋节，又称“团圆节”。八月十五居秋季之中，故名“中秋”。在古代，每逢中秋人们就用精致的糕饼祭奉月神，祭奉之后，全家人分吃，表示阖家团圆欢聚。这种风俗，一直流传到今天。

除此之外，中国法定节日还有：新年（1月1日）；国际劳动妇女节（3月8日）；植树节（3月12日）；国际劳动节（5月1日）；中国青年节（5月4日）；儿童节（6月1日）；中国共产党诞生纪念日（7月1日）；中国人民解放军建军节（8月1日）；教师节（9月10日）；国庆节（10月1日）等。

延伸阅读

主要传统节日的由来

（1）春节是中国人一年中的第一个也是最重要的传统佳节。据记载，中国人民过春节已有4 000多年的历史，它是由虞舜兴起的。公元前2 000多年的一天，舜即天子位，带领着部下人员，祭拜天地。从此，人们就把这一天当作岁首，算是正月初一，据说这就是农历新年的由来。1911年辛亥革命后，中国采用公历纪年，农历新年便改称“春节”（大约在公历1月下旬到2月中旬之间）。

（2）农历正月十五为元宵节。这是春节后的第一个月圆之夜。相传，汉文帝（前179—前157年）为庆祝周勃于正月十五戡平诸吕之乱，每逢此夜，必出宫游玩，与民同乐，并将正月十五定为元宵节。司马迁创建《太初历》，将元宵节列为重大节日。隋、唐、宋以来，更是盛极一时。随着社会和时代的变迁，元宵节的风俗习惯早已有了较大的变化，但至今仍是中国民间传统节日。过元宵节，有吃元宵和观灯的习俗。元宵以糯米粉为皮，内裹果料糖馅，圆形，是“团圆”的象征。元宵节观灯始于公元1世纪，延续至当代仍在各地盛行。

（3）清明节古时也叫三月节，已有2 000多年历史。公历4月5日前后为清明节，是二十四节气之一。在二十四个节气中，既是节气又是节日的只有清明。清明节原是祭祀祖先的节日，而如今更多的是在这一天开展祭扫烈士陵墓、悼念先烈的活动。清明时分，天气转暖，草木复萌，人们常常结伴到郊外踏青、放风筝、欣赏春光，所以清明节有时也被称做“踏青节”。

（4）端午节，一般认为，它是为纪念中国古代诗人屈原而产生的。屈原（约公元前340—前278年）是战国时期楚国人，他因自己的政治理想无法实现，又无力挽救楚国的灭亡，当秦兵攻破楚郢都后，五月初五抱石投汨罗江自沉。江边群众得知，便纷纷驾舟打捞屈原尸体。为纪念这位伟大的爱国诗人，后人把这天定为端午节。每逢此节，民间有戴香袋、吃粽子、赛龙舟的习俗。香袋表示屈原的品德节操馨香四溢，万古流芳；粽子原是喂鱼的，防止鱼把屈原的尸体吃了，后成为节日食品；划龙船则表示去营救屈原。

（5）中秋节，又称“团圆节”。八月十五居秋季之中，故名“中秋”。中秋节最早源于古代帝王秋天祭月的礼制。魏、晋、唐、宋以来，逐渐演变成赏月的风俗。“中秋”一词，最早见于《周礼》一书，而真正形成全国性的节日是在唐代。据传这个中华民族重要节日的形成与“唐明皇梦游月宫”的故事有关。在古代，每逢中秋人们就用精致的糕饼祭奉月神，祭奉之后，全家人分吃，表示阖家团圆欢聚。这种风俗，一直流传到今天。

节日在历史演变过程中形成的若干特点

（1）农业文化特色。中国岁时节日，随着一年四季的变化和农作物种植的需要，逐渐形成了一系列丰富多彩的节俗活动，表现了鲜明的农业文化特色，这从以下节俗活动中可见一斑。例如，清明一到，气温升高，雨量增多，正是春耕春种的大好时节，可见这个节日与农业生产有着密切的关系。七月七日乞巧节，体现从牛郎织女神话传说演变而来的妇女乞巧习俗，反映了男耕女织的经济生活。八月是一年中的收获季节，农民用新谷酬谢土地神，这成为中秋节农业文化特色的一个渊源。

（2）讲究礼仪，风俗与礼俗相结合。每当重要节日来临，人们都要祭拜祖先，以表达对祖先的怀念。如春节供奉祖宗牌位，清明扫墓，对待死者“事死如生”之礼得到集中体现。清明祭扫本来是民间风俗，唐玄宗时列入礼典，变成了礼俗。元宵节张灯风俗自汉代形成之后，历代都以张灯、观灯为一大盛事。封建统治者对节日风俗的倡导，把风俗上升为礼俗，以礼仪教化人民，加速了节日的传播和发展，同时也把节日纳入了封建礼教的轨道。

（3）传承性与变异性相统一。中国节日文化根植于数千年的农业文化之中，民间流传下来的许多节日都有2 000年以上的历史，其中很多习俗是从远古时代传承下来的，至今还为人们所接受，表现了顽强的生命力。当然，这并不意味着节日风俗是一成不变的，相反，随着社会经济、文化条件的变化，节日风俗也会不断有所变化，有的遭淘汰，有的被更新，总的趋势是积极因素占优势地位，落后的陈规陋习不断被淘汰。

（4）各民族节日相互融合。中国是以汉族为主体的多民族国家，汉族的传统节日如春节、清明、端午、中秋等，在其他民族地区也普遍流行。与此同时，汉族节日中也融入了其他民族的风俗，如春节在院内立灯笼杆，就是受了满族祭神杆的影响。汉族节日中的许多游艺活动，如秋千、高跷、骑射、杂技等，原来都是少数民族的习俗。除汉族节日外,其他少数民族都有自己的传统节日,如蒙古族的"那达慕大会"、傣族的"泼水节"等,但如今,这些节日活动也有许多汉族群众参与。

推荐书目:

1. 刘魁立. 中国节典——四大传统节日. 合肥:安徽教育出版社,2008.
2. 宋兆麟,李露露. 图说中国传统节日. 北京:世界图书出版公司,2006.
3. 李宪科. 中国传统节日与神话传说. 济南:山东友谊出版社,1991.

话题讨论:

1. 请介绍一下你所知道的中国节日及其由来。
2. 请介绍一下你们国家的重大传统节日。
3. 你最喜欢哪个节日? 你每年怎么过这个节日?

4.2 婚丧嫁娶

关键词:红白事　婚礼　丧葬

婚丧嫁娶,即俗称的"红白事"。红事一般指结婚等喜事,白事则指为去世的人所办的丧事。

婚礼,在中国原为"昏礼",属于汉传统文化精粹之一。古人认为黄昏是吉时,所以会在黄昏行娶妻之礼,故而得名"昏礼"。

中国人喜爱红色,认为红色是吉祥的象征。所以,传统婚礼习俗总以大红色烘托喜庆、热烈的气氛。新人的装束非常讲究,多以红色为主色。结婚典礼,新郎、新娘的服装必须是新的,新娘的嫁衣一定要为大红色。古代,新郎可以穿九品官服,新娘要戴凤冠、披霞帔。到民国时期,新郎一般穿长袍马褂,胸前戴大红花;新娘则是一身红衣红裙,头上要蒙一块红色盖头。

几千年的文化积淀形成了中国传统的婚礼习俗,讲究严格的婚姻程序,从求亲、说媒到迎娶、完婚一般包括六个步骤,分别是:"纳采"——俗称说媒,即男方请媒人去女方家提亲,女方家答应议婚后,男方家备礼前去求婚;"问名"——俗称合八字,托媒人问女方出生年月日和姓名,准备合婚的仪式;"纳吉"——指男方家卜得吉兆后,备礼通知女方家,婚事初步议定;"纳征"——又称过大礼,男方选定吉日到女方家举行订婚大礼;"请期"——择吉日完婚,旧时选择吉日一般多为双月双日,因"三"有"散"音,"六"隐有一半的意思,"十一"则隐含不尽之意,古人认为这些日子对新人不吉利,所以一般不选三、六、十一月;"亲迎"——指婚礼当天,男方带迎书亲自到女方家迎娶新娘。

中国封建的婚姻制度虽早已经被废除,但在中国流传了几千年的婚嫁习俗,因为带有浓郁的民族韵味,依然被现代人所追捧,甚至被许多外国人当成一种时髦。

中华人民共和国成立后,法律中对公民结婚并没有规定太多的程序。实际上,只需准备结婚的双方到地方民政部门进行结婚登记,婚姻即可生效。由于受到传统婚制的影响,订婚、送聘礼、备嫁妆、迎亲、宴请亲朋好友、举行正式结婚仪式等传统习俗依然被许多人沿用。现代的中式婚礼,既保留了传统婚礼的习俗,又结合了现代婚礼的创新元素,根据民族、地理位置等的不同,婚礼程序也不太一样,但比较典型的程序都得到了保留,例如,穿红袍、坐花轿、蒙红盖头等。

在传统中式婚礼盛行的同时,许多年轻人受到西方文化的影响,对西式婚礼产生了浓厚的兴趣,拍婚纱照成为了现代中国年轻人结婚必不可少的项目,越来越多的中国人选择了穿婚纱、礼服在教堂举行结婚仪式。

丧葬俗指白事,因为送丧的时候人们穿的衣服都是白色的,故而得名。中国的丧葬习俗和殡葬文化源远流长,据了解,在数万年前中国的祖先就已经有了一定的丧葬仪式。

中国有句俗话叫"入土为安",以棺木土葬的丧葬形式流传至今。土葬葬礼一般分为殓、殡、葬三个阶段。葬礼以后,有百日、周年等追悼仪式,并将牌位送归祠堂,这已从葬礼时对人的仪礼转为对"鬼灵"、"祖灵"的仪礼。

丧事期间,死者亲属要穿孝服,在灵堂守灵。按照中国古代礼制,把孝服按与死者血缘关系的亲疏分为五等,称之为"五服"。现代汉语词典中仍然有这个词,用来表示血缘关系的远近。

殡葬习俗和殡葬文化是社会习俗和文化的一部分。随着社会的发展和进步,殡葬习俗也在不断发展和进步,出现了殡葬服饰文化、公墓文化、殡仪馆建筑文化、殡葬设备和技术等,丧葬文化也进行了巨大改革。例如做佛事、诵经超度已经废止,用哀乐代替了僧道诵经,用电烛代替了香烛,用蜡果代替了祭饭菜,用花圈代替了锡箔纸钱,用遗像代替了灵位,用黑纱、白花代替了孝服,用默哀鞠躬代替了跪拜磕头,公墓也以顺序编号代替了看风水。

延伸阅读

洞房的来历

传统婚礼的最后一个环节就是将一对新人送入洞房。"洞房",即指新人完婚的新房。为什么称为"洞房"呢?

相传,远古时期,尧称王不久,非常关心放牧人的生活。有一天他亲自到牧区巡视,忽然传来一股幽香,远处有一位漂亮的女子手执火种飘然而至。尧王惊呆了,问牧民才知是鹿仙女,从此尧王食不甘味,一心惦着仙女,决定下山去寻找这位仙女。尧王带领四个大臣访仙于晋南"仙洞沟",可是找了很久也没找到。正在这时,忽然看见一只梅花鹿悠然从姑射仙洞走来,尧王知道那便是仙女,便迎了上去,正要相见时,一条大蟒突然蹿出,直逼尧王,尧王措手不及。只见鹿仙女已近跟前,用手一指,大蟒顿时颤抖不已,仓皇而逃。尧王身材高大魁梧,相貌堂堂,仙女窈窕美丽动人,两人一见钟情,一段美好的神话佳缘从此结成了。他们在姑射仙洞完婚,一时祥云缭绕,百鸟和鸣。到了傍晚,结鸾之时,一簇神火突然燃于洞顶,耀眼夺目,光彩照人。从此,世间也就有了把新娘的房子称作洞房,把新婚之夜称作洞房花烛夜的习俗了。

新娘为什么要蒙红盖头

古时候举行婚礼时,新娘头上都会蒙着一块别致的大红绸缎,被称为红盖头,入洞房时由新郎揭开。据说最早的盖头约出现在南北朝时的齐代,当时是妇女避风御寒用的,仅仅盖住头顶。到唐朝初期,便演变成一种从头披到肩的帷帽,用以遮羞。据传说唐朝开元天宝年间,唐明皇李隆基为了标新立异,有意突破旧习,指令宫女以"透额罗"罩头,也就是妇女在唐初的帷帽上再盖一块薄纱遮住面额,作为一种装饰物。

从后晋到元朝,盖头在民间流行,并成为新娘不可缺少的喜庆装饰。为了表示喜庆,盖头都选用红色的。

新娘为什么要蒙盖头,还有这样一个传说。据唐朝李冗的《独异志》载,传说在宇宙初开时,天下只有伏羲、女娲兄妹二人。为了繁衍人类,兄妹俩要配为夫妻。但他俩又觉得害羞,于是到山顶向天祷告:"天若同意我兄妹二人为夫妻,就让几个云团聚合起来;若不让,就叫它们散开吧。"话一落音,那几个云团冉冉近移,终于聚合为一。于是,女娲就与兄成婚。女娲为了遮盖羞颜,就把草编织为扇,用以遮盖自己的面容。后来就由轻柔、简便、美观的丝织物代替了。

披麻戴孝的由来

在中国实行火葬以前,许多地方的老人去世后,安葬的时候总要最亲的人(如儿子)拜路,三步一跪,五步一拜。送葬的人穿一身黑衣服,再用一只麻袋弄成披风样式,从头顶披戴到腰间。据民间说,这种特别的打扮还有来历呢。

很久很久以前,一位老婆婆有两个儿子,他们成家以后都不孝敬老娘,还总是在娘面前夸口:"等娘过了,要好好热闹一番,让娘睡楠木棺材,要穿红戴绿,为娘做七七四十九天道场……"老婆婆知道他们说的是假话,想教训他们一顿,尽到做娘的责任。老婆婆一夜没合眼,终于想出个办法。

第二天,老婆婆把两个儿子叫到床前说:"我死了也不要你们花一文钱,用破草席把我一卷扔在阴水洞里就行了。不过你们要从今日开始,天天看着屋后面槐树上的乌鸦和山树林里的猫头鹰是怎样过日子的——一直到我闭了眼为止。"不花一文钱,这正中了两个不孝之子的心意,他们马上答应了。

兄弟俩本来无心看什么乌鸦与猫头鹰过日子,但经老娘一提醒,出工收工时便不由自主地注意了起来。原来,乌鸦与猫头鹰都是细心地喂养自己的孩子的,这些小家伙不管妈妈飞来飞去衔吃的有多快,还是张大嘴巴,嗷嗷待哺。可是,小家伙长大以后又怎样对待生养自己的妈妈呢?小乌鸦还不错,妈妈老了飞不动,觅不到食,就让它待在家,衔来吃的填在它嘴里,等到小乌鸦老了,又有自己的孩子喂养它。这样反哺之情,代代相传。而小猫头鹰却截然相反,妈妈老得不中用了,就把妈妈吃掉。令人伤心的是,小猫头鹰后来也被自己的孩子吃掉了。这样反咬一口,一代吃一代。

兄弟俩越看越看不下去,如今这样对待老娘,将来孩子也这样对待我们怎么办?他们不敢往下想,渐渐地改变了对老娘的态度。可是,天公不作美,兄弟俩刚刚开始孝敬赡养老娘,她老人家却偏偏过世了,兄弟俩追悔莫及。为了表示孝心,安葬那天,他们不是穿红戴绿,而是模仿乌鸦羽毛的颜色,穿一身黑色衣服;模仿猫头鹰毛色,披一件麻衣,并下跪拜路。

打那以后,这个风俗就逐渐流传开来。有的地方百姓比较穷,想穿一身黑衣服却买不起黑布,于是就裁一条黑布戴在胳膊上,都是为了表示要永远记取乌鸦与猫头鹰善恶孝逆的教训。

推荐书目:

1. 李楠.中国式结婚——地方传统婚俗大观.青岛:青岛出版社,2006.
2. 陈淑君,陈华文.民间丧葬习俗.北京:中国社会出版社,2006.

话题讨论:

1. 中国人的传统婚礼是怎么样的?你喜欢中式婚礼吗?
2. 请介绍一下你们国家的婚礼和丧葬习俗。

4.3 饮食和服饰

关键词:饮食文化 菜系 传统服装

4.3.1 饮食

饮食也是一种文化,它跟各个国家的历史、民族、宗教、政治、文化、地理和经济都有着密切关系,因而各国的饮食文化是不一样的。

中国有句古话:民以食为天,就说明了饮食对于中国人来说是多么重要。中国的美食种类繁多,风味多样。这是由于中国幅员辽阔,地大物博,各地气候、物产、风俗习惯都存在着差异,长期以来,在饮食上也就形成了许多风味。

中国一直就有“南米北面”的说法,口味上有“南甜北咸东酸西辣”之分。中国人的主食是五谷,以大米和面粉为主。北方人喜欢吃面食,例如馒头、烙饼、面条、饺子等;南方人喜欢吃大米及其制品,如米饭、年糕等。根据各地口味的不同,在做法和味道上一般体现出的特点是:南方人喜欢甜的,北方人喜欢咸的,山东人喜欢吃大葱等辣的,山西一带的人喜欢吃酸醋的。中国的菜肴风味,一般分为“四大菜系”,即味道较咸的山东菜系、麻辣味浓厚的四川菜系、浓淡相宜的淮扬菜系和强调鲜嫩爽滑的广东菜系。

中国的美食很讲究美感,注意食物的色、香、味、形、器的协调一致。对菜肴美感的表现是多方面的,无论是个红萝卜,还是一个白菜心,都可以雕出各种造型,独树一帜,达到色、香、味、形、美的和谐统一。

中国的饮食文化不光体现在对菜肴点心的色、香、味有严格的要求上,还体现在对它们的命名、品味的方式上。中国菜肴的名称可以说出神入化、雅俗共赏。中国菜肴既有根据主、辅、调料及烹调方法写实命名的,也有根据历史掌故、神话传说、名人食事、菜肴形象写意命名的,如“全家福”、“将军过桥”、“狮子头”、“叫花鸡”、“龙凤呈祥”、“鸿门宴”、“东坡肉”……

在饮食方式上,中国人也有自己的特点,这就是聚食制。在中国,任何一个宴席,不管是什么目的,都只会有一种形式,就是大家团团围坐,共享一席。筵席要用圆桌,这就从形式上造成了一种团结、礼貌、共欢的气氛。虽然从卫生的角度看,这种饮食方式有明显的不足之处,但它符合我们民族“大团圆”的普遍心态,便于集体的情感交流,因而至今难以改革。

在食具方面,中国人的饮食习惯的一大特点是使用筷子。筷子,古代叫箸,在中国有悠久的历史。《礼记》中曾说“饭黍无以箸”,可见至少在殷商时代,已经使用筷子进食。筷子一般以竹制成,一双在手,运用自如,即简单经济,又很方便。许多欧美人看到东方人使用筷子,叹为观止,赞为一种艺术创造。实际上,东方各国使用筷子其源多出自中国。中国人的祖先发明筷子,确实是对人类文明的一大贡献。

4.3.2 服饰

中国素有“衣冠王国”的美誉。几千年来,中国各族人民在长期的生产活动和社会实践中,制造出了许多精美绝伦的服饰,为中华民族创造了光辉灿烂的文化。

服饰包括服装和佩饰。服饰的种类和样式与一个民族的宗教信仰、道德观念、社会习俗、审美意识都有着密切关系。

中国的传统服装有两种基本形制，即上衣下裳制和衣裳连属制。上衣下裳制，相传起于传说中的黄帝时代，这可以说是我国最早的衣裳制度的基本形式。上衣的形状多为交领右衽，下裳类似围裙的形状，腰系带。这种服制对后世影响很大。衣裳连属制，古称深衣，始创于周代。深衣同当代的连衣裙结构类似，上衣下裳在腰处缝合为一体，领、袖、裾用其他面料或刺绣缘边。深衣这一形制，影响于后世服饰，汉代命妇以它为礼服，古代的袍衫也都采用这种衣裳连属的形式，甚至现今的连衣裙也是深衣制的沿革。

传统服饰的原料，主要有麻布、丝绸、棉布、毛呢、皮革等。丝织品质地轻软美观，为上层阶级所穿，一般老百姓是穿不起丝织物的，主要穿麻、毛织品。

在古代，统治阶级用服饰的颜色来区分等级，用花纹表示官阶，对天子、诸侯的着服和百官的官服都有详细的规定。不同的朝代，崇尚的颜色不一样。自唐宋以来，龙袍和黄色就为皇帝所专用。百官公服自南北朝以来以紫色为贵。

传统的佩饰主要有玉、香袋、头巾、礼帽及首饰等。在古代，玉是最重要的佩饰，因为玉很贵重，为统治者专有，从而可以标明佩戴者的身份。古代汉族男女成年之后都把头发绾成发髻盘在头上。女子的发髻梳成各式各样，并在发髻上佩戴珠花、步摇等各种饰物。

清代的服饰对近现代服装形式影响较大，清代男子服饰可分为三种：汉族传统服装；满族民族服装；外来西洋服装。马褂和旗袍是清朝特有的服装。直到清末西洋服装传入和辛亥革命后，我国的服装才起了重大变化，进入到了近现代服装发展阶段。传统的袍、衫、袄、裤、裙越来越多地受到西方服饰的影响，并被许多新品种、新款式取而代之。男装出现西装革履与长袍马褂并行不悖的局面。妇女则喜爱旗袍，旗袍逐渐成为时装。

中国是一个多民族的国家，不同的民族有着不同的民族服饰。例如藏族流行穿皮质的长袍，佩戴藏饰和腰刀；蒙古妇女喜穿坎肩；维吾尔族妇女爱穿宽袖轻盈的连衣裙；回族妇女有戴盖头或披头巾的习惯，她们披戴各色盖头、纱巾，婀娜多姿，十分俏丽；苗族服饰则以丰富的银饰、绚丽的花衣为独特风貌。

延伸阅读

四大菜系

粤菜

中国四大菜系之一，包括广州菜、潮州菜和东江菜，以广州菜为代表。粤菜博采众长，选料广博，奇而且杂，河、海鲜是食中珍品，鸟、鼠、蛇、虫皆为佳肴。选料讲究鲜爽滑嫩，夏秋清淡，冬春浓郁。除讲究原料新鲜、现宰现烹外，还讲究在火候上保持原料清鲜。调料独特，常见的有蚝油汁、鱼露、珠油、糖醋、西汁等。烹调方法独特，有煲、泡、焗等。粤菜的代表菜有：三蛇龙虎会、龙虎凤蛇羹、油包鲜虾仁、八宝鲜莲八宝盅、蚝油鲜菇、瓦掌山瑞、脆皮乳猪等。

鲁菜

也称山东菜，中国四大菜系之一。鲁菜取材广泛，选料精细，讲究丰盛实惠，烹调方法全面，精于制汤，善以葱调味。鲁菜在烹制海鲜上有独到之处，尤其对海珍和小海味的烹制，堪称一绝。鲁菜的代表菜有：葱烧海参、烩乌鱼蛋、蟹黄鱼翅、德州扒鸡、奶汤核桃肉等。

川菜

也叫四川菜，中国四大菜系之一。以其麻辣味闻名于海外，有“食在中国，味在四川”之美誉。川菜选料认真，且配料细，烹制考究，调味多样，尤其是味别多样，有百菜百味之称，常见味型有鱼香味、五香味、怪味、麻辣味、酸辣味。川菜著名的菜肴有：鱼香肉丝、宫保鸡丁、怪味鸡块、麻婆豆腐、干烧岩鲤等。

淮扬菜

中国四大菜系之一，集江南水乡扬州、镇江、淮安等地菜肴之精华，是江苏菜系的代表性风味。淮扬菜选料注意鲜活鲜嫩；制作精细，注意刀工；调味较清淡，强调本味，重视调汤，风味清鲜；色彩鲜艳，清爽悦目；造型美观，别致新颖，生动逼真。淮扬菜著名菜肴有：叫花子鸡、糖醋鳜鱼、芙蓉鸡片、盐水鸭、清炖蟹粉狮子头、清蒸鲥鱼等 。

北京烤鸭的由来

北京烤鸭，是北京名食，它以色泽红艳、肉质细嫩、味道醇厚、肥而不腻的特色，被誉为“天下美味”而驰名中外。

相传，烤鸭之美，系源于名贵品种的北京鸭，它是当今世界最优质的一种食用鸭。据说，这一特种纯白京鸭的饲养，约起于千年前左右，其时辽金元历代帝王游猎，偶获此纯白野鸭种，后驯养，一直延续下来，才得此优良纯种，并培育成今日的名贵食用鸭种，即用填喂方法育肥的一种白鸭，故名“填鸭”。不仅如此，北京鸭曾在百年以前传至欧美，经繁育一鸣惊人。因而，作为优质品种的北京鸭，成为世界名贵鸭种来源已久。

公元 400 多年的南北朝，《食珍录》中即有“炙鸭”字样出现。南宋时，烤鸭已为临安（杭州）“市食”中的名品，其时烤鸭不但已成为民间美味，同时也是士大夫家中的珍肴。但至后来，据《元史》记载，元破临安后，元将伯颜曾将临安城里的百工技艺徙至大都(北京),由此,烤鸭技术就这样传到北京,烤鸭成为元宫御膳奇珍之一。随着朝代的更替,烤鸭成为明、清宫廷的美味。明代时,烤鸭还是宫中元宵节必备的佳肴,后正式命名为"北京烤鸭"。随着社会的发展,逐步由皇宫传到民间。

汉族的服装

从三皇五帝到明代的几千年时间里,汉民族凭借自己的智慧,创造了绚丽多彩的汉服文化,发展形成了具有汉民族自己特色的服装体系——汉服体系。博大精深、体系完备、历史悠久的汉服,是中国不可多得的一大财富,是非常值得每一个炎黄子孙引以为自豪的。

汉服的主要特点是交领、右衽,不用扣子,而用绳带系结,给人洒脱飘逸的印象。这些特点都明显有别于其他民族的服饰。汉服有礼服和常服之分。从形制上看,主要有"上衣下裳"制(裳在古代指下裙)、"深衣"制(把上衣下裳缝连起来)、"襦裙"制(襦,即短衣)等。其中,上衣下裳的冕服为帝王最隆重正式的礼服,袍服(深衣)为百官及士人的常服,襦裙则为妇女喜爱的穿着。普通劳动人民一般上身着短衣,下穿长裤。佩饰头饰是汉族服饰的重要部分之一。古代汉族男女成年之后都把头发绾成发髻盘在头上,以笄固定。男子常常戴冠、巾、帽等,形制多样。女子发髻也可梳成各种式样,并在发髻上佩戴珠花、步摇等各种饰物。鬓发两侧饰博鬓,也有戴帷帽、盖头的。

纵观几千年的历史,汉族的服饰,在式样上主要有上衣下裳和衣裳相连两种基本的形式,大襟右衽是其服装始终保留的鲜明特点。不同朝代、不同历史阶段,又各有不同的特点。

中国的传统服饰——旗袍

风行于20世纪20年代的旗袍,脱胎于清代满族妇女服装,是由汉族妇女在穿着中吸收西洋服装式样不断改进而定型的。从20世纪20年代至40年代末,中国旗袍风行了20多年,款式几经变化,如领子的高低、袖子的短长、开衩的高矮,使旗袍彻底摆脱了老式样,改变了中国妇女长期来束胸裹臂的旧貌,让女性体态和曲线美充分显示出来,正迎合当时的风尚,为女性解放立了一功。青布旗袍最为当时的女学生所欢迎,一时不胫而走,全国效仿,几乎成为20年代后期中国新女性的典型装扮。自30年代起,旗袍几乎成了中国妇女的标准服装,民间妇女、学生、工人、达官显贵的太太,无不穿着。旗袍甚至成了交际场合和外交活动的礼服。后来,旗袍还传至国外,为他国女子效仿穿着。

推荐书目：

1. 吴澎. 中国饮食文化. 北京：化学工业出版社，2009.
2. 臧迎春，李竹润. 中国传统服饰. 北京：五洲传播出版社，2003.

话题讨论：

1. 对比一下你的国家和中国的饮食特点。
2. 说一下你最喜欢的中国菜。
3. 谈谈你对中国人着装的认识。

5 国家政治

5.1 中国共产党与政府

关键词: 共产党　政府　政治协商

5.1.1 中国共产党

1921 年 7 月 23 日,中国共产党第一次全国代表大会在上海召开。

1927 年 8 月 1 日,周恩来、贺龙、朱德等发动了南昌起义。南昌起义打响了武装反抗国民党反动统治的第一枪,标志着中国共产党独立地领导革命战争、创建人民军队和武装夺取政权的开始。9 月 9 日毛泽东在湘赣边界发动了秋收起义。1928 年两支起义部队在井冈山会师,成立了中国工农红军,建立了井冈山革命根据地。不久,共产党先后建立了多个革命根据地和红色政权。1931 年 11 月 7 日至 20 日,在江西瑞金举行的第一次中华苏维埃代表大会,宣布成立中华苏维埃共和国临时中央政府,毛泽东被选为临时中央政府主席。

1934 年 10 月中旬,中共中央机关和中央红军 8.6 万多人撤离根据地,进行战略转移。1935 年 1 月 15 日至 17 日,中共中央在遵义召开政治局扩大会议。遵义会议确立了毛泽东在党和红军中的领导地位,解决了当时迫切需要解决的军事问题,挽救了党和红军。1935 年 10 月 19 日,中央红军行程二万五千里、纵横十多个省的长征胜利结束,从而开始了中国革命的新局面。

1937 年开始的八年抗战,既是关系中华民族生死存亡的关键阶段,也是中国共产党发展壮大的重要时期。在全国抗日救亡运动高涨和共产党倡议国共合作抗战的情况下,蒋介石 7 月 17 日在庐山发表谈话,表示了准备抗战的决心,国共两党达成将红军主力改编为国民革命军第八路军等协议。

8 月 15 日,日本正式宣布无条件投降。9 月 2 日,日本在投降书上签字。中国人民伟大的抗日民族解放战争胜利结束。中国战场是反对日本法西斯侵略的主要战场,中国人民对世界反法西斯战争的胜利作出了不可磨灭的历史贡献。

1946 年,爆发全面内战。

1949 年 4 月 23 日，南京解放，统治中国二十二年的国民党政权宣告覆灭。9 月 21 日，中国人民政治协商会议第一届全体会议在北平隆重开幕。1949 年 10 月 1 日中华人民共和国成立。

新中国成立后，领导和组织这场革命取得胜利的中国共产党，成为在全国范围内执政的党，担负起领导全国各族人民建设新政权的重任。党的各级组织和人民军队，在建设新国家的工作中表现出全心全意为人民服务的精神、艰苦奋斗的作风和严明的纪律，令人耳目一新。人民政府有效地开展工作，将全国人民迅速地组织在政治、经济、文化、军事及其他各种组织里。全国各族人民革命热情高涨，广大工农劳动群众以翻身做主人的崭新面貌，在战争废墟上重建家园，恢复生产。青年学生和知识分子欢欣鼓舞，踊跃参加革命工作。许多身处海外的华人华侨也返回祖国参加建设。中华大地上呈现出万象更新的局面。

在经历了“大跃进”、人民公社化运动等曲折后，从 1961 年到 1965 年，经过五年调整，国民经济取得明显成效。

1966 年，一场长达十年、给党和人民造成严重灾难的“文化大革命”爆发了。

1977 年 8 月 12 日至 18 日，党的第十一次全国代表大会召开。大会宣告历时十年的“文化大革命”结束，重申在 20 世纪内把中国建设成为社会主义现代化强国的根本任务。1978 年党的十一届三中全会在北京召开。全会认为，应当及时地、果断地把党和国家的工作着重点转移到社会主义现代化建设上来。这标志着改革开放时期的开始。

中国共产党党旗

5.1.2 中国共产党领导的多党合作制

中国共产党领导的多党合作和政治协商制度是中华人民共和国的一项基本的

政治制度。中国共产党领导的多党合作制度就是:中国共产党是中华人民共和国的唯一执政党,八个民主党派在接受中国共产党领导的前提下,具有参政党的地位,与中共合作,参与执政。

政治协商制度是在中国共产党的领导下,各民主党派、各人民团体、各少数民族和社会各界的代表,对国家的大政方针以及政治、经济、文化和社会生活中的重要问题在决策之前举行协商和就决策执行过程中的重要问题进行协商的制度。政治协商以中国人民政治协商会议为组织形式。政治协商是中国共产党领导的多党合作的最主要的政治内容和组织形式。政治协商是统一战线的形式之一。中国共产党与各民主党派合作的基本方针是:长期共存,互相监督,肝胆相照,荣辱与共。

中国人民政治协商会议会徽

全国政协礼堂

5.1.3 政府组成

中央政府组成

中华人民共和国国务院,即中央人民政府,是最高国家权力机关的执行机关,是最高国家行政机关。国务院由下列人员组成:总理,副总理若干人,国务委员若干人,各部部长,各委员会主任,审计长,秘书长。

国务院实行总理负责制。各部、各委员会实行部长、主任负责制。国务院的组织由法律规定。国务院每届任期同全国人民代表大会每届任期相同。总理、副总理、国务委员连续任职不得超过两届。总理领导国务院的工作。副总理、国务委员协助总理工作。总理、副总理、国务委员、秘书长组成国务院常务会议。总理召集和主持国务院常务会议和国务院全体会议。

地方政府组成

地方各级人民政府是地方各级国家权力机关的执行机关,是地方各级国家行政机关。地方各级人民政府实行省长、市长、县长、区长、乡长、镇长负责制。民族自治地方的自治机关是自治区、自治州、自治县的人民代表大会和人民政府。

地方政府一般设公安、司法行政、国防、外交、财政、工业、农业、商业、交通运输、科技、文教、体育、卫生、环境保护等职能机构，分别管理各地方的行政事务。

中华人民共和国国徽

中华人民共和国国旗

中华人民共和国国歌

延伸阅读

中国的参政党

中国的参政党是中国的民主党派。

中国的民主党派是指那些成立于1949年之前、致力于在中国实现资产阶级共和国，同时在中国共产党推翻国民党统治的过程中明确支持中国共产党、承认中国共产党领导权、反对国民党，并在中华人民共和国成立以后能够存在下去的政党。

《中华人民共和国宪法》明确规定：中国共产党领导的多党合作和政治协商制度将长期存在和发展。在中国，中国共产党和各民主党派都必须以宪法为根本活动准则，维护宪法尊严，保证宪法实施。

中国多党合作制度中包括中国共产党和八个民主党派。八个民主党派是中国国民党革命委员会、中国民主同盟、中国民主建国会、中国民主促进会、中国农工民主党、中国致公党、九三学社、台湾民主自治同盟。中国人民政治协商会议（以下简称人民政协）是中国共产党领导的多党合作和政治协商的重要机构。在中国多党合作制度中，中国共产党与各民主党派长期共存、互相监督、肝胆相照、荣辱与共，共同致力于建设中国特色社会主义，形成了"共产党领导、多党派合作，共产党执政、多党派参政"的基本特征。

国务院的职权

国务院行使下列职权：

根据宪法和法律，规定行政措施，制定行政法规，发布决定和命令；向全国人民代表大会或者全国人民代表大会常务委员会提出议案；规定各部和各委员会的任务和职责，统一领导各部和各委员会的工作，并且领导不属于各部和各委员会的全国性的行政工作；统一领导全国地方各级国家行政机关的工作，规定中央和省、自治区、直辖市的国家行政机关的职权的具体划分；编制和执行国民经济和社会发展计划以及国家预算；领导和管理经济工作以及城乡建设；领导和管理教育、科学、文化、卫生、体育和计划生育工作；领导和管理民政、公安、司法行政和监察等工作；管理对外事务，同外国缔结条约和协定；领导和管理国防建设事业；领导和管理民族事务，保障少数民族的平等权利和民族自治地方的自治权利；保护华侨的正当的权利和利益，保护归侨和侨眷的合法的权利和利益；改变或者撤销各部、各委员会发布的不适当的命令、指示和规章；改变或者撤销地方各级国家行政机关的不适当的决定和命令；批准省、自治区、直辖市的区域划分，批准自治州、县、自治县、市的建置和区域划分；依照法律规定决定省、自治区、直辖市的范围内部分地区进入紧急状态；审定行政机构的编制，依照法律规定任免、培训、考核和奖惩行政人员；全国人民代表大会和全国人民代表大会常务委员会授予的其他职权。

国务院各部部长、各委员会主任负责本部门的工作；召集和主持部务会议或者委员会会议，讨论决定本部门工作的重大问题。

各部、各委员会根据法律和国务院的行政法规、决定、命令，在本部门的权限内，发布命令、指示和规章。

国务院设立审计机关，对国务院各部门和地方各级政府的财政收支，对国家的财政金融机构和企业事业组织的财务收支，进行审计监督。

审计机关在国务院总理领导下，依照法律规定独立行使审计监督权，不受其他行政机关、社会团体和个人的干涉。

国务院对全国人民代表大会负责并报告工作；在全国人民代表大会闭会期间，对全国人民代表大会常务委员会负责并报告工作。

推荐书目：

1. 包玉娥. 当代中国政治制度. 北京：高等教育出版社，2007.
2. 张作祖. 中国特色政党制度概论. 乌鲁木齐：新疆人民出版社，2007.

话题讨论：

1. 中国共产党与民主党派是什么样的关系？
2. 中国的执政党是哪个党？

5.2 中国法律体制

关键词：立法　法院　检察院

5.2.1 中国最高立法机关是全国人民代表大会

中华人民共和国全国人民代表大会是最高国家权力机关。它的常设机关是全国人民代表大会常务委员会。全国人民代表大会和全国人民代表大会常务委员会行使国家立法权。全国人民代表大会由省、自治区、直辖市、特别行政区和军队选出的代表组成。各少数民族都应当有适当名额的代表。

5.2.2 中国最高审判机关是最高人民法院

最高人民法院是最高审判机关。最高人民法院监督地方各级人民法院和专门人民法院的审判工作，上级人民法院监督下级人民法院的审判工作。最高人民法院对全国人民代表大会和全国人民代表大会常务委员会负责。地方各级人民法院对产生它的国家权力机关负责。

5.2.3 中国最高检察机关是最高人民检察院

最高人民检察院是最高检察机关。最高人民检察院领导地方各级人民检察院和专门人民检察院的工作,上级人民检察院领导下级人民检察院的工作。最高人民检察院对全国人民代表大会和全国人民代表大会常务委员会负责。地方各级人民检察院对产生它的国家权力机关和上级人民检察院负责。

延伸阅读

当代中国社会主义法的本质

中华人民共和国是工人阶级领导的、以工农联盟为基础的人民民主专政的国家。国家的性质和法的性质是不可分离的,有什么性质的国家就有什么性质的法。因此,当代中国社会主义法的本质就是以工人阶级为领导的广大人民的共同意志的体现。

当代中国社会主义法的基本特征

当代中国的法属于社会主义历史类型的法,同时它还是具有中国特色的社会主义的法。其基本特征:第一,阶级性与人民性的统一;第二,国家意志与客观规律的统一;第三,正义性与公正性的统一。

推荐书目:

高其才,罗昶. 中国法律制度概要. 北京:清华大学出版社,2005.

话题讨论:

1. 中国最高审判机关是什么?
2. 中国最高立法机关是什么?

6 人口和民族

6.1 人口

6.1.1 人口与计划生育

关键词:人口　计划生育　丁克

根据中华人民共和国国家统计局《2010 年第六次全国人口普查主要数据公报》,截至 2010 年 11 月 1 日,全国总人口为 1 370 536 875 人。

而新中国成立之初,中国的人口仅为 5 亿人。由于人口增长的惯性作用,当前和今后十几年,中国人口仍将以年均 800 万~1 000 万的速度增长。据测,2020 年,中国人口总量将达到 14.6 亿;人口总量高峰将出现在 2033 年前后,达 15 亿左右。

中国的人口如此庞大,导致人均资源占有量远远低于世界平均水平,特别是人民群众赖以生存的耕地占有量更是低下。

人口众多、资源相对不足、环境承载能力较弱是中国现阶段的基本国情,短时间内难以改变。人口问题是中国长期面临的问题,是关系中国经济社会发展的关键性因素。要想实现人口与经济、社会、资源、环境的相互协调和持续发展,要想实现国家富强、民族昌盛、人民幸福,必须实行计划生育,控制人口增长,提高人口素质。

古往今来,中国始终是世界上人口最多的国家之一,占世界人口的比例长期保持在 20% 左右。中国人口发展一直对世界人口格局有着举足轻重的影响。

新中国成立后,随着人民群众生产、生活和医疗卫生条件的改善,人口增长迅速进入快车道。1953 年第一次人口普查,全国总人口达到 5.9 亿,人口自然增长率高达 23‰。此后,我国人口连续突破 6 亿、7 亿和 8 亿,平均每 8 年增加 1 亿人,人口再生产进入高出生、低死亡、高增长的阶段。

人口的快速增长引起党和政府及全社会的高度关注。1957 年 10 月,中央在《1956 年到 1967 年全国农业发展纲要(修正草案)》中明确指出:“除了少数民族的地区以外，在一切人口稠密的地方，宣传和推广节制生育，提倡有计划地生育子女。”1973年，中国政府开始实行计划生育政策，并逐步确立为基本国策。中国计划生育政策的内容为：提倡晚婚晚育，少生优生；提倡一对夫妇生育一个孩子。农村中确有困难的夫妇间隔几年以后可以生育第二个孩子。少数民族也要实行计划生育，具体要求和做法由各自治区或所在省决定。计划生育政策在城乡之间、汉族和少数民族之间要求有所差别，即农村宽于城市，少数民族宽于汉族。各省（自治区、直辖市）根据国家的政策，结合本地区的实际情况，制定相应的政策规定，并通过法律程序，形成地方性法规。

计划生育有效地抑制了中国人口增长过快的势头，现在，中国的人口增长率已明显低于世界其他发展中国家的平均水平。

计划生育促进了人民群众婚姻、生育、家庭观念的转变。越来越多的人摈弃了传统的“早婚早育”、“多子多福”、“重男轻女”等观念，选择晚婚晚育、少生优生；甚至还有很多家庭选择了不生育，做起了丁克家庭。

计划生育为中国经济的发展和人民生活水平的提高创造了有利条件。近十几年来，中国经济持续发展，人民生活日益改善，城乡居民的人均收入和住房面积都实现了成倍增长。

计划生育促进了中国人口素质的提高和人的全面发展。人口死亡率下降，平均寿命延长。中国已成为世界上平均预期寿命提高最快的国家之一。

计划生育进一步解放了妇女生产力，改善和提高了妇女地位。越来越多的妇女摆脱了婚后频繁生育的状况和繁重的家庭负担，参与到了经济和社会发展活动中，发挥了她们的巨大潜能。

延伸阅读

什么是丁克?

丁克的名称来自英文 Double Income No Kids 四个单词首字母 D、I、N、K 的组合——DINK 的谐音，Double Income No Kids 有时也写成 Double Income and No Kid（Kids）。

从字面上看，意思是双收入，没有孩子。它最合理的定义是：双职业，能生但选择不生育，并且主观上认为自己是丁克的夫妇或者个体。丁克族一般都有比较好的学历背景；消费能力强，不用存钱给儿女；很少用厨房，不和柴米油盐打交道；经常外出度假；收入高于平均水平。

人们选择做丁克的原因很多，其中有些人是出于对中国人口问题的忧虑，有些人是为了使自己生活得更轻松，还有的人是为了自我实现。

中国传统上很重视传宗接代,所以丁克家庭很难成为全社会的生活潮流,但在夫妻文化程度都比较高的家庭里,这一观念却大有市场。证据之一是,从20世纪90年代初到90代末,在中国的各大城市里,丁克家庭的数量正稳步上升,其成为某个特定阶层的婚姻时尚,也就在所难免。现在丁克家庭被越来越多的人所认可,但是关于这个问题也一直存在着不同的意见。

然而,近年来超过35岁的高龄产妇越来越多,其中不乏年轻时立志不生育,到了中年随着夫妻情感变化而反悔的人。这就是"白丁"一族。

中国的人口结构

2010年11月1日,大陆31个省、自治区、直辖市和现役军人的人口,同第五次全国人口普查2000年11月1日零时的1 265 825 048人相比,十年共增加73 899 804人,增长5.84%,年平均增长率为0.57%。

男性人口占51.27%;女性人口占48.73%。总人口性别比(以女性为100,男性对女性的比例)由2000年第五次全国人口普查的106.74下降为105.20。

0~14岁人口占16.60%;15~59岁人口占70.14%;60岁及以上人口占13.26%,其中65岁及以上人口占8.87%。同2000年第五次全国人口普查相比,0~14岁人口的比重下降6.29个百分点,15~59岁人口的比重上升3.36个百分点,60岁及以上人口的比重上升2.93个百分点,65岁及以上人口的比重上升1.91个百分点。

汉族人口占91.51%;各少数民族人口占8.49%。同2000年第五次全国人口普查相比,汉族人口增长5.74%;各少数民族人口增长6.92%。

具有大学(指大专以上)文化程度的人口为119 636 790人;具有高中(含中专)文化程度的人口为187 985 979人;具有初中文化程度的人口为519 656 445人;具有小学文化程度的人口为358 764 003人(以上各种受教育程度的人包括各类学校的毕业生、肄业生和在校生)。

居住在城镇的人口为665 575 306人,占49.68%;居住在乡村的人口为674 149 546人,占50.32%。同2000年第五次全国人口普查相比,城镇人口增加207 137 093人,乡村人口减少133 237 289人,城镇人口比重上升13.46个百分点。

推荐书目:

1. 中国人口和计划生育委员会. 中国人口和计划生育史. 北京:中国人口出版社,2007.

2. 中国计划生育宣传教育中心. 心系国策——中国人口和计划生育巡礼. 北京:中国人口出版社,2003.

话题讨论：

1. 你们国家的人口状况是怎样的？和中国相比有什么特点？
2. 比较中国与你们国家的生育政策。

6.1.2 妇女儿童和老人

关键词：妇女　儿童　老人　半边天　空巢老人

中国有13亿多人口，其中有一支数量庞大的妇女儿童和老人队伍，他们是一个特殊的群体，需要得到国家和社会的保护。

中国妇女占世界妇女总数的1/4。过去中国妇女处于被压迫被摧残的地位，和男子地位极端不平等。1949年中华人民共和国成立以后，彻底改变了这种局面。

现在的中国妇女享有与男子平等的政治权利、平等的文化教育权利、平等的劳动权利、平等的财产权利、平等的人身权利、平等的婚姻家庭权利。她们和全体中国公民一样成为了国家与社会的主人。

这些平等权利的实现最大地释放了妇女的聪明才智，她们以主人翁的姿态积极地投身于中国的建设和发展，成为创造物质文明和精神文明的伟大力量。她们是中国改革开放和现代化建设的生力军，在工农业生产、科学、文化、教育、卫生等各项事业中作出了极其重要的贡献。在中国，"半边天"成为全社会对妇女作用最形象的赞誉。

儿童是人类的未来和希望。中华民族素有"携幼"、"爱幼"的传统美德，儿童的权益受到法律保护，中国法律规定："国家培养青年、少年、儿童在品德、智力、体质等方面全面发展"，"儿童受国家的保护"，"禁止虐待儿童"。

中国儿童占世界儿童总数的1/5，他们的现状是怎样的呢？中国儿童的健康水平提高了，儿童死亡率大大下降，计划免疫得到普及。儿童的营养状况不断改善，由食物缺乏引起的严重营养不良和严重维生素A缺乏症在中国已很少见，5岁以下儿童中度营养不良患病率2003年仅为2.7%。母乳喂养的提倡，提高了儿童的身体素质。义务教育普及率提高，到2000年，中国在85%的人口地区普及了九年义务教育。小学适龄儿童净入学率达99.1%，女童入学率为99.07%；初中生毛入学率2003年达到92.7%，巩固率为91.96%。同时国家建立了很多希望学校，扶持贫困地区和家庭的孩子入学。儿童生存环境得到改善，中国农村卫生厕所普及率2003年达到了50.92%，自来水普及率达到58.18%。困境儿童受到特殊保护，国家建立了儿童福利机构、SOS儿童村还有各类康复中心、站、班。失学儿童得到救助，除政府投入外，共青团和全国妇联分别通过“希望工程”和“春蕾计划”筹集捐款20多亿元，救助失学儿童和失学女童300多万人次。

中国的老人数量巨大，到2006年年底，中国60岁及以上老年人口数为1.49亿，占总人口比重的11.3%，占全球老年人口的21.4%，居世界首位。而且老龄化增长速度加快，年增长率约3.2%，几近总人口增长速度的5倍。

中国老人中一部分生活在城市，有的以前有固定的工作岗位，退休后领有退休金或养老金。这部分老人的生活很安逸，他们投入到旅游、健身的大军中。时常可以看到他们三五成群地在一起唱歌、跳舞、下棋，过着舒适的老年生活。还有一部分老人在农村生活，他们辛苦了一辈子，老年后得到了子女很好的照顾，和儿孙们一起享受着天伦之乐。现在中国农村的百岁老人越来越多了。

也有一些城市老人以前没有固定工作，他们老年没有退休金可以利用，生活状况就差一些；有的农村老人，由于子女外出打工得不到照顾，生活也比较艰辛。好在现在农村也实行了大病合作医疗，给这些农村老年人带来了很大的帮助。

延伸阅读

空巢老人与空巢综合征

空巢老人一般是指子女离家后的中老年夫妇。随着社会老龄化程度的加深，空巢老人越来越多，已经成为一个不容忽视的社会问题。

当子女由于工作、学习、结婚等原因而离家后，独守“空巢”的中老年夫妇因此而产生的心理失调症状，称为家庭空巢综合征。

家庭空巢综合征主要的症状是心情郁闷、沮丧、孤寂，食欲减低，睡眠失调，平时愁容不展，长吁短叹，甚至流泪哭泣，常常会有自责倾向，认为自己有对不起子女的地方，没有完全尽到做父母的责任。另外也会有责备子女的倾向，觉得子女对父母不孝，只顾自己的利益而让父母独守“空巢”。

要防治家庭空巢综合征，首先从思想上摆脱中国传统文化的影响，建立新型的家庭关系，减轻对子女的心理依恋。要尽早将家庭关系的重心由纵向关系（父母与子女的关系）转向横向关系（夫妻关系），适当减少对子女的感情投入，降低对子女回报父母的期望水平。特别是子女到了“离巢”的年龄，要有充分的心理准备，逐步减少对子女的依恋状态。其次，父母要尽量与子女保持宽松、平等、民主的关系，培养子女在情感上和理智上理解、体贴父母的习惯，即使子女“离巢”，也会增加与父母联系和往来的次数，以避免父母空巢综合征的发生。再次，要及时地充实新的生活内容，尽快找到新的替代的角色，如培养兴趣爱好，建立新的人际关系，调整生活方式，参与各种社会活动和公益性活动等。

中国人口老龄化问题

中国人口老龄化具有以下三个特点：一是老年人口数量大。据2008年人口变动情况抽样调查资料显示，2008年中国65岁及以上老年人口已达1.1亿，占世界老年人口的23%，占亚洲的38%。二是人口老龄化的速度快、来势猛。中国人口年龄结构从成年型进入老年型仅用了18年左右的时间，与发达国家相比，速度十分惊人。据预测，到2020年，中国65岁及以上老年人口所占比重将达到11.92%，比2000年提高4.96个百分点，届时每8个人中就有一个65岁及以上老年人。2020年以后老龄化程度继续提高，到21世纪中叶，老年人口比重将达到25%，每4个人中就有一个老年人。三是人口老龄化超前于经济发展。发达国家的人口老龄化是在经济发达时期出现的，对老龄化的承受力强。同时，由于老龄化速度慢，允许其有一段较长时间的准备和适应。中国人口老龄化是由于生育率急剧下降造成的，老龄化超前于经济发展，即"未富先老"，薄弱的经济基础尚不具备供养老年人口的能力。

目前，中国虽已步入老年型社会，但尚处于人口老龄化的早期，未来中国人口类型将从轻度老龄化转变成深度老龄化，进而转化成重度老龄化，银发浪潮将成为21世纪中国主要的人口问题之一。如何在应对人口老龄化和促进经济社会发展之间架起一座桥梁，达成双赢的局面，是亟待思考研究的问题。

推荐书目：

1. 郑必俊，陶杰，Shirley L. Mow. 半边天——中国妇女的过去、现在和未来. 纽约：纽约城市大学女性主义出版社，2004.

2. 张恺悌，郭平. 中国人口老龄化与老年人状况蓝皮书. 北京：中国社会出版社，2010.

3. 陈东原. 中国妇女生活史. 北京：商务印书馆，1937.

讨论话题：

1. 比较你们国家和中国的妇女状况。
2. 比较你们国家和中国的儿童状况。
3. 比较你们国家和中国的老人状况。
4. 在如何正确地对待老人问题上，你有什么建议？

6.1.3 流动人口

关键词：流动人口　农民工　留守妇女　留守儿童　用工荒

流动人口是中国现行户籍制度下相对一地户籍人口而产生的概念。随着中国工业化和城市化的进展，流动人口也大量出现，这是一个必然现象，也是中国社会发展与进步的重要体现。改革开放初期中国的流动人口还不到200万，目前已经增加到了1.4亿人，占全国人口的十分之一，而且每年以600万至800万人的速度在增长。在今后一个时期，中国流动人口总量仍将持续增长并维持在较高水平。流动人口的主体是农村的剩余劳动力，据有关专家预测，到2015年，农村至少还有2.5亿人转移到城镇，届时中国流动人口有可能突破4亿大关。

大量农村劳动力转移到城市寻找工作机会，这就是所谓的农民工。他们外出的主要原因是务工经商解决就业问题，他们所从事的主要是建筑、商业、饮食、环卫等体力型工作。

在现有流动人口中，年龄主要集中在16至40岁之间，大部分接受过初中文化教育。早期出来务工的农民工主要是家庭当中的男劳力，妇女则留在家乡抚养孩子或者从事农业劳动，因此出现了一批留守妇女和留守儿童。每到过年的时候，农民工返回家乡与家人团聚。

近些年来，随着城市化和工业化的推进，特别是国际金融危机的影响，中国的流动人口出现了一些新的变化。

在流动性上，出现了两个分化。现在的农民工更注重和家人的团聚，很多农民工都是全家出来打工，他们在城市租房同住；而有的大学生或者白领和比较成功的农民工则买房定居，过上了稳定的生活。以北京某幼儿园的某班级为例，在就读的20个小朋友中，没有北京户口的流动人口占了40%的比例。而另一方面，有的人则加速了流动的速度。以苏州为例，那里的流动人口每半年就有50%以上的打工者流动走，暂住半年以下的占54%，半年到一年的占31%。

以前的农民工主要是到中国东部沿海的一些大城市、加工制造业产业聚集区工作，珠三角地区尤为密集。广东、深圳等城市吸引了很多的农民工。近两年，流动人口开始由东部沿海向中西部欠发达地区分散，四川等地也吸引了很多务工者；东部沿海地区，开始由珠三角向长三角，再向京津等北方地区流动；在一些省区内，流动人口开始由大城市向中小城市分散，还有很多农民工选择回到家乡创业。

近30年来，越来越多的农村劳动力被输入到城市，实现了非农就业，人口转移的潜力几乎都挖掘出来了。在农村30岁以下的青年人也很短缺。可是，熟练技术工人的数量所占比重并不高。从2003年起，沿海一些工业城市出现了“用工荒”现象，2005年以后开始蔓延到内陆一些地区。在经济逐渐回暖后，东部沿海地区“民工荒”更加突出，而且呈现“普工荒”与“技工荒”并存的局面。

延伸阅读

什么是留守儿童?

留守儿童是指父母双方或一方外出到城市打工,而自己留在农村生活的孩子们。

目前,中国进城务工的农村劳动力约1.3亿人。而中国农村留守儿童在2005年即达到了约5 800万,其中14周岁以下的农村留守儿童约4 000多万人。在全部农村儿童中,留守儿童的比例达28.29%,平均不到4个农村儿童中就有一个留守儿童。

从年龄段来看,在全部农村留守儿童中,学龄前(0~5周岁)、小学学龄(6~11周岁)、初中学龄(12~14周岁)和大龄(15~17周岁)四个年龄组占总体的比例分别为27.05%、34.85%、20.84%和17.27%。其中义务教育阶段的农村留守儿童约3 000多万。

中国农村留守儿童的分布十分集中,而且多数居住在中南各省。四川、安徽、河南、广东、湖南和江西六省的农村留守儿童在中国农村留守儿童总量中所占比例超过半数,达到52%。

57.2%的留守儿童是父母一方外出,42.8%的留守儿童是父母同时外出。留守儿童中的79.7%由爷爷、奶奶或外公、外婆抚养;13%的孩子被托付给亲戚、朋友;7.3%为不确定或无人监护状态。

留守儿童的现状令人担忧,他们面临着很多问题。他们生活很艰难,吃得很简单,很多人营养状况不良;学习上,他们得不到很好的辅导,很多孩子学习成绩很差,甚至辍学;心理上,他们缺少父爱或者母爱,心理扭曲,人格不健全,有的孩子甚至走上了犯罪道路。

中国的民工荒

"民工荒"是指民工短缺现象,春节时期尤为明显。这种现象最早出现在南方一些主要城市,例如广州、深圳、上海等城市。近年来,随着国内经济的发展,其他省市也出现了"民工荒"现象。

出现这种现象的原因一是受国际金融危机的影响,很多企业的订单减少,导致它们大幅度裁员,结果经济回暖、需要人手的时候,短时间内招不满。二是很多企业的工资、福利和待遇长时间上不去,甚至还有一些歧视行为让民工们心寒,民工工作一年却拿不到工资,权益得不到保障。三是随着中西部地区经济的发展,就业机会增多,吸引了很多民工,使得东部地区用人出现紧张局面。还有一个原因是现在的民工多是年轻人,他们的观念和父辈们已经有所不同,他们赚钱主要用于消费,所以更喜欢在离家较近的城市打打短工,而年龄偏大的民工又适应不了过快的城市节奏。

这种情况的出现也反映了中国经济的好转,同时也逼着企业升级。

推荐书目:

1. 朱鸿召. 中国流动人口心态调查. 济南:山东友谊出版社,2002.

2. 柯兰君. 都市里的村民——中国大城市的流动. 北京:中央编译出版社,2001.

讨论话题:

1. 中国流动人口状况和你们国家有什么异同之处?

2. 分析人口流动对中国经济的影响。

3. 你对解决留守儿童问题有什么建议?

6.2 社会

6.2.1 消费市场和新口味

关键词:消费市场 消费观念 小康型消费 消费升级 炫耀性消费

随着中国经济的飞速发展,中国已经成为世界上最有潜力的消费市场。中国人的消费力和购买力惊人,据预测,在21世纪最初15年里,基本消费趋势将是持续的消费升级。

改革开放以来,中国的经济发展迅速,人民生活水平有了大幅度的提高,中国人的消费观念和消费结构也发生了很大的变化。

中国人的传统消费观念是注重物质消费,不重视精神消费;注重储蓄,克勤克俭,以勤俭为美德,反对大手大脚,炫耀性消费受到鄙夷;有一定程度的愚昧消费,主要是盲目相信医学,吃大量的保健品以及燕窝等补品;传统项目的消费占有一定比重,婚丧嫁娶生孩子方面的消费也不小。

现在,精神消费日渐受到重视。居民消费从追求物质消费向追求精神消费和服务消费转变,从满足基本生存需求向追求生活的全面发展转变。应酬、教育、休闲娱乐、旅游占消费支出的相当一部分。近年来,服务消费占消费总支出的比重不断提高,这是中国消费趋势的一个明显特征。现在人们有多种娱乐休闲方式可以选择,去茶馆喝喝茶,去歌厅唱唱卡拉OK跳跳舞,去剧院看看表演,去生活馆做做足疗、按摩、美容,去酒吧品尝名酒,去国内国外旅行等,丰富极了。据预测,环保、节能、精神文化产品将成为消费的热点，智能化、绿色化将成为人们的消费时尚。

人们的消费方式也发生了变化。现在的人们都已经习惯了刷卡消费，不论去到哪里，购物以后潇洒地刷一下卡，签一下名，一个消费过程就完成了。还有的人喜欢网上购物，查找到自己喜欢的物品后，打一个电话或者在网上填一个订单，然后就在家等着接收货品就可以了，非常方便。这种新消费方式的出现，归功于各种各样的新资讯，我们可以随便在网上找到我们想要的东西，也可以在多家网站上比较以后再决定买哪一家的产品。

从消费结构上看，居民消费支出占收入的比例相对集中在30%～60%，占比例最大的依次是食品、住房、交通、通信。由于城乡居民收入水平的稳步提高，消费升级换代加快，消费档次不断提升，大部分地区的城乡居民消费已开始由温饱型消费向小康型消费转变，以居住、交通和通信为代表的住行类消费，已逐渐成为城乡居民消费升级后的市场热点。依山傍水、环境幽雅的别墅、观景房或者郊区的小洋楼成为富有阶层的追求。在交通方面，汽车已经成为主要的交通工具，高收入消费者更是追求名牌汽车，拥有一辆以上汽车的家庭已经不再罕见。另外人们热衷于消费珠宝、名酒、名牌服装、名牌电器等奢侈品，高档消费行为增多，炫耀性消费逐渐兴起。据中国品牌战略协会估计，中国大陆的奢侈品消费人群目前已达到总人口的13%，约1.6亿人，主要集中在40岁以下的年轻一代。

延伸阅读

什么是炫耀性消费？

所谓炫耀性消费，指的是富裕的上层阶级通过对物品的超出实用和生存所必需的浪费性、奢侈性浪费，向他人炫耀和展示自己的金钱财力和社会地位，以及这种地位所带来的荣耀、声望和名誉。

炫耀性消费的标准一是纯粹的消费，而不看物品花掉多少钱；二是心灵上的依附性，如果买奢侈品不是为了显摆，就不是炫耀性消费。

这个社会科学界的不朽术语是美国的凡勃伦1899年提出来的。炫耀性消费有它的积极一面，它可以带动消费，拉动生产；甚至还可以增加国际税收，平衡社会收入。但是它的负面影响也不容忽视：它会扭曲人的价值观，甚至会让人变得腐化堕落；它还可以导致资源浪费；社会整体福利水平下降；不利于实现共同富裕。

刷卡消费与卡奴

信用卡消费已经被越来越多的人所接受，它的特点是方便快捷，不用携带现金。还可以提前消费，也可以分期付款，大大地方便了人们的生活。

正是这种便利使得更多的人依赖上了它,没有信用卡好像很落伍一样,有的人同时拥有几张信用卡。消费刷卡已经成了习惯,而当每月的还款日到来的时候,有的人发现自己透支了。据调查,32.1%的人有时透支消费,而5.3%的人经常透支消费。习惯透支消费的主要是年轻人,这部分人大都受过高等教育,受国外消费文化的影响较大,同时他们没有经历过苦难的日子,对积累财富以防万一的感触并不深。在25~36岁区间的消费者群体当中,64.7%的受访者表示会用一个月或更多的钱来购买喜欢的高档商品;而在18~25岁的群体当中,也有31%的受访者表示他们会透支消费。这些人对于奢侈品消费也大部分持包容态度。他们追求时尚的生活方式,追求生活的品质,同时他们也对自己未来的收入有较好的预期。

这种透支使得很多人变成了"卡奴",有的人甚至要求父母给自己还款。

推荐书目:

1. 王曼,白玉玲,王智勇. 消费者行为学. 北京:机械工业出版社,2007.

2. 中国消费者协会. 中国消费者手册. 北京:法律出版社,2002.

3. 黄京华,杨雪睿,吕明杰. 多种形态的中国城市消费者. 北京:中国轻工业出版社,2004.

话题讨论:

1. 你们国家的消费观念和中国有什么不同?

2. 中国人的消费结构发生了什么样的变化?你如何看待这种变化?

6.2.2 城乡发展

关键词:工业化　城市化　城市化率

中国的工业化进程从1953年开始,那时重视重工业;70年代末,中国调整了工业化战略,采取消费导向型的工业化发展战略,注重市场需求导向,优先发展轻工业;同时在农村也兴起了工业化潮流,乡镇企业异军突起,这是中国工业化进程中的一大创举。从90年代初期起,随着工业化的不断发展,农村剩余劳动力以每年2 000万到3 000万的规模向非农产业转移和向城市涌入。1993年乡镇企业就业人口达到1.2亿,超过了国有企业的就业人口,这个数字相当于30多年前城市工业吸收劳动力之和,乡镇企业的产值曾达到工业总产值的一半。这种城市工业化和农村工业化的双重工业化格局,改变了过去那种工业化与城市化割裂的局面,形成了工业化与城市化相互促进的交互关系,使广大的农民逐渐融入到工业化之中,从而极大地加速了工业化和城市化的进程,也推动了第三产业的发展。

中国工业在1993年迎来了一个新的阶段,这一阶段重工业呈现快速增长势头,工业增长明显转向以重工业为主导的格局,从而再次出现了重工业化势头。到2010年,中国的国内生产总值达到387 259 552亿元,经济总量位居世界第二位;工业增加值为16万亿元,占GDP的比重达到40.2%。而新中国诞生之初的1949年,工业净产值仅为45亿元,所占比重只有12.6%。中国的工业化已经进入到了中期阶段。

中国工业化进程的加速器就是改革开放,随着对外开放政策的进一步实行,以及加入世界贸易组织,中国经济已置身于经济全球化的进程中。2010年进出口总额达到29 728亿美元,成为世界第一大贸易国。在出口商品中,工业制成品达到90%。1980年外贸依存度仅为12.6%,2002年迅速提高到50.2%。

中国的城市化和工业化是相互影响相互促进的,中国的城市化经历了一个曲折的过程。1978年以前中国大陆的城市人口仅占总数的19.4%;1978—1984年,以农村经济体制改革为主要动力推动了城市化的发展,城市化率由1978年的17.92%提高到了1984年的23.01%,年均提高0.85个百分点。

1985—1991年为乡镇企业和城市改革双重推动城市化阶段。这个阶段以发展新城镇为主,沿海地区出现了大量新兴的小城镇。

1992—2000年,城市化全面推进,以城市建设、小城镇发展和普遍建立经济开发区为主要动力。1992年到1998年,城市化率由27.63%提高到30.42%,年均提高0.42个百分点。

进入90年代以后,中国的城市化已从沿海向内地全面展开。1995年底与1990年相比,建制市已从467个增加到640个,2009年底则增加到668个;建制镇则从12 000个增加到16 000多个。从人口来看,城市化水平也从1990年的26.41%提高到1995年的28.62%。而2010年中国城镇人口达到了6.66亿,占全国总人口的比重为49.68%,比2000年提高了13.46个百分点。分区域看,2009年中国东、中、西部城市化水平分别为57%、44.3%和39.4%。分地区看,2006年城市化水平最高的是上海,为88.7%;其次为北京和天津,分别为84.3%和75.7%。

中国的城市化虽然发展很快,但是城市化率依然偏低,而且城市结构规模与人口、经济规模不协调。中国城市化过程中出现了环境污染、人口密集、交通拥堵、居住条件差以及失业人口增加、社会秩序混乱等问题。

延伸阅读

城市化及其标志

城市化是社会生产力发展到一定阶段,农村人口转化为非农村人口、人口向城镇聚集、农村地区转化为城镇地区、城镇数量增加的过程。

城市化有三个标志:第一个标志是劳动力从第一产业向第二、三产业转移;第二个标志是城市人口在总人口中比重上升,这是最主要的标志;第三个标志是城市用地规模扩大。

西方国家城市化的进程和特征

从18世纪中叶开始,到20世纪中叶,在将近200年的时间里,多数西方发达国家基本上实现了城市化。也就是说,多数人口形成了聚集居住的格局。20世纪中叶,一些西方国家的城市人口占全部人口比例分别为:美国72%,英国87%,联邦德国79%,荷兰86%,加拿大77%,澳大利亚83%。

进一步观察发达国家城市化的演进过程,可以看到,发达国家的城市化进程大体上可分为前后相继的两个阶段。

第一个阶段以集中化为特征。时间从工业革命开始,到20世纪50年代前后,表现为工业和人口的持续地、大规模地集中,城市数量不断增加,规模不断扩大,大城市不断增多。

第二个阶段则以分散化为特征。20世纪60年代以后,西方发达国家城市化中出现了所谓"市郊化"以及后来的"超市郊化"现象,即大批居民从城市的中心地迁往城市的郊区地带。这一方面是因为城市的中心地带环境污染问题严峻,另一方面,发达的现代交通工具,也为人们从城市移居到郊区提供了可能。因此,这一阶段的区域发展模式表现为城市中心区域人口增长停滞,城市周边区域不断扩大,卫星城式的居民区发展迅速。于是,以大城市为中心的"都市圈"或"城市群"、"城市带"快速地发展了起来。

推荐书目:

1. 周叔莲,王延中,沈志渔,等. 中国的工业化与城市化. 北京:经济管理出版社,2008.

2. 陈佳贵,等. 中国工业化报告(2009)——工业化蓝皮书. 北京:社会科学文献出版社,2009.

3. 郑新立,等. 中国21世纪的工业化. 北京:经济科学出版社,2003.

讨论话题:

1. 简述中国工业化和城市化的进程。

2. 介绍你们国家的工业化和城市化情况,并与中国相比较。

6.2.3 社会新阶层的出现

关键词:新阶层 20字方针 洋葱头型 橄榄型

中国的社会结构在建国初期是很简单的，就是“两个阶级一个阶层，即工人阶级、农民阶级和知识分子”，经过60年的发展，如今出现了多个阶层并存的局面。这其中经历了5个阶段，1949—1956年，是中国社会阶级关系的重塑时期；1957—1965年，是多维二元身份体系的建构时期；1966—1977年，社会流动失序，政治运动对社会产生了全方位的影响；1978—1991年，社会分化与流动模式发生转换，新的阶层开始出现；1992年以来，新的社会阶层结构初步成型，不同阶层所处的等级位序也初步被确立起来。

可以看出中国新阶层的出现与发展和中国改革开放的历史是相一致的，他们是改革开放的自然产物，也与市场化、国际化相联系。

中国社会的新阶层主要包括民营科技企业的创业人员和技术人员、受聘于外资企业的管理技术人员、个体户、私营企业主、中介组织的从业人员、自由职业人员。他们分布在新经济组织、新社会组织中，涉及中国经济和社会生活的各个领域、各个行业，是一支不可忽视的新生力量，在促进共同繁荣、全面建设小康社会中发挥着重要作用。他们掌握或管理着10万亿元人民币左右的资本，使用着全国半数以上的专利技术，并直接或间接贡献着全国近1/3的税收，每年吸纳着80%以上的新增就业人员。

中国新阶层呈现快速发展和日趋活跃的态势，他们的数量在增加，规模在扩大。中国新阶层的人数大约有5 000万人，加上在相关行业的所有从业人员，总人数约1.5亿人。

新阶层人士来源广泛、构成复杂、思想活跃，不但与国内各阶层各方面密切接触，而且与国外组织和个人有广泛联系。中国新阶层不仅活跃在经济领域，他们的政治诉求也在增强。从2005年开始，中国举办了两届中国特色社会主义建设者的评选活动，第一届当选的全都是私营企业主，而第二届当选的人员中有11位是自由择业知识分子，所占比例达到了1/9。这是新社会阶层领域内的最高级别荣誉，对他们产生了极大的鼓舞。

还有一些精英们积极参与政治，被选为政协委员。还有一些专业人士担任了检察院、监察部门的特约检查员、特约监督员等。也有的专业人士担任了司法机关的领导职务。他们的参与引起了广泛的注意和影响，出现了很多议论，如“新阶层跃上政治协商舞台”，“新阶层、新群体更多代表委员登上两会舞台”，“新阶层进入政治最高领域”，“新阶层代表走进人民大会堂”，“新阶层登堂决策”等。

对社会新阶层，中共中央明确了“充分尊重，广泛联系，加强团结，热情帮助，积极引导”的20字方针，还提出了“以社团为纽带、以社区为依托、以网络为媒介、以活动为抓手”的工作方法。

根据目前中国社会阶层结构，政策调整的方向应该是“壮大中产阶层，缩小社会中下阶层,整合阶层利益关系”。缩小社会中下阶层,就要建立合理的收入分配体制、打破户籍制度、促进农村劳动力转移。

中国未来的发展方向应该是逐步形成公正合理开放的现代化的社会阶层结构,社会结构形态实现从“洋葱头型”演变为理想的“橄榄型”。

延伸阅读

中国社会的10个阶层

2002年1月出版的《当代中国社会阶层研究报告》(陆学艺主编,社会科学文献出版社出版),以职业分类为基础,以组织资源、经济资源和文化资源的占有状况为标准,将当代中国社会划分为10个社会阶层,即国家与社会管理者阶层、经理人员阶层、私营企业主阶层、专业技术人员阶层、办事人员阶层、个体工商户阶层、商业服务业员工阶层、产业工人阶层、农业劳动者阶层和城乡无业失业半失业者阶层。

中国新阶层的基本特征

一位政府官员在接受记者采访的时候,勾勒了中国社会新阶层的基本特征。主要有以下八个方面:由工人、农民、干部和知识分子分化形成;相当一部分是知识分子;主要集中在非公有制经济领域;聚集了大部分高收入者;职业和身份不稳定性大;政治诉求逐步增强;多数是非中共人士;有不断扩大的趋势。

推荐书目:

1. 陆学艺.当代中国社会阶层研究报告.北京:社会科学文献出版社,2002.
2. 关山,小东.商帮——大陆财富新阶层的崛起.北京:团结出版社,2006.

讨论话题:

1. 你觉得中国社会新阶层和中国的改革开放有什么关系?
2. 比较你们国家和中国的阶层状况。

6.3 民族

6.3.1 民族分布

关键词:民族　少数民族　大杂居　小聚居

“五十六个星座,五十六枝花,五十六族兄弟姐妹是一家……”这首欢快的歌曲你听过吗?

这首歌曲唱的就是中国的民族情况,中国一共有56个民族,是个多民族国家。其中汉族的人口最多,约占全国人口的91.6%;其他的55个民族,人口约占8.4%,他们统称为少数民族。汉族和少数民族一起组成了一个团结和睦的大家庭。

那么中国这么多的民族,他们是怎么分布的呢?中国民族分布的基本格局是“大杂居,小聚居”、“普遍散居”,呈现一种互相插花、交错分布的局面。

汉族人口最多,它的分布遍及全国。少数民族分布也很广泛,在全国各地都可以见到少数民族的踪迹。但是他们的分布却又呈现相对集中的局面,如汉族主要集中在黑龙江、黄河、长江、珠江中下游各省市以及东南沿海各省市。少数民族则主要呈“C”字形地分布在从东北、内蒙古到新疆、西藏至云、贵、川、两广、海南、台湾这一占中国国土总面积62.5%的广阔地带,其主要部分在中国的西部地区,重心在西北和西南。

举例来说,中国的朝鲜族主要在东北三省,特别是吉林省;蒙古族主要在内蒙古和东北地区;维吾尔族主要在新疆;藏族主要在西藏、四川、青海等地;壮族主要在广西;满族主要在东北;黎族主要在海南;布依族主要在贵州;哈尼族主要在云南;佤族主要在云南;仫佬族和毛南族主要在广西。这是相对集中的情况。

集中的同时又体现出了分散的特点。以回族为例,它主要在宁夏回族自治区和甘肃的部分地区,但分布于回族自治地方的回民人口只占其总人口的1/3,其余2/3散居全国各地。同样,满族近一半的人口分布于辽宁省,其余则广泛分布于全国各地。布依、白、傣、哈萨克、羌、毛南、怒、基诺、拉祜、门巴、赫哲等民族有着明显的聚居区,而畲、仡佬、乌孜别克等族分散居住在各地。据统计,中国目前杂居散居少数民族人口约为1 800万,约占全国少数民族总人口的27%,其分布竟可达全国95%以上的县市区。但杂居散居少数民族相对集中于云南、贵州两省及东北三省。云南省约有400万人,是中国少数民族最多的省份。贵州省约有300万人,东北三省共有500万人左右。其余约600多万人则分布于其他24个省、直辖市、自治区。若按东、中、西三个地带来划分,东部约有杂居散居少数民族人口400万,中部约500万,西部约800万。

由于各民族在发展过程中始终存在着迁徙和移动,相互融合,最终形成这种既分散又聚居、你中有我、我中有你、谁也离不开谁的格局。

延伸阅读

中国的少数民族有哪些？

我们知道中国有56个民族，其中汉族人口最多，其他的55个民族属于少数民族。

你可能知道藏族、蒙古族、朝鲜族、回族、满族等几个大的少数民族，可是你知道赫哲族和基诺族吗？怎么去记住这么多的民族呢？让我给你介绍一首民族助记歌谣：

汉壮蒙古维吾尔，藏回朝鲜哈萨克；苗彝布依鄂伦春，满侗哈尼塔吉克；
瑶白傈僳达斡尔，黎傣土家鄂温克；东乡仫佬珞巴土，布朗纳西高山畲；
拉祜仡佬水阿昌，撒拉毛南佤锡伯；普米德昂羌保安，门巴裕固怒景颇；
柯尔克孜塔塔尔，乌孜别克京基诺；独龙赫哲俄罗斯，团结奋斗建祖国。

现在你能很清楚地说出中国的少数民族了吗？

中国少数民族各有多少人口？

中国人口最多的少数民族是哪个？最少的又是哪个？他们各有多少人口？让我们看下边的表格吧。中国各少数民族的人口如下：

民族	人口	民族	人口	民族	人口	民族	人口
蒙古族	598.2	侗族	287.9	佤族	42.9	仡佬族	55.0
回族	1058.6	瑶族	279.6	畲族	70.8	锡伯族	19.0
藏族	628.2	白族	193.3	柯尔克孜族	18.6	阿昌族	3.9
维吾尔族	1006.9	土家族	835.3	土族	28.9	普米族	4.2
苗族	942.6	哈尼族	166.0	达斡尔	13.2	塔吉克族	5.1
彝族	871.4	哈萨克	146.2	仫佬族	21.6	怒族	3.7
壮族	1692.6	傣族	126.1	羌族	30.9	乌孜别克族	1.0
朝鲜族	183.1	黎族	146.3	撒拉族	13.0	俄罗斯族	1.5
满族	1038.8	傈僳族	70.2	毛南族	10.1	德昂族	2.0
保安族	2.0	裕固族	1.4	京族	2.8	塔塔尔族	0.3
独龙族	0.7	鄂伦春族	0.8	赫哲族	0.5	高山族	0.4
拉祜族	48.6	水族	41.1	东乡族	62.1	纳西族	32.6
景颇族	14.7	门巴族	1.0	珞巴族	0.3	基诺族	2.3
布朗族	11.9	鄂温克族	3.0	布依族	287.0		

（注：人口计数以万为单位，该数据以2010年国家统计局公布的中国第六次人口普查汇总数据为依据）

推荐书目：

1. 郝时远. 中国少数民族分布图集. 北京：中国地图出版社，2003.
2. 李志华. 中国民族地理. 上海：上海教育出版社，1997.

讨论话题：

1. 比较你们国家和中国的民族情况有什么相同和不同之处。
2. 分析中国民族分布情况，并说出有什么优点。
3. 说出中国人口在100万以上的少数民族。

6.3.2 民族政策

关键词：民族政策　民族平等　民族团结　民族区域自治　区别对待原则

中国的民族政策主要包括民族政治、民族经济、民族文化、民族人口政策几个方面的内容。

少数民族政治政策是指党和国家对少数民族在政治上所享有的权利和所承担的义务的规定，以及为实现这些权利和义务所制定的特殊政策。主要包括民族平等、民族团结；民族区域自治；民族社会改革；民族干部政策，国家大力培养和任用少数民族干部；民族认同，以民族特征、民族意愿、历史事实和就近认同为标准。

少数民族经济政策是指中国对发展、扶持、帮助少数民族和民族地区经济所实行的政策。基本内容为：在财政和税收两大方面给予适当照顾和特殊优惠的政策；在工业、农牧业和民族贸易三个方面的产业发展政策；设立专项扶贫资金，对少数民族贫困地区在资金和物资等方面实行更为宽松的优惠政策以及扶贫与开发相结合等一系列扶贫开发政策；包括横向经济联合、对口支援和对外贸易等方面的开放联合政策。

少数民族文化政策，是指保护、尊重各民族的文化，并帮助少数民族发展民族文化所实行的政策。主要包括：民族教育政策，国家大力发展民族教育，尊重民族自治地方的教育发展权，创办各级各类民族学校，提倡双语教学，加强少数民族师资队伍建设，对少数民族学生实行特殊照顾和民族教育对口支援与协作等；民族文化政策，即繁荣民族文化事业，弘扬民族优秀传统文化，大力培养少数民族文化人才，加强少数民族地区文化设施建设，保护和合理开发少数民族文化资源，开展民族文化交流活动等；民族语言文字政策，即尊重少数民族语言文字，坚持各民族都有使用和发展自己语言文字的自由；民族风俗习惯政策，即尊重少数民族风俗习惯,坚持各民族都有保持或改革自己风俗习惯的自由;民族宗教信仰政策,即尊重少数民族宗教信仰,坚持和保护各民族的宗教信仰自由。

少数民族人口政策是指国家调节、干预和指导少数民族和民族地区人口发展的政策。实行的是区别对待原则,把少数民族与汉族区分开来,把不同少数民族和不同民族地区区分开来,做到因民族制宜,因地区制宜。边远牧区可以生育两个孩子。同时提倡晚婚晚育,限制生育数量,实行计划生育奖惩机制,控制人口出生数量和人口增长速度,提高人口素质等。

人民币上的四种少数民族文字——蒙文、藏文、维文、壮文

延伸阅读

什么是民族平等?

实行民族平等是中国的宪法原则。《中华人民共和国宪法》规定:"中华人民共和国各民族一律平等。"在中国,各民族一律平等包括三层含义:一是各民族不论人口多少,历史长短,居住地域大小,经济发展程度如何,语言文字、宗教信仰和风俗习惯是否相同,政治地位一律平等;二是各民族不仅在政治、法律上平等,而且在经济、文化、社会生活等所有领域平等;三是各民族公民在法律面前一律平等,享有相同的权利,承担相同的义务。

什么是民族区域自治?

民族区域自治,是中国解决民族问题的基本政策,也是中国的一项基本政治制度。是指在国家的统一领导下,各少数民族聚居地方实行区域自治,设立自治机关,行使自治权。

目前,中国的民族自治地方分为自治区、自治州、自治县三级,行政地位分别相当于省、设区的市和县。民族自治地方的人民代表大会和人民政府既是自治机关,也是国家的一级地方政权机关,根据本地方的实际贯彻执行国家的法律政策。民族区域自治是在国家统一领导下的自治，各民族自治地方都是国家不可分离的部分，各民族自治地方的自治机关都必须服从党中央的领导。

截至2008年年底，中国共建立了155个民族自治地方，包括5个自治区、30个自治州、120个自治县（旗）。2000年第五次全国人口普查表明，55个少数民族中，有44个建立了自治地方，实行区域自治的少数民族人口占少数民族总人口的71%，民族自治地方的面积占全国国土面积的64%。此外，中国还建立了1 100多个民族乡，作为民族区域自治制度的补充。

民族自治地方有效行使自治权。民族自治地方的自治机关是自治区、自治州、自治县的人民代表大会和人民政府。民族自治地方的自治机关依法行使以下权力：自主管理本民族、本地区的内部事务；制定自治条例和单行条例的权力；自主安排、管理、发展经济建设事业；自主发展各项文化社会事业。

推荐书目：

1. 金炳镐，龚学增. 民族理论民族政策学习纲要. 北京：民族出版社，2004.

2. 金炳镐. 新中国民族政策60年. 北京：中央民族大学出版社，2009.

3. 龚荫. 中国民族政策史. 成都：四川人民出版社，2006.

讨论话题：

1. 中国民族政策有什么意义？

2. 你们国家和中国的民族政策有什么不同？

3. 你去过哪些中国少数民族地区？它们有什么特色？

7 经济发展

7.1 个体私营经济和非公有制经济

关键词：个体经济　私营经济　非公有制经济

中国是一个社会主义国家，那么是否存在个体经济和私营经济？它们和国有经济是什么关系？

中国的个体私营经济，从1956年完成对资本主义工商业的社会主义改造到改革开放前，已经消失了20多年。之所以会这样，是因为当时把社会主义看得非常纯粹，认为在社会主义社会中不能允许非公有制经济的存在，非公有制经济是不合法的。

改革开放后，为了解决农村剩余劳动力和城市青年的就业问题，个体经济首先被认可和发展。1981年，中央明确指出："必须着重开辟集体经济和个体经济中的就业渠道。在我国，国营经济和集体经济是基本经济形式，一定范围内的个体经济是公有制经济的必要补充。"1982年宪法也第一次以法律的形式明确了个体经济的合法地位。

与个体经济相比，私营经济被认可要晚些。20世纪70年代末80年代初，私营经济得到重新发展，引起了全社会的广泛关注和争论，争论的焦点是社会主义能不能允许私营企业存在与发展。对此，1982年中共中央政治局进行了讨论，认为应"看一看"，暂时不提倡也不反对。这样"看"了几年，直到1988年，宪法（修正案）才把私营经济的合法地位第一次写入宪法，从法律上确立了私营经济的合法地位，标志着国家对私营经济看法的一次根本性改变。

此后，个体私营经济得到了迅速发展，并在促进就业、增加税收、方便人民生活、保持社会稳定等方面发挥着越来越重要的作用。为此，中国共产党第十五次代表大会提出："以公有制为主体，多种所有制共同发展，是我国社会主义初级阶段的一项基本经济制度"，"非公有制经济是我国社会主义市场经济的重要组成部分"。中共十六大第一次明确提出"必须毫不动摇地巩固和发展公有制经济，同时必须毫不动摇地鼓励、支持和引导非公有制经济的发展”，第一次对非公有制经济使用了“支持”的概念，这些政治主张给个体、私营等非公有制经济的发展注入了强大的动力，促进了个体私营经济的蓬勃发展。

从无到有，从最开始时的身份不明、争论不断，到后来被定位于“公有制经济的有益补充”，“是我国社会主义市场经济的重要组成部分”，再到“毫不动摇地鼓励、支持和引导非公有制经济”，中国的个体私营经济成功地走过了30年，已经发展成为一个庞大的经济体：目前个体私营企业占全国法人企业的60%以上，创造了全国GDP增量的约60%，解决了社会新增的非农就业人员的80%以上，拥有全国66%的专利与74%的技术创新、82%的新产品开发，同时成为每年上百万大学生就业的重要选择。

延伸阅读

中国第一商贩年广久

年广久出生于1937年，小时候家里很穷，他早早地就学会了在街头叫卖。

新中国成立后，年广久还是在街上摆摊做小生意。1963年，年广久因为贩鱼被判处有期徒刑一年，罪名是投机倒把。所谓“投机倒把”，是指想办法搞到平价的紧俏产品，然后高价卖给消费者，牟取暴利。这在今天看来也许很正常，但在当年的计划经济时代，就是扰乱市场价格、破坏社会主义经济秩序，是违法的。

1966年，年广久又因为贩卖板栗被关了20多天。要是一般人，有过这两次经历可能就再也不会做生意了，可是年广久出狱后还是继续做小生意，先是卖水果，后来卖起了瓜子。年广久卖瓜子很特别，顾客买完瓜子，他总要再抓一把送给顾客，即使人家不要，他也要硬塞到人家口袋里，时间长了大家就给他起了个外号叫“傻子”，他卖的瓜子就叫“傻子瓜子”。

年广久生意做得好，从1966年到1976年，当全国处在轰轰烈烈的文化大革命中时，当普通人一个月的工资只有二三十块钱时，年广久已经赚到了100万。

搞个体赚了100万，在当时很多人看来，不能接受。后来问题反映到了中央，邓小平明确表态：“放一放”，“看一看”，这六个字，保住了“傻子”的平安。这是在1980年。

1982年，中国个体私营经济开始走上快速发展之路。年广久的小生意发展成为100多人的“大工厂”，1983年底，又有人把年广久雇这么多工人的问题反映到中央，邓小平说：“我的意思是放两年再看，让‘傻子瓜子’经营一段时间，怕什么？伤害了社会主义了吗？”“傻子”再次渡过难关。

1987年底，因为一些财务纠纷，加上年广久的个性得罪了不少人，有人告他贪污，还说他强奸妇女。1991年5月，芜湖市中级人民法院判决年广久犯有流氓罪，判处有期徒刑3年，缓刑3年。1992年，邓小平去南方视察，讲话中再次提到傻子瓜子："农村改革初期，安徽出了个'傻子瓜子'问题，当时许多人不舒服，说他赚了100万元，主张动他。我说不能动，一动人们就说政策变了，得不偿失。"就这么几句话，芜湖市检察院主动撤销了起诉，年广久无罪释放。

出狱后年广久说，我坐过三次牢，坐牢不可怕，人最怕的是一生什么事情都干不成。性格张扬、敢想敢干的年广久，其命运在历史转折关头起起落落，正暗合了中国改革开放30年个体私营经济发展的历程。

中国个体私营企业面临的困难与挑战

改革开放给中国的个体私营经济带来了发展的机遇，可以说，当时的个体私营经济是在产品短缺、法制不健全、国有企业普遍缺乏竞争意识的情况下，依靠灵活的机制发展起来的。而目前这些条件已经逐渐丧失，当今的中国经济告别了"短缺时代"并出现了产品过剩的"买方市场"；国有企业日益充满生机与活力；入世（加入WTO）后国际竞争已在眼前。这一切意味着个体私营企业面临国有企业、外资企业的双重挑战，同时，知识经济、经济全球化、全球化结构调整也直接影响个体私营企业。

目前中国个体私营企业的结构性弱点概括来说有三个：

一、技术含量低、管理水平低：企业的技术装备和产品的科技含量都较低，也缺乏科学先进的管理方法；

二、经营规模小：注册资金平均只有50万元，从业人员平均12人；

三、结构不合理：目前的个体私营企业主要集中在加工工业和商业、饮食业，即使在同一个城市或地区，同类企业也盲目发展。因此，优化调整结构，加大科技投入，已经是个体私营企业刻不容缓的任务。

这种形势，既是中国个体私营经济面临的挑战，也是重大的机遇。国际经验表明，每一次生产过剩，遭遇经济危机，只要推广新技术，加快结构调整，经济就会进入一个新的发展阶段。

可喜的是，这种调整早几年就已在广东和沿海一些地区开始，而且正逐步向广大中西部地区发展。从国际产业转移的角度来说，中国是发达国家加工工业和一部分高新技术产业转移的地区。而中国经济发展不平衡，存在沿海发达地区、中部和西部大城市、农业区与欠发达地区以及中西部山区和牧区不发达地区的明显差别，这样，中国的个体私营经济也存在产业和技术在三个地区梯度转移的情况。例如，广东、福建、浙江沿海地区的企业和国际关系密切，在20世纪90年代初期已经从来料加工型、低水平劳动密集型产品制造向自主开发方向发展，企业装备和产品的科技含量不断提高。目前,中西部不少省区也作出了科技兴省、优化调整结构的决策,这无疑将推动个体私营企业从沿海向内地、从发达地区向欠发达地区的转移,我们有理由相信,中国的个体私营经济明天会更美好。

推荐书目:

1. 黄孟复. 2009 民营经济蓝皮书. 北京:社会科学文献出版社,2009.
2. 保育钧. 改革开放与私营经济. 北京:华文出版社,2008.

话题讨论:

1. 你所了解的其他社会主义国家是否允许个体私营经济的存在和发展?
2. 你认为中国不同地区个体私营经济的发展水平不同,原因有哪些?
3. 你认为中国的个体私营经济未来的发展方向是什么?

7.2 中国制造

关键词: 中国制造　世界工厂　附加值　劳动密集型　可持续发展

很多中国人到国外后都有这样的经历:想要带些礼物回国送给朋友,逛了很多商店,累得手脚酸疼,最后总算是买到了满意的礼品。可是回家后才发现,好不容易买到的东西竟然是"Made in China"!

近年来,中国凭借优惠的经济政策和廉价的劳动力,积极引进外国投资,加快工业发展。中国的工业品出口每年都在增加,目前已经占整个出口的90%,其中的加工贸易更是占到整个贸易的50%。中国制造的日用品、纺织品、电器等热销全球,数据显示,全世界70%的鞋和玩具,50%以上的电脑、手机、彩电、空调,40%的纺织品都在中国生产,中国已经成为名副其实的世界工厂,"中国制造"也成为人们对在世界各地销售的由中国生产的产品的一个统称。

尽管"中国制造"在世界市场上的表现令人自豪,但现在还不是能够为之沾沾自喜的时候,因为在繁荣的景象背后隐藏的却是严峻的事实,而它正在妨碍"中国制造"前进的步伐。

首先,"中国制造"基本属于低附加值产品。在著名的"微笑曲线"理论中,中间是加工制造,左端是研发设计,右端是品牌销售,产业链中的附加值主要体现在两端。处于中间的加工制造环节,附加值最低。也就是说,作为世界工厂的中国只是提供廉价的土地、劳动力和巨大的市场,而牢牢抓住核心技术和品牌销售的跨国公司才是享受丰厚利润的真正赢家。中国面临着怎样成为世界制造业基地,而不是生产加工中心的严峻挑战。

同时,随着中国进入国际市场的产品越来越多、所占市场份额越来越大,越来越多的国家抱怨“中国制造”冲击了本国产业。因为“中国制造”的大部分产品是劳动密集型产品,直接关系到很多国家工人的就业,因此容易引起各国对“中国制造”的限制和排斥。

另外,“中国制造”对国内的自然资源和生态环境造成了巨大的破坏。中国80%的江河湖泊断流枯竭,2/3的草原沙化,绝大部分森林消失,而近10年来中国出口日本的方便筷子总计约2 243亿双,为生产这些筷子而毁灭的山林面积占中国的国土面积的20%以上。中国1/3的国土被酸雨污染,主要水系的2/5已成为劣五类水,3亿多农村人口喝不到安全的水,4亿多城市居民呼吸着严重污染的空气,1 500万人因此得上支气管炎和呼吸道癌症,全世界污染最严重的20个城市中,中国竟然占了16个!

显然,这种滥用资源、污染环境的生产是不可能长久的。为了保证可持续发展,中国政府一方面必须提高本国的资源税率,避免过度廉价利用资源,尽快改变高消耗、高污染、廉价出口的局面。另一方面,中国应加快产业结构调整,促进高新技术产业的发展,使高技术、高附加值产品成为“中国制造”的主体。只有这样,才能将“中国制造”打造到日本制造、德国制造、瑞士制造的高度,实现国民经济和国际贸易的平稳发展。

延伸阅读

离开中国制造的一年:一个美国家庭的生活历险

《离开中国制造的一年:一个美国家庭的生活历险》,这是美国记者萨拉·邦焦尔尼写的一本记录真实生活体验的轻松读物。“没有了中国产品,我们真的没法活吗?”这是作者在书中提出的问题。

当圣诞节来临,萨拉忽然发现,39件圣诞礼物中,“中国制造”的有25件;而家里的DVD、鞋、袜子、玩具、台灯……也统统来自中国。面对此情此景,她不禁自问:如果没有中国产品,美国人还能否活下去?于是萨拉突发奇想,决定从2005年1月1日起,带领全家开始尝试一年拒绝中国制造的体验。不过,要是把家里的“中国制造”全扔了,家里也就差不多全空了,那就先从不再买新的“中国制造”开始吧。

给4岁的儿子买鞋,为了执行计划,萨拉将物美价廉的“中国制造”排除在选择之外,只好花68美元给孩子买了双意大利进口的鞋,这样的价钱让萨拉狠狠地心疼了一下。可是过了几个星期,她又不得不在孩子的要求下以差不多的价钱买了双美国产的鞋子。跟意大利或者是美国制造的相比,鞋子自然是中国制造的要便宜很多，萨拉不得不浪费了很多钱。

“中国制造”在美国人的生活中无处不在，想刻意避开实在很难，因为生活用品一旦没有了“中国制造”的参与，麻烦不断。比如购买生日蜡烛这种小东西竟成了折磨人的头痛事，因为几乎找不到不是“中国制造”的；家具、汽车坏了，不用“中国制造”就找不到工具修理；咖啡机坏了，要想避开“中国制造”就只能用水壶烧开水泡咖啡，因为价钱合理、时髦漂亮的咖啡机都是中国制造；最麻烦的是孩子的玩具，要想避开“中国制造”简直难上加难——中国玩具不但价格便宜，而且花样繁多。萨拉为了坚持拒绝“中国制造”的生活实验，不但让儿子屡屡失望，还让老公牢骚满腹。

更有甚者，有一位斯麦德列太太，跟萨拉一样试图避开“中国制造”，结果，圣诞节时，因为实在找不到合适的东西，只好买了一张高速公路费预付卡给丈夫做礼物！

在这一年的实验过程中，萨拉还不断被各种问题困扰，比如说，要是零件是中国的，但在别处组装，这算不算“中国制造”？包装箱上写着“美国制造”，里面的商品上却印着“中国制造”，这怎么算？还有，亲戚朋友送的礼物要是中国制造的怎么办？

最终，在2006年的元旦，萨拉全家终于高兴地与“中国制造”重修旧好，他们感叹离开“中国制造”的生活实在是一团糟！

“中国制造”广告

2009年11月30日，美国有线新闻网（CNN）开始在亚洲市场播出一则30秒的商业广告，这则广告围绕“中国制造，世界合作”的理念，用时尚、流行的元素演绎了新时期中国的自信与合作，讲述了“中国制造”的真实故事。

广告中一个个的画面集中展现了“中国制造无处不在的身影”：一日之计在于晨，清晨跑步的运动员所穿的运动鞋是“中国制造”，但是“综合了美国的运动科技”；温柔美丽的家庭主妇在为家人准备美食，家用冰箱上印着“中国制造”的标签，但是融合了欧洲风尚；一个类似iPod的MP3播放器上用英文标注着“在中国制造，但我们使用来自硅谷的软件”；就连法国顶级模特儿所穿的名牌服装也由“中国制造”；而广告最后出现的飞机画面，是融合全球各地工程师智慧的结晶，更是展现了“世界合作”这一理念。

据美国一家专门跟踪传媒与广告市场动态的网站披露，该广告由中国商务部与中国广告协会商会、中国电子产品进出口商会、中国轻工工艺品进出口商会、中国纺织品进出口商会共同委托制作。除了在亚洲播出外，接下来还计划在北美、欧洲等中国的主要贸易对象地区播出。

这一广告的主要诉求是在海外宣传中国品牌，提升外国人对“中国制造”的认知度，使他们不再仅仅将中国看成一个成本低、价格低的市场。而作为一个中国人，我们更期待广告中的“Made in China”（中国制造）在“Made with China”（中外合作）的过程中早日提升为“Made by China”（中国创造）。

推荐书目：

1.（美）邦焦尔尼著，闾佳等译. 离开中国制造的一年：一个美国家庭的生活历险. 北京：机械工业出版社，2008.

2. 郎咸平. 产业链阴谋 1：一场没有硝烟的战争. 北京：东方出版社，2008.

话题讨论：

1. 你们国家经历过类似“中国制造”的发展阶段吗？

2. 你认为“中国制造”有哪些优势？哪些劣势？

3. 请你为“中国制造”设计一下未来的发展道路。

7.3 中国的义务教育

关键词：义务教育　免费义务教育

早在清朝末年、民国时期（约 1900—1949 年），中国就有有识之士提出过普及初等义务教育的口号，然而，由于政治腐败、经济落后，旧中国没有能力把这种愿望变成现实。

新中国成立后，中国政府投入大量的人力和财力普及教育，然而，由于人口多、经济基础薄弱以及教育经费短缺等因素，发展义务教育的步伐比较缓慢。

改革开放后，中国政府确立教育优先发展的战略地位，把实施义务教育提升到重中之重的战略高度。自此，中国的义务教育开始加快发展，并向免费义务教育艰难攀登。

1986 年，《中华人民共和国义务教育法》规定：“国家实行九年制义务教育”，全国所有适龄儿童和少年必须接受九年制义务教育。中国实行义务教育的学制，也称“六、三”制，即每个受教育者在小学学习 6 年，初中学习 3 年，初中毕业即完成义务教育。

中国的九年制义务教育具有两个特点：一是普及性，二是强制性。就是说，《中华人民共和国义务教育法》不仅规定“凡具有中华人民共和国国籍的适龄儿童、少年，不分性别、民族、种族、家庭财产状况、宗教信仰等，依法享有平等接受义务教育的权利”，同时还要求国家、社会、学校、家庭给予支持和保证，对不承担义务教育的行为规定了强制性措施。

《中华人民共和国义务教育法》的颁布，掀起了普及义务教育的热潮。到1988年，小学学龄儿童入学率已达到97.15%，在校小学生的巩固率达到96.9%，小学毕业生的升学率为70.4%，北京、上海、天津等大城市已经基本普及初中教育。到20世纪90年代，全国已基本普及九年义务教育，实现了义务教育发展的一次飞跃。

从20世纪80年代，中国就提出国家对接受义务教育的学生免收学费，但由于政府经费投入不足，小学生和初中生仍需缴纳一定的学习费用。这给很多家庭经济困难的学生造成一定的负担。随着经济的迅猛发展和国家财力的增强，中国政府开始重视教育投入不足的问题。从2006年至2008年的3年间，政府坚定决心，加大投入，逐步完成了从农村到城市全面免除义务教育学杂费的进程。在一个有着13亿人口的发展中大国实现基本普及九年免费义务教育，标志着中国的综合国力和中华民族的文化素质获得了全面提升，也标志着中国的教育事业发展已站在新的历史起点上。

延伸阅读

中国的教育体系

中国的教育大致可以分为以下几个阶段：

一、基础教育

基础教育包括学前教育和小学教育。学前教育是指3~5岁的儿童进入幼儿园接受的教育。小学教育为6~11岁儿童设立。小学学制有5年的，也有6年的。

二、中等教育

小学毕业后，学生升入初中。与5年制小学和6年制小学对应，初中有4年制和3年制之分。

初中毕业后，学生可以做不同的选择，可以报考高中，为将来上大学做准备；也可以报考中等专业学校（简称中专），还可以报考技工学校（简称技校）和职业高中（简称职高），后面这三类学校毕业后大部分学生直接参加工作，只有为数不多的学生继续上大学学习。中专学制一般4年，也有些是3年，高中、技校、职高学制都是3年。

三、普通高等教育

普通高等教育包括专科、本科、研究生三个阶段，其中研究生又包括硕士生和博士生两个阶段。专科学制2~3年，本科学制通常为4年，医科和少数工科大学为5年。硕士研究生2~3年，博士研究生3~4年。

四、继续教育

继续教育是对已经参加工作的人员进行的教育，主要在业余时间学习。学制根据不同的情况在2～5年之间。

中国的各类学校全学年一般都分为两个学期（少数大学开始实行三学期制），第一学期9月初开学，第二学期2月末3月初开学。每学期20周左右，每周学习5天。

高考

“高考”是“全国高等学校招生考试”的简称。学生高中毕业以后可以升入大学学习，为了保证大学的学生质量，中国建立了严格的高考制度。考试由国家统一组织调度，国家或省专门组织命题，统一时间进行考试。学生只有通过高考，才能进入大学学习。

中国人口众多，又有着重视教育的传统，因此每年参加高考的学生人数都多达千万。可以说，高考牵动着中国千万家庭的心。

历史上，高考经历了多次变迁。

1949年至1952年，中华人民共和国刚刚建立，最初延续各大学单独招生的传统，后来转变为全国统一招生。

1966年“文化大革命”开始，废除高考，高校停止招生。

1971年高等学校逐步恢复招生。招收的新生初中毕业即可，但须经过两年以上劳动锻炼，废除招生考试，改为“自愿报名，群众推荐，领导批准，学校复审”。由于这些大学生是“经过两年以上劳动锻炼”的，也就是参加过各行各业的工作的，因此被称为“工农兵大学生”。

1977年10月12日，国家正式恢复高考制度。恢复后的第一场高考在1978年，根据教育部门的统计显示，当年全国有570万人参加了高考，录取了27万人，录取比例为21:1。

1977年至1984年录取的考生，属于国家计划内学生，其在校的学习、住宿费用全部由国家提供，个人只需支付自己的生活费用。1985年，教育部规定，可以从参加统一高考的考生中招收少数国家计划外的自费生。从此以后，一向由国家统包的招生制度，变成了不收费的国家计划招生和收费的国家调节招生同时并存的制度。

1999年，教育部出台《面向21世纪教育振兴行动计划》，文件提出，到2010年，高等教育毛入学率将达到适龄青年的15%，“大众化教育”取代“精英教育”。2005年的统计结果显示，中国内地适龄青年高校在校人数居世界第二位，仅次于美国。扩招使大部分人拥有了平等接受高等教育的权利，对中国国民素质的提高起到了一定作用。应该说,大学招生最大限度地实现了人才科学公平的选拔,高考成绩直接影响一个人所能进入的大学层次,几乎可以说影响了人的一生。

推荐书目:

1. 刘远碧. 新中国义务教育学制改革与发展研究. 北京:中国社会科学出版社,2009.

2. 雷晓云. 中国高等教育制度变迁及其文化透视. 武汉:华中科技大学出版社,2007.

话题讨论:

1. 你们国家有没有义务教育? 也是九年制免费义务教育吗?

2. 你们国家是否也有高考制度? 高中生怎样获得进入大学的资格? 你认为高考制度的优点和缺点有哪些?

7.4 中国的科技发展

关键词:科教兴国　航天　生物　计算机　机器人

中国的科学技术曾经领先于世界,但自1840年以后,中国受到外国侵略,战争不断,民不聊生,科技远远落后于西方先进水平。

中华人民共和国成立以后,中国政府高度重视科技工作。1949年成立了中国科学院,逐步建立了由中央各部门、高等院校和地方组成的科学研究体系。1956年,制定实施了中国科技发展的远景规划和十二年规划,两个规划的实现,为科学技术现代化奠定了基础。1978年以后,中国的科技事业进入了一个蓬勃发展的新时期。1978年3月,中央召开了全国科学技术大会,邓小平肯定了“科学技术是第一生产力”,科技事业从此迎来了新的春天。1995年,中国政府提出“科教兴国”战略,进一步推动科技事业进入了一个日新月异的新阶段。

建国60年来,中国的科技事业在多方面取得了巨大的成就。

1964年10月16日,中国成功试爆了第一颗原子弹;1967年6月17日,中国第一颗氢弹空爆试验成功;1970年4月24日中国第一颗人造地球卫星“东方红”1号发射成功,这些是中国人民在攀登现代科学高峰征途中创造的“两弹一星”的伟大成就。

第一颗人造地球卫星的发射成功,宣告中国进入了航天时代。此后,中国的航天技术发展迅速,在卫星回收、一箭多星、低温燃料火箭技术、捆绑火箭技术以及静止轨道卫星发射与测控等许多重要技术领域跻身世界先进行列,在遥感卫星、通信卫星研制及应用、载人飞船试验等方面取得了重大成果。

在生物科学技术方面，中国人工合成了牛胰岛素，使世界上有了第一个人工合成的蛋白质（1965 年）；1981 年中国在世界上最先合成了酵母丙氨酸转移核糖核酸；1985 年干扰素基因工程通过了国家级鉴定；转基因动植物试验成功，中国科学家成功绘制了中国人基因组图谱，中国的基因工程技术已进入世界先进行列；袁隆平的杂交水稻技术，获得了 8 项国际大奖，有助于解决未来世界性饥饿问题。

在信息领域，智能计算机、大型软件、光电子器件和微电子光电子系统集成技术以及通信技术研究的关键技术取得突破，为国家信息基础设施的建设及高性能公众信息平台的构建作出了贡献。

2000 年 11 月 29 日，中国独立研制的第一台具有人类外观特征、可以模拟人行走与基本操作功能的类人型机器人，在长沙国防科技大学首次亮相。类人型机器人的问世，标志着中国机器人技术已跻身国际先进行列。现代计算机集成制造技术及其智能机器人的制造和应用在中国实现传统产业的现代化方面，发挥了重要作用。

此外，在高能物理领域，在新能源、新材料等诸多领域，中国都取得了显著的进步，达到或接近国际先进水平。不过，由于中国的现代科技基础较差，起步较晚，目前与发达国家相比，中国的科学技术仍存在较大差距，这需要中国新一代科技人才以艰苦的努力去跨越。

延伸阅读

中国航天事业的发展

中国航天事业自 1956 年创建以来，经历了艰苦创业、配套发展、改革振兴和走向世界等几个重要时期，迄今已达到了相当的规模和水平。

1956 年，中国制定了 12 年科学发展远景规划，把火箭和喷气技术列为重点发展项目。1958 年把发射人造地球卫星列入国家科学规划，组织开展空间物理学研究和探空火箭研制工作，并开展星际航行的学术活动和实验设备的筹建工作。

克服了经济上、技术上的种种困难，中国终于在 1960 年 2 月成功发射第一枚探空试验火箭，同年 11 月又成功发射第一枚自制的运载火箭，1964 年 6 月成功发射自行研制的中近程运载火箭，在 60 年代后期又研制成功中程和中远程运载火箭，为航天事业的发展奠定了基础。

1970 年 4 月 24 日，中国第一颗人造地球卫星“东方红”一号发射成功，使中国成为世界上第五个独立自主研制和发射人造地球卫星的国家。1975 年 11 月 26 日首次成功发射返回型人造地球卫星，中国成为世界上第三个掌握卫星返回技术的国家。1981 年 9 月 20 日，中国首次用一枚大型运载火箭把三颗空间物理探测卫星送入地球轨道，1982 年 10 月从水下潜艇发射运载火箭成功。截至 2000 年 10 月，中国共研制并发射了 47 颗不同类型的人造地球卫星，飞行成功率达 90% 以上。自 1985 年中国政府正式宣布将“长征”系列运载火箭投入国际商业发射市场以来，已将 27 颗外国制造的卫星成功地送入太空。

中国于 1992 年开始实施载人飞船航天工程，1999 年 11 月 20 日，中国第一艘无人试验飞船“神舟”一号在酒泉起飞，21 小时后成功回收，标志着中国已突破了载人飞船的基本技术。此后“神舟”二号、三号、四号均圆满完成了任务。2003 年 10 月 15 日，“神舟”五号载着中国第一位宇航员杨利伟升上太空，这是中国首次发射载人航天飞船，标志着中国成为世界上第三个掌握载人航天技术的国家。2005 年 10 月和 2008 年 9 月，“神舟”六号、七号载人航天飞船成功升空，分别实现航天员首次多人多天飞行，首次进入轨道舱和首次出舱行动。“神舟”六号和“神舟”七号的成功，标志着中国已经成为一个世界航天大国，中国航天员第一次把中国人的足迹印在茫茫太空之中，这是中国航天技术发展的一个重要里程碑。

邓小平谈科学技术是生产力

科学技术是生产力，这是马克思主义历来的观点。现代科学技术的发展，使科学与生产的关系越来越密切了。科学技术作为生产力，越来越显示出巨大的作用。

现代科学技术正在经历着一场伟大的革命。近三十年来，现代科学技术不只是在个别的科学理论上、个别的生产技术上获得了发展，也不只是有了一般意义上的进步和改革，而是几乎各门科学技术领域都发生了深刻的变化，出现了新的飞跃，产生了并且正在继续产生一系列新兴科学技术。现代科学为生产技术的进步开辟道路，决定它的发展方向。许多新的生产工具、新的工艺，首先在科学实验室里被创造出来。一系列新兴的工业，如高分子合成工业、原子能工业、电子计算机工业、半导体工业、宇航工业、激光工业等，都是建立在新兴科学基础上的。当然，不论是现在或者今后，还会有许多理论研究，暂时人们还看不到它的应用前景。但是，大量的历史事实已经说明：理论研究一旦获得重大突破，迟早会给生产和技术带来极其巨大的进步。当代的自然科学正以空前的规模和速度应用于生产，使社会物质生产的各个领域面貌一新。特别是由于电子计算机、控制论和自动化技术的发展，正在迅速提高生产自动化的程度。同样数量的劳动力，在同样的劳动时间里，可以生产出比过去多几十倍甚至几百倍的产品。社会生产力有这样巨大的发展，劳动生产率有这样大幅度的提高，靠的是什么？最主要的是靠科学的力量、技术的力量。

（1978 年 3 月 18 日在全国科学大会上的讲话）

马克思讲过科学技术是生产力,这是非常正确的,现在看来这样说可能不够,恐怕是第一生产力。将来农业问题的出路,最终要由生物工程来解决,要靠尖端技术。对科学技术的重要性要充分认识。

(1988 年 9 月 12 日在听取关于价格和工资改革初步方案汇报时的讲话)

话题讨论:

1. 你知道全世界最近五年最新的科技成就有哪些吗?
2. 你们国家对发展科学技术有哪些政策?
3. 找出 3 个高科技影响我们生活的例子。

推荐书目:

1. 梁富强,李春荣. 中国科技之最. 北京:国际文化出版公司,1991.
2. 邓楠. 辉煌历程——庆祝新中国成立 60 周年重点书系——新中国科学技术发展历程(1949—2009). 北京:中国科学技术出版社,2009.

7.5 环境保护

关键词:发展历程 阶段 "十二五"规划

7.5.1 中国环境保护事业发展历程

中国环境保护事业自 20 世纪 70 年代起步,不断取得新进展,其历程可以大体分为三个阶段。

第一阶段(1973—1993 年):点源治理、制度建设

这一阶段,通过不断加强制度建设和开展重点地区污染治理,中国环境保护事业逐渐走上法制化轨道。

1973 年 8 月,第一次全国环境保护会议在北京召开。1979 年 9 月,《中华人民共和国环境保护法(试行)》颁布,第一次从法律上要求各部门和各级政府在制订国民经济和社会发展计划时必须统筹考虑环境保护,为实现环境和经济社会协调发展提供了法律保障。《中华人民共和国水污染防治法》(1984 年 5 月)、《中华人民共和国大气污染防治法》(1987 年 9 月)、《中华人民共和国草原法》(1985 年 6 月)、《中华人民共和国水法》(1988 年 1 月)等环保单项法律法规相继制定颁布。1989 年 12 月,《中华人民共和国环境保护法》正式颁布实施。从此,环境保护法律开始成为我国环境保护工作的重要保障,成为我国法律体系的重要组成部分。

这一阶段,中国环境保护国际合作领域取得显著进展。中国与 30 多个国家签署了环境合作协定,签署 15 个核安全与辐射环境合作协定,参加了亚太经合组织、

亚欧会议、东北亚环境合作等区域环境合作会议和行动。

第二阶段(1994—2004年):流域整治、强化执法

20世纪90年代初,我国进入第一轮重化工时代,城镇化进程加快,城市生活型污染加剧,环境污染的结构型、复合型和压缩型特征开始形成。伴随经济粗放式快速推进,工业污染和生态破坏总体呈加剧趋势,农业面源污染问题凸显,一些地区环境污染和生态破坏已经制约了经济社会可持续发展,甚至对公众健康构成威胁。

这一阶段是强化执法、全面治理污染和保护生态的重要时期。环境保护由单纯工业污染治理扩展到生活污染治理、生态保护、农村环境保护、核安全监管、突发环境事件应急等各个重要领域,并逐步参与到国民经济和社会发展的综合决策中。污染治理从以末端治理为主向关注污染源头治理转变,清洁生产和循环经济得到快速发展。

1998年11月,国务院印发《全国生态环境建设规划》,启动了一系列生态保护重大工程。1999年开展退耕还林、还草工程试点,优先在生态敏感、生态安全地位重要区域开展退耕还林。2000年国家投资千亿元的天然林保护工程全面启动,重点保护长江上游、黄河中上游和东北天然林资源。2000年12月,国务院办公厅印发《全国生态环境保护纲要》。2003年5月,国家环境保护总局发布《生态县、生态市、生态省建设指标(试行)》,进一步深化生态示范区建设。

与此同时,中国环境保护投入迅速增加,环境保护投资占GDP比例不断提高。"九五"期间,中国环保投资是"八五"期间的2.7倍,达到3516.4亿元。1999年,环保投入占GDP比例首次突破1.0%。"十五"期间,环保投入占同期GDP比例1.19%。环保投入的增长,加快了城市环境基础设施建设,提高了城市污水和垃圾处理率。随着各级政府对污染防治工作重视程度的提高和环保投入不断增加,污染防治工作开始由工业领域逐渐转向城市,城市环境综合整治工作取得积极进展。

第三阶段(2005年至今):全防全控、优化增长

2005年以来,中国开始进入环境污染事故高发期,环境事件呈现频度高、地域广、影响大、涉及面宽的态势,环境污染损害人体健康问题日益突出,环境问题引发的群体性事件呈加速上升趋势。2005年至2009年,先后发生吉林松花江重大水污染、广东北江镉污染、江苏无锡太湖蓝藻暴发、云南阳宗海砷污染等一系列重大污染事件,对区域经济社会发展和公众生活造成严重影响,环境问题越来越成为重大社会问题。

2005年12月,国务院发布《关于落实科学发展观加强环境保护的决定》,确立了以人为本、环保为民的环保宗旨,成为指导我国经济社会与环境协调发展的纲领性文件。"十一五"规划纲要针对我国资源环境压力不断加大的形势,提出了建设资源节约型、环境友好型社会的战略任务和具体措施。2006年4月,国务院召开第

六次全国环保大会,提出"从重经济增长轻环境保护转变为保护环境与经济增长并重,从环境保护滞后于经济发展转变为环境保护和经济发展同步推进,从主要用行政办法保护环境转变为综合运用法律、经济、技术和必要的行政办法解决环境问题"的"三个转变"的战略思想。从此中国环境保护进入了以保护环境优化经济发展的全新阶段。

7.5.2 国家环境保护"十二五"规划

为推进中国环境保护事业的科学发展,2011 年 12 月国务院印发《国家环境保护"十二五"规划》(简称《规划》)。《规划》将完善环境基本公共服务体系作为一项重点任务,通过促进区域间环境保护协调发展、提高农村环境保护水平、加强环境监管能力,努力缩小区域、城乡之间污水、垃圾无害化处理能力和环境监测评估能力等环境基本公共服务水平的差距,切实保障城乡饮用水水源地安全,使全体公民都能获得与经济社会发展水平相适应、结果大致均等的环境基本公共服务。《规划》首次将加强重点领域环境风险防控、维护环境安全作为一项战略任务,旨在通过完善制度政策,健全防范、预警、应对、处置和恢复体系,着力解决工业化过程中环境安全保障问题。

延伸阅读

中国的"环保风暴"

2005 年,一场"环保风暴"在中国内地刮起,30 个总投资达 1 179 亿多元的在建项目被国家环保总局叫停,环保问题成为人们关注的焦点。

此次叫停的 30 个项目,均为未经环境影响评估而提前开工或不应该开工的工程,共牵涉到 8 个省、三大电力公司以及与国家环保总局同属部级单位的长江三峡工程开发总公司,其范围之广、影响之大堪称史无前例。

国家环保总局此次"环保风暴"的法律保障是 2003 年 9 月 1 日起施行的《中华人民共和国环境影响评价法》。该法的第七条规定,凡没有通过环境影响评价的项目,"审批机关不予审批",这样,环境影响评价就成为所有建设项目都需要先过的一道门槛。

令公众关注的"环保风暴"取得了阶段性的胜利,来自 2005 年 2 月 20 日《法制晚报》的消息说:30 个违法开工项目全部接受了行政罚款,具体数额不等。长江三峡总公司承建的金沙江溪洛渡水电站等 3 个水电站的罚款数额最高,分别被罚款 20 万元。这也引起了人们的进一步争论,很多人认为,与那些数亿元甚至数百亿元建设投资的"项目巨人"相比,20 万元的罚款数额实在是太少了。但根据《环评法》的相关规定,20万元是法律规定的最高罚款限额。从另一个角度而言,虽然受到现行制度的局限,但20万元的罚款也同样具有不同寻常的警示意义,让公众看到了政府坚决推进环境治理的决心。

"环保风暴"的出现,显示出中国政府在发展与环境保护之间寻找平衡的努力,是中国环境保护过程中的一个重大突破。这次行动还得到了民间环保组织的大力支持,56个民间环保组织联名公开支持环保总局的行动,这是一个可喜的现象,表明中国环保力量的增长和全民环保意识的增强。不过,被命名为"风暴"的此次环保执法行动,毕竟不像是执法的常态,相关专业人士都更看重环评制度的长效机制,而不是一两场来得快去得也快的"风暴"。

环境保护与经济发展陷于两难

随着对环境保护认识的深入,人类逐渐意识到,不保护环境,就会威胁到自身的生存。但是,环境保护在一定程度上与经济发展存在难以协调的冲突,该怎样解决这个矛盾呢?

工业发达国家在20世纪初,只注意发展经济,忽略了环境保护,以牺牲环境作代价去谋求经济的发展。当污染形成公害并影响到经济的顺利发展时,才被迫去治理,付出了昂贵的代价,被后人称为"先污染后治理"的发展道路。

人类不按照环境科学规律办事,肆意破坏生态环境,必然会遭到环境的报复。统计资料表明,云南省1950年森林覆盖率为50%,平均九年遭到一次大的水旱灾害。由于乱砍滥伐等破坏,到1980年森林覆盖率仅为24.9%,影响了对气候的调节作用,1950—1980年间竟发生了11次灾害,使农业生产遭到严重破坏。据中国科学院测算,目前全中国由环境污染和生态破坏造成的损失已占到GDP总值的15%,这意味着一边是9%的经济增长,一边是15%的损失。环境问题,已成为吞噬经济成果的恶魔。

有一种说法,要在经济发展的同时控制好环境,每年在环保方面的投入须达到GDP的1.5%以上。但这是在环境保护本来就非常良好的情况下,在中国,要真正有效地控制环境,环保投入必须占到GDP的3%以上。因此,目前中国在环境问题上进退两难:再不治理,未来无法保障;真要治理,则需大规模投入,眼前的经济又难以承受。以淮河流域的小造纸厂为例,20年累计产值只有500亿元,但要治理它带来的污染,最低标准也需要投入3000亿元。而要恢复到20世纪70年代的三类水质,不仅花费是个可怕的数字,时间也至少需要100年。

究竟如何协调解决环境保护与经济发展的矛盾,是摆在中国政府和人民面前的一道难题。"要金山银山,更要碧水青山",中国的环境保护任重道远。

推荐书目：

1. 李志刚. 绿色生活一本通——中国公民环保读本. 桂林：广西师范大学出版社，2009.

2. 冯永锋. 没有大树的国家：一位生态卫士的环保苦旅. 北京：法律出版社，2008.

话题讨论：

1. 你们国家的环境状况怎样？

2. 你认为该如何协调环境保护与经济发展的矛盾？

3. 你打算在自己的生活中，怎样为环保事业做点贡献？

8　当代生活

8.1　日常生活

8.1.1　居民生活情况

关键词：居民　收入　消费

我国2011年全年农村居民人均纯收入6 977元，比上年增长17.9%，扣除价格因素，实际增长11.4%；农村居民人均纯收入中位数为6 194元，增长19.1%。城镇居民人均可支配收入21 810元，比上年增长14.1%，扣除价格因素，实际增长8.4%；城镇居民人均可支配收入中位数为19 118元，增长13.5%。农村居民食品消费支出占消费总支出的比重为40.4%，城镇为36.3%。

2006—2011年城镇居民人均可支配收入及其实际增长速度

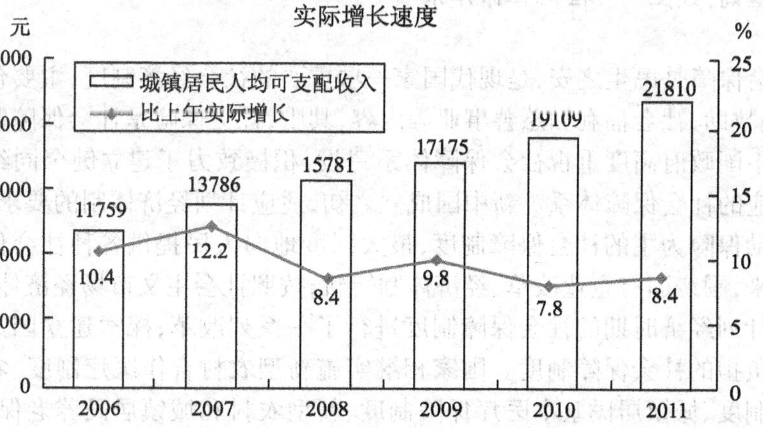

全年社会消费品零售总额183919亿元，比上年增长17.1%，扣除价格因素，实际增长11.6%。按经营地统计，城镇消费品零售额159552亿元，增长17.2%；乡村消费品零售额24367亿元，增长16.7%。按消费形态统计，商品零售额163284

亿元,增长17.2%;餐饮收入额20635亿元,增长16.9%。

2006—2011年社会消费品零售总额及其增长速度

在商品零售额中,汽车类零售额比上年增长14.6%,粮油类增长29.1%,肉禽蛋类增长27.6%,服装类增长25.1%,日用品类增长24.1%,文化办公用品类增长27.6%,通信器材类增长27.5%,化妆品类增长18.7%,金银珠宝类增长42.1%,中西药品类增长21.5%,家用电器和音像器材类增长21.6%,家具类增长32.8%,建筑及装潢材料类增长30.1%。①

8.1.2 社会保障

关键词:民生　保险　社保体系

社会保障是民生之安,是现代国家一项重要的社会经济制度,主要包括社会保险、社会救助、社会福利和慈善事业等内容,其中,社会保险是社会保障制度的核心部分。中国政府高度重视社会保障体系建设,积极致力于建立健全同经济发展水平相适应的社会保障体系。新中国成立之初,适应计划经济体制的要求,中国建立了以劳动保险为主的社会保障制度,最大限度地向人民提供各种社会保障。改革开放以来,围绕国有企业改革、经济体制转轨,按照社会主义市场经济体制的要求,中国对计划经济时期的社会保障制度进行了一系列改革,探索建立国家、企业、个人共同负担的社会保障制度。国家相继实施新型农村合作医疗制度、农村最低生活保障制度、城镇居民基本医疗保险制度、新型农村和城镇居民养老保险制度,启动事业单位养老保险制度改革试点,社会保障进入统筹城乡发展和制度创新完善的新阶段。经过60多年的改革发展,我国社会保障体系建设取得了显著成就。

① 《2011年国民经济和社会发展统计公报》人口、人民生活和社会保障部分。

当前,中国的社会保障体系建设仍然存在着覆盖范围比较窄、城乡发展不平衡、制度不够健全、管理基础比较薄弱、资金支付压力大、部分社会群体社会保障待遇不合理等一系列突出问题,也将长期面对人口老龄化、就业方式多样化、城镇化和收入分配不平衡的挑战,制度改革和建设的任务十分繁重。

“十二五”时期,中国政府将坚持广覆盖、保基本、多层次、可持续方针,加快推进覆盖城乡居民的社会保障体系建设,稳步提高保障水平,为全面建设小康社会构建水平适度、持续稳定的社会保障网。

8.1.3 日常生活

关键词:衣食住行　娱乐休闲　宠物　团购　双城记

8.1.3.1 衣食住行

20 世纪 80 年代初的改革开放以来,中国国内发生了翻天覆地的变化。上至内政外交,下到老百姓的衣食住行,都呈现出崭新的风貌。

随着社会经济的不断发展,短短二三十年间,中国城市化的脚步也不断加快。城市化意味着城镇用地扩以及城市文化、城市生活方式和价值观在农村地域的扩散。大量农村剩余劳动力进入城市,城市人口飞快地增长,出现了“北上广”(北京、上海、广州)这样人口接近 2000 万的巨大城市。

人们的生活方式和价值观也随着城市化的进程加速而迅速发展变化。20 世纪 80 年代初期到过北京的外国人,对于马路上庞大的自行车队伍和人们黑灰绿单调颜色的衣着记忆深刻。然而今天中国人的生活已经变得五光十色。不但大中城市里大型商场、电器城、汽车 4S 店如雨后春笋般涌现,一些国际知名的一线品牌也揭去了神秘的面纱,走进了百姓的生活。在街上看到年轻的姑娘们拿着 LV、GUCCI 等名牌的手袋,穿着巴宝莉、范思哲的衣服,已经不算什么新鲜事了。

在物质生活大大丰富起来的同时,人们早已不再满足于吃饱穿暖,而知识文化水平的提高以及眼界的开阔促使现在的人们对精神和健康需求有了更多的关注。于是,“旅游热”、“健身热”、“全民读史”、“养生热”成为一个又一个接踵而来的潮流。

每年的“五一”、“十一”是旅游的两个黄金时段。这个时候气候也好,正适合出行。风景秀丽的山水、历史悠久的文化古都、充满美食与时尚的现代化大城市……为大批旅游者的足迹所到之处。由于经济收入的提高,人们不只满足于国内旅游,越来越多的人还出国旅游。

人们的物质生活水平提高了,精神生活方面的要求必然也随之提高。人们感受到了知识的重要性,于是,工作之余报名参加外语培训班,或者是辞职去进修更高的学历，都已经成为常见的选择。

中国人也更关注自己的身体健康。第二十九届奥林匹克运动会在中国举行是一个契机，不但让世界更加了解中国，而且也让普通老百姓更接近体育运动。人们在大街小巷自发自觉地参加健身活动。"花钱请吃饭，不如请流汗"，随着健康观念的逐步深入人心，越来越多的人选择到专业的健身房或健身中心进行健身。中国城乡居民的健身意识普遍增强，群众性的体育健身活动广泛开展，国民体质状况逐步改善，具有中国特色的全民健身体系基本形成。

8.1.3.2 娱乐休闲

田子坊是上海最有味道的弄堂，到过上海的许多外国游客都很喜欢泰康路上的田子坊。这条"艺术弄堂"成为海外游客来沪游览的热门景点。在曲径通幽的深巷里，蕴藏着无数令人眼睛一亮的"宝贝"，来自 17 个国家的 50 多家租户，天天在此续写上海滩的新弄堂传奇。

田子坊的面积为 7 万余平方米，是依托一条旧式里弄改造的，而且厂房、民居同在弄堂中犬牙交错。如今，一些居民自发"让位"，将住宅稍作改装后出租。

后海又叫作什刹海，是北京城里难得的一片开阔的水面，这里是垂柳拂岸的闲散之地，岸上的民居和居民，周边的王府和名人故居更为它铺陈着京味和历史的无穷韵味。人们来这里，只为了这里依然能够听到秋日里清脆的虫鸣，依然能看见老北京四合院建筑群的缩影，依然能咀嚼那似乎早已远去的皇家遗韵。

后海说是"海"，其实是一个巨大的人工湖，是旧时皇家独享的一泓清池。后海地处北京市中心，距天安门仅有四五站地，与著名的北海公园一水相连，与景山、故宫遥遥相对。沿后海周围走着走着，一抬头就会看到碧瓦红墙。在那些高大庄严的大门外，只能看到院内高大森郁的树木，幽幽地透着神秘。据说，后海的水域连着故宫的龙脉，从古至今都是风水宝地。所以，历代的高僧们在这里修寺建庙，而王公大臣们则在岸边选址筑府造园，名人们也纷纷迁居湖畔，开始了后海边上最初的水岸生活。

近年来，围绕什刹海建起了酒吧街和各种风味的美食餐厅。在热闹的夏夜，一边享受着水面上吹来的凉风，一边眺望倒映在水里的辉煌灯火，成了京城人们消夏的好去处。

8.1.3.3 宠物热

漫步在城市的小区里，你会发现一个有趣的现象，那就是越来越多的城市家庭开始养起了宠物。饲养宠物的风行，一方面说明了现代人的生活水平越来越高，经济上宽裕了；另一方面也表现出现代人在紧张的工作生活压力之下，对于精神上放松以及对于温暖感情的渴望。

现在城市家庭所饲养的宠物五花八门，除了比较传统的猫、狗、鸟儿、金鱼等之外,还有从前不太常见的巴西龟、蜥蜴、貂等。现在的人养宠物不外乎几种心态,有的是为了看家,增强安全感;有的纯粹就是赶时髦,当然这在养宠物的人中只占极小的比例。

城市白领饲养宠物大多是为了调剂"朝九晚五"的紧张忙碌生活。在大城市中人际关系淡漠,工作生活压力也大。如果家里有一只活泼可爱的猫咪或者小狗迎接主人归来,会让劳累了一天的人感觉到心灵的放松。

更多养宠物的人是为了排解心中的寂寞。这其中,既有儿女不在身边的老人,也有家境不错的专职主妇。对于他们来说,生活比较空闲,社会圈子窄,经常会产生空虚感。不少人心里有话无处诉说,养宠物成为最好的选择。在照顾宠物的过程中,既充实了生活,也带来了很多乐趣。

8.1.3.4 团购网站

团购,顾名思义,就是集中尽可能多的消费者组成团体去共同消费。这种消费形式在10年前已经出现,但是购买对象主要是住宅、建材、家用电器等大宗消费品。2010年,随着针对一般消费品的团购网站在国外兴起,这一新的消费概念也迅速进入了中国市场。国内对能迅速实现销售盈利的团购模式也很快认可,随之而来的团购网站迅猛发展。

只要1元就能吃到原价44元的澳门豆捞的特色火锅组合,原价494元的美容养生项目套餐只要29元,约请朋友还能返利10元……这些令人心动的项目,已经远非传统意义上的团购了。

时尚人士经常会在网上互相打招呼说:"我今天团了一个××,可便宜了。"而这××的内容包罗万象,吃的穿的用的玩儿的全都有。团购甚至已经成为一些"宅男"、"宅女"的主要生活休闲方式。

8.1.3.5 现代生活之"双城记"

多方因素催生双城生活模式。2010年3月初,北京四环之内房价已逼近每平方米3万元。高房价和高生活成本使得越来越多的人群开始考虑在郊区买房。有的则考虑在一线城市工作,在二线城市买房,双城生活模式开始显现。现代版"双城记"将带来什么社会问题,又会带来什么样的发展契机?

80后独生子女一代现已步入20~30岁的结婚生子的高峰时期,独立婚房成为年轻人结婚的首要条件,导致男女双方父母倾尽毕生积蓄为子女购置婚房。

不仅如此,高铁的发展使得一线城市工作、二线城市买房的生活模式成为可能。高铁的发展将形成以北京为中心,到绝大部分省会城市只要1~8小时的交通圈。二线城市安家,能节省上百万元的置房费用,可以将这些费用补贴到日常生活中提高生活水平,这是解决房奴问题的很好出路。

80后"蚁族"是"双城记"的另一缩影。近1/4的大学毕业生处于失业半失业状态。为了在城市中生活下去，这些大学生聚居于城乡结合部或近郊农村，形成独特的“蚁族聚居村”。“蚁族”人群用郊区廉价的房租和上下班4个小时的交通时间，换取城市生活的最低成本。

双城生活模式可能导致一线城市过于饱和。北京、上海等一线城市的社会公共资源基本已经处于饱和或者过饱和状态。交通方面，北京1号线地铁的高峰时段发车间隔时间缩短至2分15秒，已经达到上限，即便如此，高峰时段依旧看到大批人群滞留在地铁站内；教育方面，北京知名小学的入学名额成为稀缺资源，家长甚至会花费几十万元的赞助费来获得一个就读名额；医疗方面，北京医院看病难等问题已经成为社会痼疾，医院挂号及就诊排队时间等候平均为4个小时以上。双城生活模式将导致更多人涌入到已经拥挤不堪的一线城市，使得每一个生活在城市中的居民都感到不便。

延伸阅读

中国60年的发展变化

在年龄稍大一点的人的共同记忆中，这60年，中国的变化实在是太大了。“曾经票证就是命根子。”退休职工回忆说，20世纪50年代，买东西要凭粮票、肉票、油票、布票等各种票证，凭票买还要排队。20世纪60年代，粮票是每月面临的最棘手的难题。虽然总是提前计划，精打细算，但往往还没到发粮票日，粮票就没了，家中断粮。

除了食品的缺乏，人们的穿、住、行等条件都很差。到了20世纪70年代，人们的服装款式和颜色还极其单调，只有黑灰蓝绿几种颜色，困难时期补丁衣服成了流行，一件衣服“老大穿了老二穿，老二穿后老三穿”，“新三年，旧三年，缝缝补补又三年”。住房普遍紧张，几代人同在一个屋檐下，少有独立的卫生间。交通工具是色彩单调的自行车，汽车非常罕见……这些都是短缺经济时代人们生活的真实写照。

经过60年的发展，特别是改革开放30年——这30年被称为是经济腾飞的时期。从1978年到2008年，城镇居民家庭人均可支配收入由343元提高到15 781元，农村居民家庭人均纯收入由133.6元提高到4 761元，均实际增长了6倍以上。城乡居民家庭的恩格尔系数，分别从57.5%和67.7%下降到37.9%和43.7%。人民生活从以“吃穿”为重点向以“住行”为重点的多层次消费转变。

老百姓的一日三餐丰盛了。吃饭、穿衣、购物等消费，只需轻松刷卡，或是直接用钞票付账就可以。人们记忆中的那些粮票、布票等各种票证，现在已经退出了流通领域，进入了收藏者的藏册。

私有住房和小汽车开始进入人们的生活。城市人均住宅建筑面积和农村人均住房面积，分别从6.7平方米和8.1平方米增加到27.1平方米(2006年)和32.4平方米。2009年上半年国内汽车整体销量已近600万台，比美国汽车市场多出100多万台，自2009年一季度首次超越美国以来，中国小汽车市场已成为全球最大的汽车市场。

2009年8月，国家发改委提供了一组最新数据：从1978年到2008年，中国GDP年均增长9.8%，总量由世界第十一位跃居第三位；财政收入从1 000多亿元增长到6.13万亿元；外汇储备从1.67亿美元增长到近1.95万亿美元，跃居世界第一位；对外贸易总额从206.4亿美元增长到2.56万亿美元，跃居世界第三位；累计实际利用外商直接投资8526.2亿美元，居世界第二位。

"中国成为全世界发展最快的经济体"——这是西方媒体描述今日中国国力时最常引用的一句话。

海岛游成出境游首选　成都销售大热

去哪儿网日前发布了暑期最受欢迎出境游目的地排行榜，其中普吉岛、马尔代夫、巴厘岛以绝对优势领衔前三甲。据了解，由于开通了前往马尔代夫、普吉、苏梅岛等地的包机航线，近期由成都出发前往上述海岛的旅行团也销售大热，预计这股热潮将持续到国庆大假结束。

据介绍，去哪儿网将暑期主要城市和旅游目的地的酒店、机票以及度假预订状况进行综合分析，并结合网页浏览和搜索情况，得出了最终排名。前10名的目的地分别为：普吉岛、马尔代夫、巴厘岛、中国香港、泰国、中国台湾、日本、韩国、欧洲、美国。去哪儿网副总裁戴政表示，暑期海岛游以绝对优势抢占度假人气榜首的原因在于，对于中国游客来说，东南亚海岛游签证便捷，路途相对较短，度假方式更加放松，特别是近年来白领对海岛的钟爱，更加促热了海岛游。另外，数据显示，中国台湾游和美国游开放后，游客量呈现逐年上升趋势，使这两个旅游目的地榜上有名。

"今年海岛游非常火爆，除了此次已经开通的马尔代夫直航外，普吉岛和苏梅岛都将有包机计划在国庆大假推出。"省国旅出境中心相关人士昨日告诉记者说，从上月底开始，川航开通了成都直航马尔代夫的航线，仅需6个半小时；同时，直航的开通使本地旅行社推出前往马尔代夫的旅游线路价格也随之直降了2000元左右，直航加上降价，使得近期马尔代夫游成为今年暑期旅游的热宠。此外，由本地多家出境游大社联合起来组织的普吉岛、苏梅岛等东南亚包机线路在市场上也非常抢手。据介绍，今年"十一"期间，预计将造成成都前往上述海岛游的机位非常紧张，目前上述线路的价格已开始有所上涨，包含所有的自费项目，普吉岛6日的报价为5600元左右，苏梅岛6日的报价为6500元左右，马尔代夫6日的报价为1.2万元，相比平时上涨1000元左右。

白领外语培训热

"世界是平的"，可是走遍这平的世界，还得靠语言来帮忙。当越来越多的跨国公司进入天津，当越来越多的天津企业开展国际业务，当看到高薪招聘广告全部用英文书写……越来越多的天津白领意识到熟练掌握一门外语的重要性。于是，许多白领人士又重新开始学外语。在忙碌的工作与琐碎的家务事中还要挤出时间来学习，那么，白领们的感受如何呢？

对于要去学习外语的原因，白领们的回答基本一致：外语学习对职业提升太重要了，听不懂外语很恼火。由于工作关系，在一家中资企业上班的曾先生常常要和外资企业的员工打交道。"大部分时候，我只能不懂装懂。"曾先生称，"如果事情很重要，我不得不请人家用中文说一遍，每次都特别不好意思。"

外语不好，曾先生损失的是"面子"，但对于在外企工作的王女士来说，损失的就是机会和薪水了。王女士在一家英资企业当部门主管，今年4月，公司在大中华区选拔中层干部到英国总部工作一年时间，而到英国的人选首先要求"语言无障碍交流"。王女士的英语水平就是"半桶水"，一下子就失去了竞争优势。王女士明白，如果到总部工作一年，回国后在公司的职位与薪水肯定将会提升，但由于语言关未过，她只得遗憾地与这次好机会说"再见"。痛定思痛后，王女士在某高端英语培训学校报名学习。

不少人反映，成人学外语最大的麻烦就是抽不出时间。今年9月，在媒体工作的黄小姐报了个零起点成人英语培训班。为了坚持学习，她专门拉上同事何小姐一起去报名。但即便是这样，黄小姐还是经常缺课。按照学校规定，黄小姐每周有3个晚上要去上课，但对于她来说，晚上加班写稿、开会、做策划是家常便饭，固然学习很重要，但工作更不能耽误，于是缺课也同样成了家常便饭。

虽然学习过程中有种种麻烦，但很多参加成人外语培训的白领们都觉得收获还是很大的。首要的收获当然是外语水平的提高。大部分人都感觉自己的听说能力大大提高，一些人还彻底抛弃了以前的"中国式英语"。

另外一个收获是交到了朋友。平日里，白领们的交友圈子都局限在同事或客户之间，很少有机会认识圈子外的人。一个培训班上，各行各业的人都有，大家都觉得拓展了视野。很多白领认为，能够搭建一个好的社交平台，花钱多点也值。

推荐书目：

1. 吴宝良. 现代生活百科全书——美食手册. 北京：中央民族大学出版. 2005.
2. 何关银，刘惠. 世界是新的——如何生活在现代社会. 重庆：重庆大学出版.2007.

话题讨论:

1. 你了解到的现在的中国人生活与三十年前相比有什么变化?

2. 平时你一般去哪里买衣服?能谈一谈买衣服时遇到的趣事或者感受吗?

3. 来中国后你去过哪些地方旅游?请简单介绍这些地方。

8.2 文化风采

关键词:文学艺术 电影 广播电视 报纸杂志 互联网 新媒体

8.2.1 文学艺术

1949年7月在北京召开的"第一次中华全国文学艺术工作者代表大会",标志着中国"当代文学"的开始,同时也是文学"为工农兵服务,为政治服务"的文学规范和方向确立的标志。"颂歌"是建国初期文学的主流,作家主要是从解放区来的和刚刚成长起来的,主要作品是《保卫延安》(杜鹏程)等革命战争题材的小说,《山里湾》(赵树理)、《创业史》(柳青)等农村题材小说。

20世纪50年代中后期和60年代前期,中国当代文学掀起了一个文学创作高潮,出现了老舍的《茶馆》、田汉的《关汉卿》等话剧,杨沫的《青春之歌》、曲波的《林海雪原》、吴强的《红日》、欧阳山的《三家巷》等长篇小说,还有郭小川、贺敬之、闻捷等的诗歌,秦牧、杨朔、刘白羽等的散文。总的来说,这时期的文学创作配合了现实社会的政治形势和现实斗争,传达和张扬了昂扬、明丽的时代情绪。

1966年"文化大革命"的爆发,使中国文学陷入了灾难的深渊。整个文坛几乎只剩下八个"革命样板戏"。直到1976年4月5日爆发的"天安门诗歌"运动,才揭开了文学的新篇章。

"新时期文学"是指1976年后,文学禁锢被打破,伴随着"实践是检验真理的标准"的讨论,获得了自由生长的中国的文学。随着文艺"为人民服务,为社会主义服务"方针的提出,"五四"文学所开辟的现实主义优良传统的恢复和发扬,"文学是人学"重新得到确认,这标志着新时期文学的到来。以对刚刚过去的那个荒谬时代的控诉和反思为写作题材的"伤痕文学"和"反思文学"是新时期首先涌动的创作潮流。"伤痕文学"的代表作品有刘心武的《班主任》、卢新华的《伤痕》等,"反思文学"的代表作品有王蒙的《布礼》、古华的《芙蓉镇》、张贤亮的《绿化树》等。70年代末期、80年代初期也是诗歌"改头换面"的大好时期,艾青、公刘等一大批"复出的诗人"率先恢复了诗歌的现实主义传统;以北岛、顾城、舒婷等为代表的"朦胧诗人”在思想和艺术两方面都展现了新的美学风格，呈现出“崛起”的诗歌姿态。“改革文学”是顺应时代的改革进程出现的，有影响的作家作品有蒋子龙的《乔厂长上任记》、张洁的《沉重的翅膀》、高晓声的“陈焕生系列”小说，等等。在新时期，单一的文学局面被打破，文学的题材和艺术表现都得到了突破和拓展：爱情题材、知识分子题材、军旅题材、“文化寻根”题材……多姿多彩，竞相斗艳；意识流等现代主义创作手法与现实主义手法的交叉融汇，使当代小说得到了迅猛发展，使文学领域呈现出朝气蓬勃的多元格局。

80 年代中后期，发展中的中国文学进入了一个多主题或无主题的多元化时代。在诗歌领域，具有后现代主义特质的“新生代诗歌”（第三代诗歌）取代“朦胧诗”占据了“先锋”的位置，海子、西川、韩东、于坚，以及女诗人翟永明、伊蕾等，用各自的诗歌实践将诗歌创作带进了广阔的空间。在小说领域，“先锋小说”发起了声势浩大的叙述革命从而结束了传统现实主义完整叙事的时代。余华以《现实一种》、《难逃劫数》、《活着》、《许三观卖血记》、《我没有自己的名字》等作品显示了雄厚的实力。现代主义创作经历了王蒙等的“形式上的现代主义”、刘索拉等“荒诞小说”的“观念上的现代主义”后，到马原等的创作，才真正实现从小说观念到形式都进行现代主义的全新尝试。刘恒、池莉、方方等作家的“新写实主义”小说，莫言、苏童、陈忠实的“新历史小说”，王朔为代表的“新市民小说”，林白、陈染、海男和宣称“身体写作”的更年轻的女性作家的“女性文学”，在新时期小说格局中也都占据着引人注目的位置。散文、戏剧等其他文学样式在探索中不断调整、不断完善，从整体上把中国当代文学推向了一个个新境界，比如戏剧走向小剧场，散文出现“学者散文热”、“美文热”，等等。

90 年代以来，文学的个人化特点越来越明显，同时，文学面向市场的价值取向特征也越来越明显。

总之，中国百年新文学既无时无刻不与时代、社会纠葛在一起，忠实地记录各种现实存在和精神存在并且审视、赞美或是质疑着这种种存在的合理性；另一方面，又无时无刻不在捍卫、寻求其自身的本质特性和规律。当然，“中国新文学”不是一个结论性的概念，它本身也还在不断摸索、发展着……

8.2.2 电影、广播电视

都市电影正当红

徐静蕾执导并主演的《杜拉拉升职记》13 天票房过亿，最终票房达到 1.3 亿元，加之前期商业赞助、植入广告，老徐这位当年的文艺女青年成功转型为亿元票房大导演，赚得盆满钵满。该片以职场为噱头，展现都市白领的爱情和奋斗，迅速成为热议话题，其商业成功更引发一股都市爱情电影热。

目前，电影版《奋斗》正加紧筹备，曾在20世纪90年代风靡一时的青春偶像剧《将爱情进行到底》电影版也已开机……受此启发，把目标观众明确锁定都市白领的一大批电影应运而生。

目前中国电影票房主要来自城市，而城市主流观影人群是青少年和白领。当观众早已对古装武侠和恶俗搞笑感到审美疲劳时，华丽时尚、轻松娱乐、讲述都市男女情感生活的都市电影因具有现代感、亲切感和话题性，自然蕴含巨大商业价值。不仅电影如此，电视剧《手机》的火爆也证明都市题材的巨大含金量。

实际上，国产都市电影早已为观众所熟悉，冯小刚早期通过改编王朔原作小说，拍摄了一系列市民味十足的城市电影。然而最终，他的御用男主演葛优也从一个"小市民"进化成《非诚勿扰》中的"中产"。

此外，从1996年张扬的《爱情麻辣烫》到1998年金琛的《网络时代的爱情》，以及2002年张一白的《开往春天的地铁》、李欣的《花眼》等，众多年轻导演也试图以各种现代爱情故事，在银幕上展示当代都市人的生活片段。2009年，银幕上集中涌现一批都市喜剧爱情电影，包括章子怡参照好莱坞模式的《非常完美》、孙红雷的《时尚先生》、港味十足的《全城热恋》等，到徐静蕾的《杜拉拉升职记》达到高潮。

中国电影的商业化道路，其实也是从"土地情结"到"城市文化"的电影美学的重新塑造过程。刚上路的国产都市时尚电影其实还只是停留在表面上，有名为职场、实为情场的概念偷换，也有老套的"三角恋"。相比《时尚女魔头》等好莱坞电影，《杜拉拉升职记》等国产都市电影对都市人的心态、情感挖掘和表现上，都显得过于肤浅。国产都市电影对时尚的理解，还仅停留在俊男靓女、奢华品牌等都市生活的图解式表达上。

贺岁片

贺岁片最早起源并流行于香港。从20世纪80年代开始，每到岁末香港演艺圈内的一些明星都会自发地凑到一起，不计片酬地拍几部热热闹闹、喜气洋洋的影片献给观众。这些影片大多以"恭喜发财"、"家有喜事"、"福禄寿喜"等象征吉祥如意的词来命名，内容上也基本满足以下两点：首先是喜剧，其次有一个相对圆满的大团圆结局。

1998年著名导演冯小刚拍出了中国内地第一部贺岁片《甲方乙方》，开启了中国内地的贺岁片市场。该片获得当年"百花奖"最佳男、女主角和最佳故事片三项大奖。《甲方乙方》在票房上的成功引出此后几年的贺岁片大战：投拍的贺岁电影一年多过一年，越来越多的知名导演加入执导贺岁片的行列。其中影响最大、票房最高的要属1999年北京紫禁城影业公司特邀冯小刚赴美拍摄的《不见不散》。

春晚

春节（农历正月初一）是中国传统的盛大节日。每年除夕晚上都会举办综艺性文艺晚会。春节联欢晚会简称"春晚",由中国中央电视台春节联欢晚会、地方台春节联欢晚会、网络春节联欢晚会与各地各部门举办的春节联欢晚会等组成。其中大众所指"春晚"最多的含义是中国中央电视台在每年农历除夕晚上为庆祝农历新年举办的综艺性文艺晚会,通常简称为央视春晚,或直接称为"春晚"。"春晚"在演出规模、演员阵容、播出时长和海内外观众收视率上,创下中国世界纪录协会世界综艺晚会3项世界之最,入选中国世界纪录协会世界收视率最高的综艺晚会、世界上播出时间最长的综艺晚会、世界上演员最多的综艺晚会。

央视春晚现在已经成为全世界收视率最高的节目之一。每年除夕之夜,中央电视台多个频道进行现场并机直播,全长达5小时左右。全国数亿热心观众都会守在电视机前,迎接新的一年的到来。

1983年,央视举办春节联欢晚会应该说是一个偶然事件,但是现在这台晚会已经成为了中国人的"新民俗,新文化"和每年除夕夜必看的电视大餐。从文化发展的角度看,中央电视台春节联欢晚会开创了电视综艺节目的先河,且引发了中国电视传媒表达内容、表达方式等方面的重大变革。春节联欢晚会为中国电视综艺文化的发展提供了最基本的模式和蓝本。

春节联欢晚会的艺术性表现在:第一是苦心孤诣地筹划;第二是着力创作,精心打造节目;第三,晚会上知名演员、艺术家云集;第四,晚会汇集了中华民族各种艺术形式的最高水平的作品。春节联欢晚会的影响和意义是多方面的。

现在,央视春晚已经办了31届,年年既有好评,同时也有骂声。随着群众生活水平的提高,"春晚"尽管仍受关注,但是已经不是在大年三十晚上唯一的文化大餐。各地方电视台也纷纷向央视叫板,推出了各自的"地方春节晚会",但收视率并不高,且局限性很强。

在2009年初,某些网友表示计划要搞一台"民间春晚"。并在大年三十和中国中央电视台春晚同时直播,公开竞争。在2010年,民间春晚成功举办,并已经获得一定程度的关注。

8.2.3 新闻媒体

新中国成立伊始,党和国家迅即对新闻媒体进行调整与充实,建立起一个以北京为中心的社会主义性质的公营新闻媒体网。包括:以中共中央机关报《人民日报》为中心、以各级党委机关报为主体的公营报刊网;由新华通讯社和1952年9月14日创建的中国新闻社组成的国家通讯社网;以1949年12月5日成立的中央人民广播电台为中心的人民广播电台网。对于私营新闻媒体,党和政府自1950年起采用公私合营手段进行社会主义改造,至1953年基本完成。

1957年后,报刊数与报刊发行量逐年增加,全国邮发报纸总数1957年为1325

种、1958 年为 1776 种。报刊品种开始增多，报业结构也出现了新的变化。晚报、体育报、企业报、农民报、摄影报等各类报刊大批问世。广播事业的发展，表现在一大批中等城市的人民广播电台的创建。中央电视台的前身——北京电视台以及上海电视台、哈尔滨电视台、天津电视台在 1958 年先后建成，至 1961 年已发展到 19 家。

1966 年 5 月，“文化大革命”爆发，新闻事业遭到空前劫难，绝大多数报刊被迫停刊。至 1968 年底，全国报纸总数仅 42 种，全国性报纸仅 4 种。“文革”后期，新闻事业也有所发展，报纸数在 1971 年恢复到 195 种。彩色电视节目在 1973 年开始试播。中央人民广播电台的调频广播于 1974 年正式开播。

“文革”结束后，“文革”期间停办的报刊、电台、电视台及其报道栏目陆续复办或复刊。1978 年改革开放后出现了大办新闻媒体及其报道栏目的热潮。在报纸出版方面，全国报纸总数 1978 年仅为 186 种，1982 年达 928 种，1992 年又猛增至 1666 种。经济类报纸是率先崛起的报业新品种。1983 年，我国首家经济类综合性大报《经济日报》在北京创刊。为了贴近群众生活，各报纷纷创办周末刊、周末报。自 20 世纪 80 年代中期起，晚报开始走向繁荣。就报业结构而言，1982 年时各级党报为 359 家，各类晚报、科技报、企业报、行业报等也高达 320 家，形成了以各级党委机关报为主体，经济报、体育报、晚报等其他各类报纸百花齐放的新格局。

在广播电视方面，1976 年 7 月 1 日，北京电视台和全国各省级电视台联合试办“新闻联播”，至 1978 年 1 月 1 日起正式开设“全国电视新闻台联播”节目（简称“新闻联播”）。1978 年 5 月 1 日，北京电视台改名为中央电视台（CCTV）。至 1980 年，全国广播电台为 106 座，电视台为 38 座。至 1992 年，广播电台为 812 座，电视台为 586 座。

1979 年后，商业广告开始在新闻媒体上出现，不少报刊还开始试探自办发行之路，并开展多种经营活动。1988 年，新闻出版署与国家工商行政管理局联合发布《关于报社、期刊社、出版社开展有偿服务和经营活动的暂行办法》，第一次以行政规章的法律形式确认了新闻媒体从事多种经营活动的合法性。1978 年后，新闻事业开始走向世界。5 月 1 日，中央人民广播电台对国外广播部（对外称“Radio Peking”）改组为中华人民共和国国际广播电台。同年，向海外华人、华侨提供新闻信息服务的中国新闻社恢复建制；1981 年 6 月 1 日，新中国第一份国家级英文日报《中国日报》在北京创刊；1983 年 1 月，新闻通讯社提出在 90 年代逐步建成世界性通讯社；1985 年 7 月 1 日，《人民日报》海外版在北京创刊。

20 世纪 90 年代中期，都市报大批出现，成都《华西都市报》的创办更引发了全国范围的都市报风潮，进而在南京等地区引发报业营销大战。1996 年 1 月 15 日，广州日报报业集团成立，标志着报业走上了集团化发展道路。2009 年，全国报业集团已发展到49家。

再看广播电视业的改革与发展。1993年前后,上海的东方广播电台、东方电视台先后问世,率先打破由一家广播电台、一家电视台垄断一地广播电视业的局面,激活了广播电视业的竞争机制。此外,广播电台还根据自身特性走上了一条"窄播"之路,出现了新闻台、交通台、文艺台、音乐台、儿童台、信息台等大批专业台和系列台。1999年后,广播电视业一度走上了集团化的道路,至2007年底,全国广播电视播出机构为2587座,共开办了3760套节目(其中,广播节目2477套、电视节目1283套),广播电视人口覆盖率分别达到95.4%和96.6%。电视的影响力开始超过报纸,其广告额居报纸、广播、电视三大新闻媒体之首。

1992年后,新闻事业走向世界的步子进一步加大。1992年10月1日,中央电视台国际频道(CCTV-4)开播; 2000年9月25日,中央电视台英语电视频道(CCTV-9)正式开播。2004年10月1日,由中央电视台中国国际电视总公司与美国艾科斯塔公司合作的中文"长城卫星电视平台"在美国正式开播。此外,地方新闻媒体也开始走向世界。1996年11月,上海《新民晚报》创办美国版,为第一份跨出国门的地方性报纸,该报目前已在世界各地创办了28份海外版。2002年1月1日,上海的东方卫视在日本落地,为国内第一家在日本落地播出的省级电视频道。

随着计算器与网络技术的发展,互联网、手机、数字电视、移动电视、IP电视(网络电视)等新媒体问世并迅速发展,并出现了媒体融合的趋势。新闻媒体自1995年起纷纷上网建站。1997年1月1日,人民日报创建网络版,2000年8月21日后改建为人民网。2003年后,手机开始成为继报纸、广播、电视和网络之后出现的"第五媒体",其主要形式包括手机报、手机广播、手机电视等,并具有媒体融合的特性。2001年,北京、上海、深圳3个数字电视试验区先后建立,至今已增加到19个。2008年5月1日,中央电视台高清实验频道正式播出。2002年,上海正式推出以公交车辆为主要载体的移动电视商用系统及其相关服务,是中国第一个、全球第二个普及移动电视的城市。IP电视(网络电视):2005年5月,上海文广新闻传媒集团获得了国家广电总局发放的第一张IP电视业务经营牌照。

8.2.4 新媒体

当今时代,互联网发展迅速,已成为人们生活的重要组成部分和人类文明传播发展的重要载体。网络传播形成一个影响巨大的新型媒介系统,渗透到经济、政治、文化、社会生活各个方面,改变着人们的交往方式和思维方式。网络传播能够在短时间内迅猛发展,主要是由其不同于传统媒体的优势和特点决定的。网络传播信息的速度和规模、影响的地域范围以及表现形式等都远远超过以往的大众媒体,极大地开阔了人们的视野、丰富了人们的文化生活。

新媒体不仅进一步变革着大众传播格局,而且快速向诸多领域渗透,成为一种高度社会化的媒介。千千万万人正在享受着这种变化带来的便利:随时、随地、按需获取信息。这样的变化来自于数字新媒体日新月异的发展。统计数据显示,截至2012年6月底,中国网民数量达到了5.38亿人,微博用户超过2.7亿人,2011年数字出版全年产值达1377.9亿元,互联网广告收入达512.9亿元,智能手机出货量为1.18亿部。

1.微博成"指尖上的盛会"

北京时间2012年7月29日凌晨两点,孙杨在伦敦奥运会男子400米自由泳决赛中夺得金牌,3点54分,他发布了夺冠后的首条微博:"我做到了,我成功了!感谢大家的支持!"这条微博被23.7万网友转发。来自新浪的数据显示,截至8月13日下午14时,新浪微博上奥运话题讨论量突破3.9亿人次,超过1780万人次参与首届微博奥运会。

作为互联网最有代表性的社交网络形式,微博正在以一条条不到140字的信息改变着人们的生活,作为继门户网站、搜索引擎之后的新媒体入口,它改变了信息传播的方式,实现了信息的即时分享。截至2012年6月份,微博使用率增长将近300%,微博用户总数由2010年的6311万人增加到了2.74亿人,相当于每5人中就有1人使用微博,中国已成为微博用户第一大国。从2009年8月新浪试运行微博业务算起,仅仅3年多,微博一跃成为中国网民最普及的互联网应用之一。

2.数字阅读进入"成长期"

中文在线旗下"17K小说网"的签约作者"求无欲",直到2008年还是个普通的送水工,连电脑也没有的他,靠手机"敲"出了小说《诡案组》的前半部。凭着网民的喜爱,《诡案组》一炮而红,不但在中国移动手机阅读排行榜中长期位于前列,还被改编成了电视剧。"求无欲"因此累计收入上百万元,还加入了广东省作协。数字阅读彻底改变了这个年轻人的命运。

的确,在过去的10年里,人们逐渐习惯了通过大大小小的屏幕读书。2011年,18岁到70岁的居民中,数字化阅读方式接触率已达38.6%。一组数据成为中国数字出版产业实现跨越式发展的最好写照:2002年数字出版产值为15.9亿元,2011年为1377.9亿元,10年间增长了85倍。而网络原创文学又只是数字阅读产业链条上的一环。从内容生产到平台建设,从渠道开发到技术研发和终端生产,数字出版已步入成长期。

3.在线视频正版成"标配"

2006年,80集的《武林外传》网络版权仅卖出10万元。2011年,98集的《新还珠格格》卖出了3000万元。而《宫2》甚至创下了单集网络版权185万元的"天价"。

2009年，搜狐视频独家签下了《我们的青春谁做主》的网络首播和网络版权代理，这也是国内首次由影视公司将完整的互联网权益独家授予一家网络媒体。此后，"正版"逐渐成为在线视频网站的"标配"。从商业模式来看，基于高清影视内容的正版长视频的收入来源既有广告，也包括用户付费，已成为在线视频网站的核心竞争力。

如果说购买正版影视剧是"输血"，那么视频网站也在不断"造血"——形形色色的自制剧和"微电影"成为各视频网站差异化竞争的突破口。借助视频网站、微博、社交网络等新媒体渠道，2011年共有2000多部"微电影"上映，在搜索引擎上的搜索量超过亿条。通过自制内容，视频网站探索出了新的盈利模式。

延伸阅读

武侠小说

20世纪50年代，武侠文学作品在港台的商品化和通俗化潮流中形成。它是指以梁羽生和金庸为代表的、创作虚构的历史武侠故事的一个文学流派。也被称作新派武侠小说，与《三侠五义》、《施公案》等古典武侠小说流派相区别。这个时代以梁羽生为开端，金庸为高潮，温瑞安为第二次高潮。金庸、古龙、梁羽生还并称为"新武侠三大家"。

关于此时武侠中"侠"的定义，梁羽生讲"旧武侠小说中的侠，多属统治阶级的鹰犬；新武侠小说中的侠，是为社会除害的英雄。侠指的是正义行为——符合大多数人的利益的行为就是侠的行为，所谓'为国为民，侠之大者'"。

1. 第一时期：梁金时期

梁羽生在1954年发表的《龙虎斗京华》，以口语写作，人物性格与心理活动刻画入微，文笔细腻而有文采，旧武侠小说难以与其比肩，从此奠定声名，成为新派武侠小说的发动之作。梁羽生国学根底深厚，他的武侠小说带有许多自己作的诗词，每每传诵一时。他的小说每一部都有明确的历史背景。代表作《萍踪侠影录》、《七剑下天山》、《塞外奇侠传》、《龙虎斗京华》、《云海玉弓缘》、《白发魔女传》。

金庸的第一部著作《书剑恩仇录》开始写作于1955年中。《射雕英雄传》写于1957年至1958年之间，是金庸的第四部武侠小说。《射雕英雄传》奠定了金庸的武林盟主地位，是公认的经典名著。

2. 第二时期：古龙时期

古龙1960年开始尝试写武侠小说，1965至1966年间是他创作的丰收期，他写作了《大旗英雄传》、《名剑风流》、《武林外史》、《绝代双骄》、《铁血传奇》(即楚留香系列)等名著。古龙的作品吸收了西方侦探小说的写法格局，多为悬疑故事，随着情节展开一步一步揭开谜底，引人入胜。但后期作品多有重复，给人江郎才尽的感觉。

3. 第三时期：温黄时期

温瑞安（出生于马来西亚），1973年创作《四大名捕会京师》，1981年创作《神州奇侠》、《血河车》等重要作品。80年代初金庸、梁羽生相继封笔，1985年古龙去世之后，港台武侠小说一片凋零。出于求新、求变、求突破的心理，温瑞安从1986年底开始大力倡行"超新派武侠"，或称"现代派武侠"，把大量主流文学的东西引入了武侠小说。

黄易在90年代初以独树一帜的武侠作品，风靡港、台两地。代表作有《大唐双龙传》等，黄易的作品场面宏大，人物众多，让人叹为观止。只是在武打招式的描写上显得过于草率，说服力不足。

中国网络文学的发展

1991年4月《华夏文摘》刊登了留美人士少君首发在网络上的作品《奋斗与和平》，如今有人把它看成是第一篇网络文学作品。

1997年前后网吧在国内兴起，在网络上发表小说、散文和诗歌的人越来越多。1997年11月2日凌晨，网友"老榕"在四通利方（新浪前身）的体育论坛里发表了一篇名为《大连金州没有眼泪》的文章，很短，叙述也很平静，抒发着对刚刚败给卡塔尔的中国男足浓浓的失望感。48小时内该文点击量超过了2万次，它称不上文学，只能说是第一篇引起公众轰动的网络文章，但互联网的草根性和惊人的传播效应已经表露无遗。两周后主流媒体全文转载了该文，网络文学就这样完成了在传统媒体上首次有影响力的亮相，它从台下慢慢走向了台前。

1998年3月22日，台湾成功大学水利研究所博士研究生蔡智恒产生了写作的冲动和欲望，以JHT为笔名在BBS里发表了《第一次亲密接触》的第一章。5月29日他贴出最后第三十四章时，这个从网恋起步的爱情故事早已经传遍海内外的BBS，并就此改变了大批年轻人的阅读和写作模式。

9月《第一次亲密接触》繁体字版出版，发行量超过了30万册。次年11月简体字版在内地出版，当时发行量超过了50万册，市场上还出现了80多种的盗版。到麦当劳点一杯可乐与两份薯条的约会方法成为求爱高招，凡是上网的人都知道痞子蔡和轻舞飞扬。借助实体书的销量和对年轻人生活方式的影响程度，网络文学第一次奠定了自己在大众心中的地位，大家喜欢叫蔡智恒为"痞子蔡"，至今效应不减。

《第一次亲密接触》带动了网络文学的蓬勃发展，但是也促使网络文学快速商业化。就在痞子蔡和轻舞飞扬纵横网络的时候，内地网络也出现了"四驾马车"宁财神、李寻欢、邢育森和俞白眉，还有以“白色棉布裙”加“光脚穿帆布鞋”迷倒一代女生的安妮宝贝。人们还处在对网络的极度新鲜感之中，网络极大地满足了年轻人对交流、表达与表现的诉求。

如今这批国内第一代网络写手大多已经回归主流了，宁财神成为了编剧，其创作的《武林外传》风靡大江南北；李寻欢则恢复本名路金波，当起了书商；只有安妮宝贝还在坚持写小说，但她已进入了主流的队伍，成为一名畅销书作家。

推荐书目：

1. 周邦宇. 中国当代文学作品选. 北京：人民日报出版社，2004.
2. 钱理群. 中国现代文学三十年. 北京：北京大学出版社，2002.

话题讨论：

1. 你读过哪部当代中国小说？有什么感想？
2. 你喜欢去电影院看电影还是在网上看电影，为什么？
3. 平时你喜欢阅读哪方面的报纸杂志？请介绍几种。

9 国际交往

9.1 外交政策

关键词:睦邻友好　独立自主　和平共处

1949年10月1日,中华人民共和国成立,由此,新中国的外交也正式启动。建国以来,中国一贯奉行睦邻友好政策,积极致力于与所有邻国建立和发展长期稳定的睦邻友好关系,而贯穿新中国外交政策的主线就是互相尊重主权和领土完整、互不侵犯、互不干涉内政、平等互利、和平共处五项原则。随着中国外交工作的发展,这一原则又得到了进一步丰富和完善。

20世纪50年代初,毛泽东主席提出了世界各国和平共处和大小国家一律平等的思想。据此,周恩来总理于1953年年底进一步提出了和平共处五项原则,并倡议将这五项原则作为国际关系的基本准则。通过不懈努力,到1956年,同中国建交的国家已有25个,为中国外交的进一步发展奠定了坚实的基础。1971年,第二十六届联合国大会以压倒多数通过2758号决议,恢复了中华人民共和国在联合国的合法席位,中国的国际地位大大提高。

20世纪70年代末到80年代末,邓小平外交思想成为新时期中国外交的理论基础和行动指南。通过对世界形势的冷静分析,这一时期的外交政策主要是反对霸权主义,维护世界和平,增进国际合作,促进共同繁荣。中国一直坚持独立自主,不同任何大国结盟或建立战略关系,也不支持它们一方反对另一方。对于所有国际事务都从中国人民的根本利益出发,根据事情本身的是非曲直,独立自主地决定自己的态度和政策,从而进一步完善了我国独立自主的和平外交政策。逐渐发展了同美国、日本、西欧的正常关系,改善了对苏关系,全面发展了同第三世界国家的关系,我国的国际战略地位大为加强。妥善处理了与邻国存在的历史遗留的领土和海域争端等问题,促进同发展中国家的经贸交流与合作。

20世纪90年代,国际形势发生了急剧而深刻的变化。两极格局终结,多极化趋势继续发展，各种力量重新分化组合，霸权主义和强权政治仍然是威胁世界和平与稳定的主要根源，因民族、宗教、领土等因素而引发的局部冲突时起时伏。这一时期，中国外交继承并创造性地贯彻邓小平外交思想和独立自主的和平外交政策，始终把维护国家的主权和安全放在第一位，坚持以经济建设为中心，不断增强中国的综合国力。积极谋求在和平共处五项原则基础上同世界各国发展友好合作关系，共同推进国际政治、经济新秩序的建立，中国的国际地位进一步提高。中国始终把加强同发展中国家的团结与合作作为对外政策的基本立足点。在政治上，中国主持公道、伸张正义，维护广大发展中国家的权益。在经济上，中国除继续向一些发展中国家提供力所能及的援助外，按照"平等互利，讲求实效，形式多样，共同发展"四项原则，扩大经济技术合作。中国积极发展同亚非拉和东中欧国家的关系，提出了中国发展同非洲各国面向21世纪长期稳定、全面合作关系的五项原则建议：真诚友好，平等相待；相互尊重主权，互不干涉内政；互利互惠，谋求共同发展；加强磋商，在国际事务中密切合作；面向未来，创造一个更加美好的世界。此外，中国同拉美以及中、东欧各国的关系也不断向前发展。积极开展多边外交，在国际事务中发挥独特的建设性作用。实行"一国两制"，相继于1997年和1999年分别对香港、澳门恢复行使主权，为顺利解决台湾问题奠定了基础。

本世纪以来，中国外交继续坚持走和平发展的道路，坚持奉行独立自主的和平外交政策，坚持奉行互利共赢的开放战略，保持内外政策的连续性和稳定性，与世界各国进一步增强互信，加深理解。促进同大国的关系稳定发展，进一步搞好同周边国家的睦邻友好，进一步加强同广大发展中国家的团结与合作，积极地参加有关全球性和地区热点问题的妥善解决。在国际事务中，坚持从中国人民的利益和各国人民的共同利益出发，继续致力于维护世界和平、促进共同发展、推动互利合作。

2005年，中国国家主席胡锦涛提出了努力建设持久和平、共同繁荣的和谐世界的新主张，强调集体安全，肯定联合国的作用和多边主义的价值；发展优先，重点是最不发达国家特别是非洲国家的经济发展问题，同时强调了发达国家的责任问题；经济优先，在政治关系中去意识形态化；在国际关系中寻求双赢，寻求持久和平与共同繁荣。这是中国新时期外交政策的新概括，是和平共处五项原则的新发展，在指导对外工作和处理国际关系方面起到了重要作用。

实践证明，中国政府制定和坚持的这些外交政策，是符合中国和世界各国根本利益的，它为维持和发展中国与其他国家的正常关系、建立和维护国际正常秩序提供了保障。

延伸阅读

和平共处五项原则

和平共处五项原则的内容是：互相尊重主权和领土完整，互不侵犯，互不干涉内政，平等互利，和平共处。

和平共处五项原则是1955年，于万隆会议上由中国政府提出的，并与印度和缅甸政府共同倡导的在建立各国间正常关系及进行交流合作时应遵循的基本原则。半个世纪以来，"互相尊重主权和领土完整、互不侵犯、互不干涉内政、平等互利和和平共处"五项原则不仅成为中国奉行独立自主和平外交政策的基础，而且也被世界上绝大多数国家接受，成为规范国际关系的重要准则。

1957年，毛泽东主席在莫斯科向全世界庄严宣告，中国坚决主张一切国家实行和平共处五项原则。1963年底至1964年初，周恩来总理出访亚洲、非洲和欧洲14个国家时，提出了中国经济援助的八项原则，把五项原则扩展到经济领域。1974年，邓小平同志在"联大"特别会议上再次强调国家之间的政治和经济关系都应建立在和平共处五项原则的基础上。1988年，邓小平同志又率先明确提出以五项原则为准则建立国际政治经济新秩序的主张。

独立自主原则

独立自主是指国家的主权是独立的，不允许任何外来的干涉与侵犯，每个国家都有权根据自己的实际情况独立地、自主地处理本国对内对外的一切事物。

中国实行对外开放，发展对外经济关系，必须始终坚持独立自主、自力更生的和平外交政策。独立自主，一是独立，不依附于任何国家和集团；二是自主，自己的事情和国际事务，自己做主，作出正确的判断。独立自主就是中国的事情要按照中国的情况来办，走自己的发展道路；更要依靠中国人民自己的力量来办，把我们的方针放在自己力量的基点上。在国际事务上推行独立自主的外交政策，基本目标是维护中国的独立、主权和领土完整，为中国的改革开放和现代化建设创造一个良好的国际环境，维护世界和平，促进共同发展。

推荐书目：

1. 颜声毅. 当代中国外交. 上海：复旦大学出版社，2004.

2. 中华人民共和国外交部政策规划司. 中国外交. 北京：世界知识出版社，2009.

话题讨论：

1. 请介绍一下中国的外交政策。

2. 请说一下你对独立自主和平外交政策的理解。

9.2 友好往来

关键词:友好往来　文化交流　国际交往

中国自古以来就重视国家间友好往来和交流,早在距今两千多年前的先秦时期,就已经出现了中国同西方文化的交流。不过,真正有历史记载的是从西汉时期张骞开通丝绸之路开始的。

张骞出使西域,使汉朝与西域的民间商贸得到发展。由张骞开拓的这一中西交流通道,后来被人们誉为“丝绸之路”。东汉时期,中原与西亚、非洲乃至欧洲已经建立了民间的联系。

唐宋时期与外国的民间贸易非常繁荣,特别是海上交通有了重大进步,把中国与东南亚、南亚、阿拉伯等地区,通过海上丝绸贸易紧密联系在了一起。

明朝永乐时期,郑和率领庞大的船队 7 次出使西洋,曾先后访问了亚洲和非洲共 30 多个国家和地区,进一步促进了与域外文化的紧密联系。尽管明清时期官方采取了“海禁”政策,但在郑和下西洋终止以后,民间的海外交流并没有止步,海上丝路的中外交通日益发达。中国的一些商人和破产农民,泛舟海上,往来贸易,甚至到东南亚以及世界各地定居,成为今天海外华侨的祖先。

中华人民共和国建国伊始,就同各国有往来,不但同苏联和其他各社会主义国家有往来,而且同周围民族主义国家和西欧、北欧国家也有往来,但与社会主义国家的往来占了主要地位。

建国初期,在中国同其他社会主义国家的来往中,以文化交流的方式为主。在文化、教育、科学、文学、艺术、卫生、体育等方面互派代表团访问,举办了介绍对方的文化艺术成就展览,放映和演出了对方的影片和戏剧,翻译出版了对方的书籍等。中国著名作家郭沫若、茅盾曾分别去苏联访问,苏联学者也来中国作短期讲学。在苏联、保加利亚、民主德国和波兰分别举办了“中国艺术展览会”,中国也举办了苏联、越南民主共和国、民主德国、捷克斯洛伐克等国的展览会。

中国同欧洲国家之间也有一些文化联系和友好往来。20 世纪 50 年代,英中友协代表团、法国青年代表团、冰岛访华团、芬兰文化代表团和瑞典文化代表团先后应邀来中国访问。中国也多次进行对其他国家的友好访问活动,促进了相互之间的了解。

1971 年联合国恢复中国的合法席位,1972 年美国总统尼克松访华,中美发表《联合公报》,并在正式建交前先恢复了贸易关系。之后,中国对外关系取得了重大进展,西方国家纷纷同中国建立外交关系或使外交关系升格。中日邦交实现了正常化,中国与欧共体建立正式关系。

改革开放后,中国的国际交往在更广阔的领域,以更大的规模多渠道地进行着。仅 1997 年一年,中国人民对外友好协会就接待了来自 50 多个国家的 200 多个代表团,并派出友好代表团访问了 40 多个国家和地区。

和平与发展是当今世界的两大主题,绝大多数国家都面临着发展经济、改善人民生活的迫切任务,国家间友好往来在这方面发挥了重要作用。通过开展国际间的经济、科技、文化、教育、体育、医疗等方面的来往,为中国同世界各国之间的友好事业打下了良好基础。中国从 1963 年至 1993 年的 31 年中,先后向非洲的 39 个国家派遣了医疗队员 1.1 万人次。中国医生以高超的医术,为非洲人民治疗各种疾病,并积极培训当地的医务人员,赢得了非洲人民的交口称赞。

近年来,各种形式的国家往来更加频繁。在双边交流方面,中国在西班牙、德国、意大利、比利时、匈牙利、以色列等国举办中国文化节,积极参与在英国、挪威、瑞典、冰岛等国举办的中国文化节活动,协助和配合西班牙在华举办西班牙文化年;在多边交流方面,中国积极参加联合国教科文组织的重要国际会议和上海合作组织框架下的文化活动,并派团参加诸如塞万提斯艺术节等知名的国际艺术活动。在世界许多国家举办的"中国年"活动,使对外文化交流达到了高潮。许多国家也纷纷来中国举办形式多样的"外国年"活动,为中国进一步了解世界创造了条件。

2008 年,中国成功举办了北京奥林匹克运动会;2010 年,中国又成功举办了世界博览会,来自世界五大洲的各国朋友欢聚一堂,共庆盛会,为加强文化交流、增进人民友谊、维护世界和平、促进共同发展提供了良好的平台。

国家间往来是一个双向过程。中国的丝绸,改变了西方人的穿着;而西域的物产音乐,也改变着中国人的日用习惯和音乐风格。中国的儒学,影响了日本和朝鲜的学术发展;而南亚的佛教,也冲击和渗透着中国的儒学。汉唐时期对外域文化的吸收消化,促进了盛世的出现;而唐宋时期中国文化的远播,又影响着东南亚诸国的发展进程。国家间往来促进了文化的双向传播,推动了世界历史的发展,具有积极的历史作用。

延伸阅读

张骞出使西域

西汉时期,玉门关和阳关以西的地域即今新疆乃至中亚地区,曾经被称作"西域"。汉武帝听说匈奴的宿敌大月氏有报复匈奴之志,于是令张骞于建元三年(公元前 138 年)出使大月氏,希望能够形成合力夹击匈奴的军事联盟。张骞西行途中遭遇匈奴人,被拘禁 10 年方得逃脱。他继续履行使命,又西越葱岭,行至大宛(今吉尔吉斯斯坦、乌兹别克斯坦费尔干纳盆地)，经康居(今哈萨克斯坦锡尔河中游地区)，抵达已经定居在今乌兹别克斯坦阿姆河北岸，又统领了大夏(今阿富汗北部)的大月氏。然而大月氏因新居地富饶平安，无意向匈奴宣战复仇。张骞只得东返，在归途中又被匈奴俘获，扣留一年多，乘匈奴内乱，方于元朔三年(公元前126年)回到长安。张骞出行时随从百余人，13年后，只有两人得以生还。他亲身行历大宛、大月氏、大夏、康居诸国，又对附近五六个大国的国情细心调查了解，回长安后将有关信息向汉武帝作了汇报。张骞的西域之行，以13年的艰难困苦为代价，使中原人得到了前所未闻的丰富的西域知识，同时使汉王朝的声威和汉文化的影响传播到了当时中原人世界观中的西极之地。

张骞后来又根据对西域地区地理人文的了解，建议汉武帝联合乌孙(主要活动地域在今伊犁河流域)，汉武帝于是拜张骞为中郎将，率300人出使乌孙。张骞抵达乌孙后，又派副使前往大宛、康居、月氏、大夏等国。乌孙遣使送张骞归汉，又献马报谢，后来终于与汉通婚，一起进军击破匈奴。张骞圆满地完成了他的政治军事使命，然而他的历史功绩，主要还是作为文化使者创造的。

汉军击破匈奴、打通河西通道之后，汉武帝元狩四年(公元前119年)，张骞再次奉使西行，试图招引乌孙东归。此行进一步加强了汉王朝和西域各国之间的联系。此后，汉与西域的通使往来十分频繁，民间商贸也得到发展。西域地区50国接受汉帝国的封赠，佩戴汉家印绶的侯王和官员多至376人。由张骞开拓的这一中西交流通道，后来一直发挥着重要的文化交流作用，被人们誉为“丝绸之路”。

罗马著名学者普林尼在他的名著《博物志》中记载了中国丝绸运销罗马的情形：“(赛里斯)其林中产丝，驰名宇内。丝生于树叶上，取出，湿之以水，理之成丝。后织成锦绣文绮，贩运至罗马。富豪贵族之妇女，裁成衣服，光辉夺目。由地球东端运至西端，故极其辛苦。赛里斯人举止温厚，然少与人接触，贸易皆待他人之来，而绝不求售也。”“丝绸之路”的名称，就是由此得来的。

玄奘取经

唐太宗贞观元年(627年)，一位普通僧人玄奘开始了他赴印度求法的行程。他从长安出发，经凉州(今甘肃武威)，违反封锁边关的禁令，偷渡玉门关，孤身穿越沙碛，九死一生，抵达高昌(今新疆吐鲁番)，而后又取道焉耆(今新疆焉耆)、龟兹(今新疆库车)，越凌山，经碎叶(今吉尔吉斯斯坦托克马克)，过铁门关(今乌兹别克斯坦布兹嘎拉山口)，进入吐火罗(今阿富汗北部)，然后，又通过今巴基斯坦北部，过克什米尔，到达北印度。玄奘在印度各处游历，遍访名寺名僧，巡礼佛教圣地，拜师求教，辩论讲学，获得极高的声誉。贞观十九年(645年)，他在今巴基斯坦北上，经阿富汗北部，又东行通过帕米尔高原南侧的瓦罕山谷，取道天山南路，经于阗(今新疆和田)、且末(今新疆且末),辗转回到长安。

玄奘西行取经,历时十数年,行程五万里,不仅旅途十分艰险,而且在文化史上也有伟大的意义。他通过自己非同寻常的交通实践,不仅成就为一名著名的佛学大师,而且对于中原和西土的文化沟通,作出了重要的贡献。他的旅行记录《大唐西域记》,详尽记述了游学沿途所见所闻的138个以上的国家、城邦和地区的历史文化、物产民俗,具有极高的史料价值,甚至近代学者在中亚和印度等地进行考古发掘时,仍然重视它的指导意义。

玄奘回到长安后,组织硕学高僧,主持对佛经的翻译,共译出佛经74部(一说75部),1335卷。通过这次中国佛教史上著名的译经活动,佛学对中国的文化影响达到了新的水平。《大慈恩寺三藏法师传》一书记录了玄奘的生平事迹。玄奘不畏艰难、远行取经的精神,体现了中华民族文化内质中热心汲取外来文明有益营养的积极一面。

乒乓外交

1971年3月中国乒乓球代表团抵达日本名古屋,准备参加于28日开始的第31届世界乒乓球锦标赛。

4月4日上午10点左右,在体育馆附近体育会馆前结束了练习的中国乒乓球选手正要上车,这时候,穿着印有"USA"字样运动服的科恩,正急急忙忙经过汽车旁边步行到体育馆去。中国选手看见了他,就打着手势对他说:"要是去体育馆就坐车去吧!"

对于这种出乎意料的邀请,科恩开始有些诧异,但后来却被面带微笑招手示意的中国选手吸引过去,上了汽车,向数百米之外的比赛地点爱知县体育馆驰去。

到了体育馆之后,穿着流行服装的科恩和穿着鲜红色运动服的中国选手在大门前面一起拍照留念。因门票卖光而进不去体育馆的观众,见到这种情景,都热烈地欢呼、鼓掌。

在北京的毛泽东获悉中美两国运动员接触的消息后,作出了邀请美国乒乓球队访华的决定。

1971年4月10日,周恩来总理在人民大会堂东大厅会见加拿大、英国、哥伦比亚、尼日利亚及美国5个国家的乒乓球代表团成员。周恩来对美国代表团说:"我请你们回去把中国人民的问候转告给美国人民。中美两国人民过去往来是很频繁的,以后中断了一个很长的时期。你们这次应邀来访,打开了两国人民友好往来的大门。我相信中美两国人民的友好往来将会得到两国人民大多数的赞成和支持。"

与此同时,美国尼克松总统也采取了有助于改善中美关系的5项具体措施。

在当时的历史条件下,访华的美国乒乓球队充当了两国之间的民间外交特使。

小小银球弹开了中美彼此紧闭20多年的国门,震动了全世界,国际舆论将此称为"乒乓外交"。

推荐书目:

1. 国务院新闻办公室. 中外关系系列. 北京:五洲传播出版社,2003.

2. 国务院新闻办公室. 中外文化交流系列. 北京:五洲传播出版社,2003.

话题讨论:

1. 请讨论一下中国与各国往来的形式。

2. 请谈一下民间往来的重要性。

3. 请说一说你所了解的中国与你们国家往来的情况。

9.3 对外贸易

关键词:改革开放　对外贸易

中国的对外贸易有着悠久的历史。早在西汉时期,中国就通过"丝绸之路"与中亚、西亚及欧洲一些国家开展了丝绸等方面的贸易交流。明朝时,郑和七次下西洋,前后到过亚非30多个国家,加强了与这些国家的贸易、文化交流。19世纪40年代后,中国几乎中断了正常国家交往。直到新中国成立后,对外贸易开始了翻天覆地的变化。

1949年中华人民共和国成立后,到1978年改革开放之前,中国对外贸易一直在曲折中前进,为国民经济的恢复和发展作出了贡献,并为发展贸易积累了经验。1950年全年,中国外贸总额为11.35亿美元,其中出口5.52亿美元,进口5.83亿美元。到1978年,对外贸易总额扩大到了206.38亿美元,其中出口97.45亿美元,进口108.93亿美元,分别增长16.7倍和17.7倍,在当年世界贸易中居第32位。

1978—1991年是改革开放初期的尝试阶段。伴随着外贸管理体制的改革和更为灵活的贸易形式,对外贸易迅速发展;海外投资与经济特区的创办,为中国对外经贸关系的发展注入了巨大的活力;工业制成品成为中国主要的出口商品。在这一时期,中国累计实际利用外资250亿美元。外商投资企业进出口规模不断扩大,在中国外贸中的作用迅速提升,1979—1991年,占中国外贸总额的比重由0.1%提高到21.3%,外资对外贸发展起到了举足轻重的作用。

1992—2001年是市场经济下的转型与发展阶段。资本和技术密集型产品逐步取代劳动和资源密集型产品,成为最主要的出口商品;外商投资企业迅速发展为中国对外贸易的主力军，加工贸易成为主要贸易方式；贸易顺差激增。

2002 年以来，对外贸易全方位、多层次对外开放。中国积极参与多边贸易体制下的合作，基本建立起与市场经济要求相适应的、符合国际惯例与规则的外贸政策与体制；外贸实现跨越式发展，跻身于世界商品贸易大国之列。以 2001 年 11 月中国加入 WTO 为里程碑，中国对外贸易进入又一个新的阶段。加入 WTO 后，中国服务业对外开放程度进一步加大。

从对外贸易的地区结构来看，在 1960 年中苏关系破裂后，中国对外贸易的主要对象由苏联等社会主义国家开始转向日本、西欧等资本主义国家和地区。到 1965 年，中国对西方国家贸易额占全国对外贸易总额的比重上升到 50% 以上。现在，日本、美国、欧盟、韩国及东盟各国都是中国密切的贸易伙伴，尤其是中国加入 WTO 后，中国的对外贸易更加活跃，对外贸易额大幅度增长。

目前，中国对外经济贸易已形成内容丰富、形式多样、各种对外经济交往互相融合和互相促进的格局，不仅对外贸易总额迅速增加，市场不断扩大，经营方式日趋灵活多样，而且利用外资、对外承包工程与劳务合作、对外投资等从无到有、从小到大不断发展，与对外贸易相互促进，共同发展。

中国进出口商品交易会，俗称广交会，创办于 1957 年春季，每年春秋两季在广州举办，迄今已有 50 余年历史，是中国目前历史最长、层次最高、规模最大、商品种类最全、到会客商最多、成交效果最好的综合性国际贸易盛会。自 2007 年 4 月第 101 届起，广交会更名为"中国进出口商品交易会"。

延伸阅读

改革开放

改革开放是 20 世纪 70 年代末中国开始实行的改革经济政策、对外开放政策。改革，包括经济体制改革，即把高度集中的计划经济体制改革成为社会主义市场经济体制；政治体制改革，包括发展民主，加强法制，实现政企分开，精简机构，完善民主监督制度，维护安定团结。开放，主要指对外开放。

现在，中国的对外开放已从沿海向内地发展，形成经济特区—沿海开放城市—沿海经济开放区—内地这样一个全方位、多层次、宽领域的对外开放格局。作为第一个改革开放的经济特区，深圳市在短短几年内，建成一座现代化的繁华城市，成为中国经济特区的代表，被称为中国对外开放的窗口。海南经济特区是中国唯一一个省级经济特区，也是中国面积最大的经济特区。1988 年 4 月 13 日，七届全国人大一次会议通过关于建立海南经济特区的决议，划定海南岛为海南经济特区，实行比中国其他经济特区更加开放、灵活的体制和政策，授权海南政府更大的自主权。

中国改革开放成就斐然，通过这个大改革、大开放，实现了三个伟大的转折：第一个伟大转折就是从高度集中的计划经济体制向充满生机和活力的社会主义市场经济体制转变；第二个伟大转折是从封闭半封闭的社会向全方位开放的社会转变；第三个伟大转折是人民的生活从温饱向基本小康转变。

经济特区和“深圳速度”

“经济特区”1979 年由中国首先提出，并在深圳加以实施。经济特区是世界自由港区的主要形式之一，它以减免关税等优惠措施为手段，通过创造良好的投资环境，鼓励外商投资，引进先进技术和科学管理方法，以达到促进特区所在国经济技术发展的目的。在中国，经济特区是中国政府允许外国企业或个人以及华侨、港澳同胞进行投资活动并实行特殊政策的地区。在经济特区内，对国外投资者在企业设备、原材料、元器件的进口和产品出口，公司所得税税率和减免，外汇结算和利润的汇出，土地使用，外商及其家属随员的居留和出入境手续等方面提供优惠条件。

1980 年中国建立 4 个经济特区：深圳、珠海、厦门、汕头。1988 年又把海南岛作为经济特区。2010 年 5 月又提出设立喀什经济特区。

“深圳速度”是改革开放的中国建设发展的象征。它是一个时代快速发展的符号，代表了 30 年来中国建设发展的速度。“深圳速度”是深圳建设者在建设深圳国贸中心大厦时创下的“三天一层楼”的纪录。“深圳速度”使深圳特区的发展日新月异。

东濒大亚湾、西临珠江口、南接香港的深圳特区，从 1979 年创建以来，短短 30 年已发生了翻天覆地的变化。这个昔日的小渔村，乘改革开放之东风，已经变成举世瞩目的经济特区和开放城市。在短暂的时间里，深圳人口从只有 2.5 万，发展到已经超过 1 000 万，城区面积也从最初的 3 平方千米扩大到了 700 多平方千米，GDP 也从 1979 年的 1.79 亿元增长到了 2007 年的 6 700 多亿元，创造了世界经济发展史上的奇迹。2007 年深圳人均 GDP 达到 10 628 美元，成为中国大陆首个人均 GDP 过万美元的城市。此外，深圳还是中国主要的外贸口岸，其进出口总额连续 10 多年位居大中城市第一。深圳实现了经济上的超常规发展，创造了“深圳速度”。深圳创造的“深圳速度”，已经成为一个高速度、高效益建设的新概念。

推荐书目：

1. 黄晓玲. 中国对外贸易概论. 北京：对外经济贸易大学出版社，2009.
2. 孙玉琴. 中国对外贸易史教程. 北京：对外经济贸易大学出版社，2009.

话题讨论：

1. 谈谈中国对外贸易的发展情况。
2. 请说一下你所了解的中国与你们国家的外贸合作情况。

10 传统文化

10.1 语言文字

10.1.1 汉语和汉字

关键词:汉语　汉字　普通话　繁体字　简体字

汉语,又叫中文,是世界上最古老的语言之一,也是世界上使用人数最多的语言。汉语属汉藏语系,是这个语系里最主要的语言。除了中国内地、香港特别行政区、澳门特别行政区和台湾省以外,汉语还分布在新加坡、马来西亚等国。以汉语为母语的人大约有14亿(3 000万人作为第二语言)。汉语还是联合国的工作语言之一。

古代的中国人和现代的中国人说话一样吗?可以肯定地说,汉语从古代发展到现代,语音发生了很大的变化。而且由于中国幅员辽阔,形成了很多不同的地域方言,有的方言之间的发音差别很大,甚至到了不能互相通话的程度,因此中国政府推广普通话。普通话以北京语音为标准音,以北方话为基础方言,以典范的现代白话文著作为语法规范。普通话是现代标准汉语,也是现代中华民族的共同语。中国人在各种正式场合一般都使用普通话进行交流,这样就避免了各种方言发音不同带来的交流障碍,外国人学习的汉语一般也是汉语普通话。普通话在不同的地区又被称为国语、华语等。

各种语言都是先有口头语言,后有书面文字,汉语也不例外。汉字是用来记录汉语的文字,相比汉语,汉字的历史要短得多。现在发现的最早的成批汉字资料是在河南省安阳市发现的商代甲骨文,迄今已有3 000多年的历史了。由于甲骨文字已经是相当成熟的文字体系,我们可以推断汉字的发生一定远在3 000年以前。汉字产生于图画,最早的汉字基本上都是象形字,即描摹自然界的各种事物,如人、山、水、火等字,此外还有指事字、会意字、形声字等,其中最多的是形声字。与世界上绝大多数文字是表音文字不同,汉字是一种意音文字,即表意的同时也具有一定的表音功能。跟拼音文字比较起来,汉字有它的短处,但是也有它的长处。汉字最大的长处就是能够超越空间和时间的限制。古今汉语字音的差别很大,但由于2000年来字形相当稳定,没有太大变化,字义的变化比较小,所以先秦两汉的古书今天一般人还差不多能看懂。如果古书是用拼音文字写的,现代人就根本无法理解了。有些方言语音差别也很大,彼此不能交谈,可是写成汉字,就能互相了解,道理也是一样的。连使用汉字的日语,在部分使用汉字的地方,说汉语的人都能够看明白意思。可以说汉字的超时空性沟通了历史和不同的地域,对维系中国的统一发挥了巨大的作用。

汉字的发展主要经过了甲骨文、金文、小篆、隶书、楷书等阶段,其间为了书写的方便,还出现了草书和行书。大体说来,从隶书到今天使用的现代汉字形体上没有太大的变化。总的看来,汉字的发展趋势是从形象到抽象,从感性到理性,从复杂到简单。现在中国内地主要使用简化汉字,而在台湾、香港、澳门以及海外一些华人社区繁体字还比较流行,另外很多典籍也都是用繁体字写成的,因此如果一个人既能够书写简体字,又能够认识繁体字,这就很方便了。

汉字形体的演变

延伸阅读

汉语的方言

中国幅员辽阔,人口众多,方言情况复杂。一般把汉语方言粗分为官话和非官话两大类来说明。

官话分布在长江以北地区和长江南岸九江与镇江之间沿江地带以及湖北、四川、云南、贵州、广西等省区,根据语音特点又分为北京官话、中原官话、胶辽官话、东北官话(半岛官话)、兰银官话、江淮官话、西南官话等几个方言区。官话区域的面积占全国80%以上,人口占全国人口的70%以上。官话方言内部的一致程度比较高。从哈尔滨到乌鲁木齐、从北京到成都分别相距数千千米,两地的人通话没有多大困难（是大致上能够理解，并非完全能够听懂）。

非官话方言主要分布在中国东南部，包括吴方言（江苏南部、浙江大部），赣方言（江西大部、湖南东部、福建西北部、湖北东南部、安徽西南部），湘方言（湖南大部、广西壮族自治区北部），粤方言（广东大部、广西壮族自治区东南部），闽方言（福建，台湾，广东的潮州、汕头，海南），客家方言（广东省东部和北部、福建西部、江西南部、台湾）。非官话区域比官话区域面积小，可是方言差别大，彼此一般不能通话，甚至在同一个方言区内部（例如浙南吴方言与苏南吴方言之间、福州话和厦门话之间），交谈都有困难。

汉语方言之间语音上的差别最大，词汇次之，语法方面的差别最小。

仓颉造字的传说

传说仓颉是黄帝的史官，黄帝统一华夏之后，感到用结绳的方法记事，远远满足不了要求，就命他的史官仓颉想办法造字。于是，仓颉就在当时的洧水河南岸的一个高台上造屋住下来，专心致志地造起字来。可是，他苦思冥想，想了很长时间也没造出字来。说来凑巧，有一天，仓颉正在思索之时，只见天上飞来一只凤凰，嘴里叼着的一件东西掉了下来，正好掉在仓颉面前，仓颉拾起来，看到上面有一个蹄印，可仓颉辨认不出是什么野兽的蹄印，就问正巧走来的一个猎人。猎人看了看说："这是貔貅的蹄印，与别的兽类的蹄印不一样，别的野兽的蹄印，我一看也知道。"仓颉听了猎人的话很受启发。他想，万事万物都有自己的特征，如能抓住事物的特征，画出图像，大家都能认识，这不就是字吗？从此，仓颉便注意仔细观察各种事物的特征，譬如日、月、星、云、山、河、湖、海，以及各种飞禽走兽、应用器物，并按其特征，画出图形，造出许多象形字来。这样日积月累，时间长了，仓颉造的字也就多了。仓颉把他造的这些象形字献给黄帝，黄帝非常高兴，立即召集九州酋长，让仓颉把造的这些字传授给他们，于是，这些象形字便开始应用起来。

现在中国很多地方都有仓颉墓、仓颉庙或者仓颉造字台等遗迹，这充分说明了仓颉造字说影响的深远以及人们对于仓颉的爱戴，但汉字的诞生并非一人一手之功，是先民长期累积发展的结果。近代考古发现了3 600多年前商朝的甲骨文、约4 000年前至7 000年前的陶文、约7 000年前至10 000年前具有文字性质的龟骨契刻符号。流传下来的仓颉造字的传说，说明仓颉应当是在汉字发展中具有特别重大贡献的人物，他可能是整理汉字的集大成者。

秦始皇统一文字

在诸侯割据称雄的战国时期，"文字异形"。古代文字经历长期的演变发展，在全国各地有很大的分歧，而且这些千变万化的文字写法也没有一定的体系和结构规律,这就给政令的推行和各地的文化交流造成重重阻碍。到秦统一后,诏书至桂林一带一般人都不认识,可见统一文字已成为当务之急。于是,公元前221年秦始皇下令"书同文",由丞相李斯和赵高等人整理文字,以简化秦文"小篆"作为标准字体,用于公文法令,通行全国,废除了其他各种异体文字。如"马"这个字,原先的写法有很多种,统一后写为"马"。又由李斯、赵高等人编写了小篆课本颁行全国,作为标准文字的范本供人学习。此外,秦始皇出巡所到之处都要立碑刻字以示天下,如泰山石刻。后来狱吏程邈又根据民间流行的字体,整理出更为简明易行的新书体——隶书,作为日用文字在全国范围推广。隶书的出现是中国文字由古体转为今体的重要里程碑。隶书就是今天通用楷书的前身。

先秦古字经过这次整理之后,字样结构得以定型,这对贯彻法令、传播文化起了重大作用。中国地广人多,各地方言迥异,历史上又多次出现分裂割据的局面,而统一的文字在促进国家统一和推动中华民族历史发展进步中发挥了不可替代的作用。

推荐书目:

1. 中国社会科学院,澳大利亚人文科学院. 中国语言地图集(第一册). 香港:朗文出版(远东)有限公司,1988.

2. 裘锡圭. 文字学概要. 北京:商务印书馆,1987.

3. 姜亮夫. 古文字学. 杭州:浙江人民出版社,1984.

话题讨论:

1. 请说说汉语和汉字与你们国家的语言文字有什么相同或者不同的地方。

2. 如果没有汉字,你觉得中国的历史或者文化会怎么样?

3. 请学习几个汉语方言词的说法。

10.1.2 少数民族的语言文字

关键词:中国　少数民族　语言　文字

中国是一个统一的多民族国家,除汉族外,已确定民族类别的有55个少数民族,其人口约占全国人口总数的8%,分布在占全国总面积50%~60%的土地上。55个少数民族中,绝大多数民族都有自己的语言。在少数民族中,一个民族说一种语言的比较多,有的民族说两种或两种以上的语言。在一个民族说几种语言的情况下,民族内部的交际大都使用汉语或其他互相懂得的语言。据统计,中国少数民族语言的数目可能在80种左右。

各个少数民族语言的使用情况很不相同。有的少数民族有大片聚居区,人口均在百万以上,本民族文字历史也比较悠久,他们的语言除了在家庭内部、邻里亲友间使用外，还在本民族的政治、经济、文化、教育各个领域中使用，甚至在一些邻近的或者杂居在一起的其他民族中使用，例如蒙古、藏、维吾尔、哈萨克、朝鲜等族。有的少数民族虽然也有成片的聚居区，有传统的文字，但是文字没有统一的规范，方言差异也较大，本民族的语言在社会上的应用不如蒙古、藏、维吾尔、哈萨克、朝鲜等民族那么广泛，如彝族和傣族。还有的少数民族的语言只在本民族内部日常生活中使用，在政治生活、学校教育中往往使用其他民族的语言（主要是汉语，有些地方也使用其他少数民族语言），没有与本民族语言相一致的文字，一般使用汉字。属于这个类型的少数民族语言相当多，大约占语言总数的3/4以上，使用人口占少数民族总人口的一半以上。

1949年以前曾拥有和使用本民族文字的，有藏、蒙古、维吾尔、哈萨克、柯尔克孜、朝鲜、傣、彝、俄罗斯、苗、纳西、水、拉祜、景颇、锡伯等民族。中华人民共和国成立以来，国家为促进少数民族文化教育事业的发展，帮助一些少数民族改进和创制了文字，先后对傣、彝、景颇、拉祜文字进行了改革，同时采用拉丁字母帮助壮、布依、苗、黎、纳西、傈僳、哈尼、佤、侗等十几个少数民族设计了14种文字方案，以便于书写、学习和印刷出版。目前，中国已正式使用和经国家批准推行的少数民族文字有19种，它们是蒙古文、藏文、维吾尔文、朝鲜文、壮文、哈萨克文、锡伯文、傣文、乌孜别克文、柯尔克孜文、塔塔尔文、俄罗斯文、彝文、纳西文、苗文、景颇文、傈僳文、拉祜文和佤文。少数民族文字大都是拼音文字，但在书写形式上各有不同，比如维吾尔文、哈萨克文，是从右往左书写；蒙古文、锡伯文是从上往下书写，行序从左往右。有的标点符号也不同，如藏文标点，短词和句尾用一条垂直线表示，章节段落结尾用双垂直线，全文结束用四条垂直线；蒙古文用一个点表示逗号，两点表示句号，段落末尾用四个点表示。

现有的少数民族语言，都是经历了历史上语言功能竞争的考验而在长期的使用过程中发展起来的，各少数民族语言文字在各少数民族社会生活中起着十分重要的、其他民族的语言文字无法完全替代的作用。中国政府实行民族平等和民族团结的政策，鼓励各少数民族使用和发展本民族的语言，但是由于历史或者现实的原因，回族、满族已经程度不同地转用了汉语，其他部分少数民族语言也面临着失传的危险，因此加紧保护少数民族的语言文字也是中国政府和各族人民共同面临的重要课题。

延伸阅读

中国少数民族语言的系属

中国少数民族的语言分别属于五个语系：汉藏语系、阿尔泰语系、南亚语系、南岛语系和印欧语系。

汉藏语系又可分为汉语和藏缅、苗瑶、壮侗三个语族。属于藏缅语族的有藏、门巴、仓拉、珞巴、羌、普米、独龙、景颇、彝、傈僳、哈尼、拉祜、纳西、基诺、怒苏、阿侬、柔若、土家、载瓦、阿昌等语言;属于苗瑶语族的有苗、布努、勉、畲等语言;属于壮侗语族的有壮、布依、傣、侗、水、仫佬、毛南、拉珈、黎、仡佬等语言。

阿尔泰语系又可分为蒙古、突厥、满-通古斯三个语族。属于蒙古语族的有蒙古、达斡尔、东乡、东部裕固、土和保安等语言;属于突厥语族的有维吾尔、哈萨克、柯尔克孜、乌孜别克、塔塔尔、撒拉、西部裕固等语言;属于满-通古斯语族的有满、锡伯、赫哲、鄂温克、鄂伦春等语言。

属于南亚语系的有佤、德昂、布朗等语言。

属于南岛语系的有高山族诸语言。

属于印欧语系的是属斯拉夫语族的俄语和属印度-伊朗语族的塔吉克语。

此外,朝鲜语和京语的系属尚未完全确定,一般认为朝鲜语属于阿尔泰语系;而京语的系属问题,有两种不同的看法,一种认为属于汉藏语系壮侗语族,另一种意见认为属南亚语系。

少数民族语言文字使用

目前中国共有80多种少数民族语言,20多种少数民族文字。像蒙古族,不仅有自己的语言、文字,而且随着时代的发展,蒙古语还吸纳了一些新的名词、术语。

但是,有些民族语言的境况就没有那么乐观了。尽管中国满族有1 000多万人口,但目前会说满语的人还不足100人。流行于200多年前的满语,是当时中国清朝的官方语言之一。但随着清朝统治的结束,满语很快不再被人使用了,却留有大量的满文资料。为了更好地了解历史,中国有关部门制定了详细的规划,组织民族语言专家,对像满语这样的濒危语言进行记录、整理,出版语言词典、音像资料。一些民间人士出于对本民族语言文化的热爱,也作着努力,他们自发地学习、整理濒危的少数民族语言,为了让本民族的语言文字传承下去。

作为民族文化的载体,民族语言文字如果得到良好的保护,便可以起到传承文化的作用。中国的《宪法》和《民族区域自治法》对少数民族的语言文字权利都作了明确的规定,各民族使用本民族语言文字的自由必须得到充分的尊重和理解,不能忽视这种权利和自由的存在,更不能用强制的方式改变它们。

据统计,中国现有5 000多万少数民族人口在使用本民族的语言文字,中国政府在法律、行政、教育、社会环境等各方面采取措施,来保障少数民族语言文字的自由使用。比如,中国政府年度会议下发的文件都会提供蒙古、藏、维吾尔、哈萨克、朝鲜、壮、彝等民族文字版本,在开会期间并设置同声翻译。

为了使少数民族语言文字不断发展完善，中国政府从20世纪50年代起就着手对民族语言文字进行调查研究，整理出系统的少数民族语言文字资料。从中央到各级地方政府，都有专门的机构负责指导和组织少数民族语言文字工作。在中国各民族地区，从小学到高中，都可以实现用民族语言授课。有些民族还开设了用本民族语言讲授的硕士、博士等研究生课程。

目前，中国各级广播电台每天用21种少数民族语言进行广播，有80多家报社用15种少数民族文字出版报纸。另外，在市场上还有用多种民族语言文字出版的杂志、图书以及音像制品。

在当今电脑普及的信息时代，推动少数民族语言文字信息化工作也已经成为当务之急。经过近20年的研究，中国少数民族语言文字的信息化处理工作有了一定的发展，已有多种少数民族语言文字信息技术建立了国家标准，开发出应用软件，其中一部分民族语言文字软件已经实现产业化。几乎所有的少数民族语言文字都能进入电脑，而且大多数都能在 Windows 系统下运行。少数民族用户在网上免费下载部分系统软件即可浏览维吾尔文、朝鲜文、蒙古文网页，甚至在网上聊天，这些都可以使用民族语言文字操作。

看来，面对快速发展的时代，民族语言文字也面临着如何发展的问题。

少数民族文字

在中国，汉字不但是汉族的文字，也是全国各个少数民族通用的文字，是在国际活动中代表中国的法定文字。全民族都通用汉语的几个少数民族，很自然地以汉字作为自己的文字；没有与自己语言相一致的文字的少数民族，大多也选择了汉字作为自己的文字。现在中国55个少数民族中，除回族、满族已不使用自己民族的文字而直接使用汉字外，有29个民族有与自己的语言相一致的文字，由于有的民族使用一种以上的文字，如傣族使用4种文字，景颇族使用两种文字，所以29个民族共使用54种文字。

推荐书目：

1. 杨天民.中国的少数民族.新加坡，2001.
2. 桑吉扎西.中国的少数民族文学.北京：商务印书馆，1991.
3. 中国的少数民族(外文版).北京：中国建设杂志出版社，1984.

话题讨论：

1. 你认识中国的少数民族的朋友吗？他们的语言和文字怎么样？
2. 为什么要保护少数民族的语言和文字？你认为应该怎样保护？
3. 你们国家有少数民族吗？他们的语言和文字情况怎么样？

10.1.3 书法与对联

关键词：书法　书圣　楷书四大家　对联

书法是汉字的书写艺术。书法艺术源远流长，应当说从甲骨文就开始了。但是汉代以前的金石文字还只是书法艺术的产生阶段，其中秦国李斯的小篆最为有名。到了汉代，书法艺术逐渐成熟。之后的魏晋南北朝篆、隶、楷、行、草各种字体都完善起来了，产生了一大批优秀的作品。其中钟繇完成了楷书的定型化，这一时期最为有名的书法家是王羲之，被后人尊为"书圣"。王羲之的儿子叫王献之，也是著名的书法家，并称为"二王"。隋唐时期，书法艺术进入了鼎盛阶段，中国古代最为有名的楷书四大家有三位出自唐朝，他们是欧阳询、颜真卿、柳公权。他们的书法各有特点，欧阳询的书法法度森严，世称"欧体"，代表作有《九成宫醴泉铭》，被称为唐人楷书第一；颜真卿把楷书的横写得细瘦，把点、竖、撇、捺写得肥壮，世称"颜体"；柳公权把横竖都写得均匀硬瘦，把点写得就像刀切一般，独创了"柳体"，世称"颜肥柳瘦"。这一时期还有两位著名的草书家，一位是张旭，他的为人和书法都如痴如狂，被称作"张癫"；另一位是一位和尚，叫怀素。宋代书法家最为有名的是苏（轼）、黄（庭坚）、米（芾）、蔡（襄）四大家。元代出现了中国古代楷书四大家的最后一位赵孟頫，他的字体被称作"赵体"。明清时期，也出现了很多著名的书法家。到了近现代，书坛走向多元化，又出现了硬笔书法，书法艺术升华到观念变革的高层次。书法现代化并不是简单地取决于书法艺术的形式、结构、线条等外在面貌，而是取决于内在精神的现代化。

书法家在挥毫泼墨的时候，依据自己对美的感受，把存在于大自然之中的天地山川之美与汉字的结构美紧密地结合起来，予以淋漓尽致地表现，这便形成了书法艺术。

汉字是方块字，主要表意，单音节，而汉语中最基本的、最为活跃的部分就是由单音字组成的单音词，如天、地、山、水、风、雨、来、去等。这些单音词在古汉语中又分属于平、上、去、入四个声调（现代汉语普通话仍然属于阴平、阳平、上声、去声四个声调），其中平、上被称为平调，而去、入则被称为仄调。同类性质的单音词，又往往分属于平仄二调，如天（平）、地（仄）、山（平）、水（仄）、风（平）、雨（仄）、来（平）、去（仄）等。这些单音节词排列起来，最能体现对仗工整、抑扬顿挫的特点，非常符合中国人的审美要求，这样就在诗词对仗的基础上产生了中国的楹联艺术。

楹联，又叫对联，春节的时候贴在门上的叫"春联"，是中国特有的一种艺术。它结合了文学（诗词）和书法艺术，有时候还将雕刻艺术也融合了进来，比如某些石刻和木刻的楹联。

一般认为，对联是从桃符发展来的。作为对联的形式，整齐对仗的上下联句在晋唐时代已经形成，但题写在门上，作为新春佳节时的一种装饰艺术，可能始于五代，发展在宋代，普及和兴盛在明清两代。传说中国的第一副对联是五代后蜀皇帝孟昶过年时在卧室门外题的两句话：

新年纳余庆

佳节号长春

一般说来，对联首先要上下联字数相等，这是对联最基本的特点，至于字数多少则可以不限；第二个要求是上下联对应的位置词性要相同；第三是结构要相应；第四是平仄要相对，但这条不是绝对的。千百年来，中国流传下了无数优秀的对联，既可以美化客观环境，又可以陶冶人们的心灵。它们显示了一种整齐对称的形式美和抑扬顿挫的韵律美，既可写景状物，具有有意境美，又可抒怀咏志，蕴含哲理美，表达了人们对于真善美的追求，成为了中国传统艺术中的一朵奇葩。学习并撰写一些对联，不但可以锻炼汉语表达能力，而且能使人受到美的熏陶。

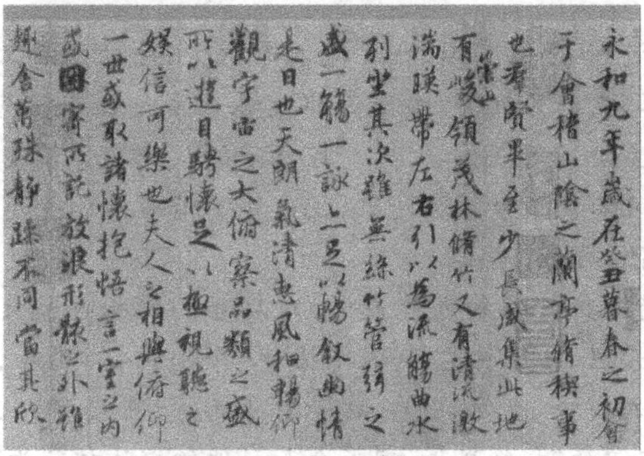

王羲之《兰亭序》摹本

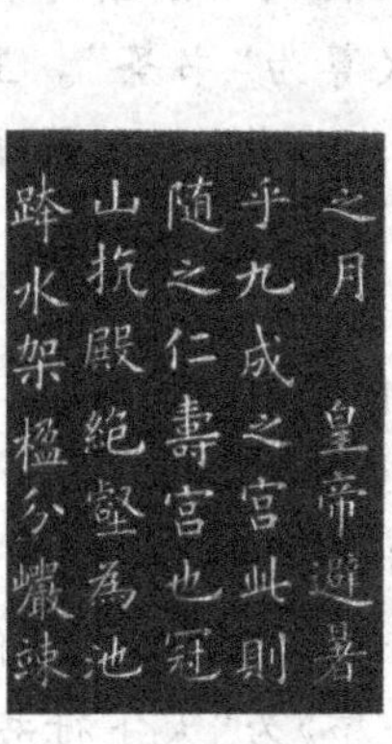

欧体

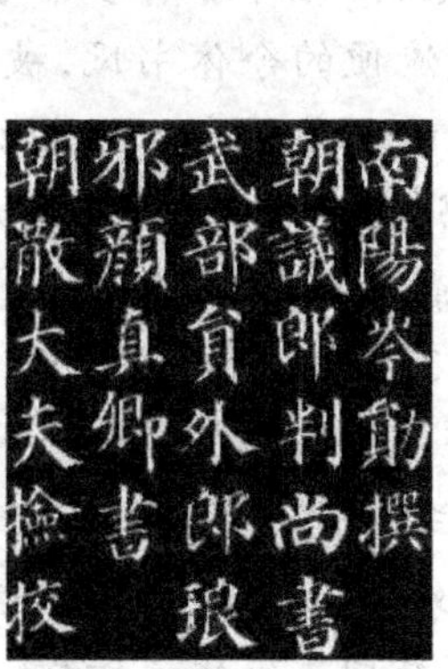

颜体

柳体

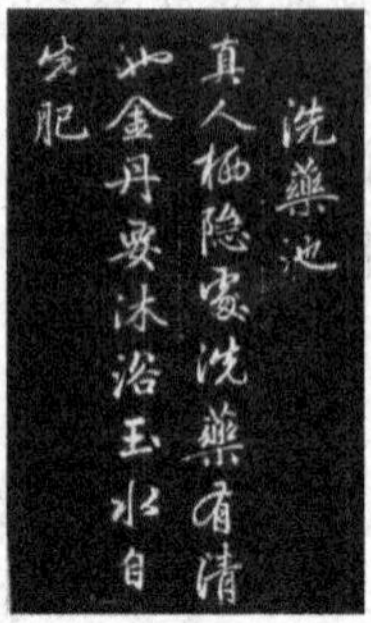

赵体

延伸阅读

书圣王羲之

汉代以后，经过60年的三国鼎立，进入晋代，书法的发展又出现了一个高峰。这一时期隶书的草写，称为隶草，隶草是将隶体基本结构消解，只保留波磔。隶草后来发展为章草，主要用于写奏章。书写章草的代表书家有史游、皇象、索靖等。在章草的基础上，又出现了今草。同时，还出现了楷书和行书。可以说，到了晋代，篆、隶、草、行、楷诸体已经齐备。

晋代书法以楷书和行书的成就最大，对后世的影响也最大，代表书家是王羲之。王羲之(303—361年)，字逸少，琅琊临沂(今山东临沂)人，后徙居山阴(今浙江绍兴)。官至右军将军、会稽内史，故世称王右军、王会稽。王羲之楷书师法钟繇，草书学张芝，亦学李斯、蔡邕等，博采众长。他的书法被誉为"龙跳天门，虎卧凤阙"，给人以静美之感，恰与钟繇书形成对比。他的书法圆转凝重，全然突破了隶书的笔意，创立了妍美流便的今体书风，被后代尊为"书圣"。王羲之作品的真迹已难得见，我们所看到的都是摹本。王羲之楷、行、草、飞白等体皆能，如楷书《乐毅论》、《黄庭经》，草书《十七帖》，行书《姨母帖》、《快雪时晴帖》、《丧乱帖》等。他所书的行楷《兰亭序》最具有代表性。

东晋永和九年(353年)农历三月三日，王羲之同谢安、孙绰等41人在绍兴兰亭修禊(一种祓除疾病和不祥的活动)时，饮酒赋诗，汇诗成集，羲之即兴挥毫作序，这便是有名的《兰亭序》。此帖为草稿，28行，324字，记述了当时文人雅集的情景。作者因当时兴致高涨，写得十分得意，据说后来再写已不能逮。其中有二十多个"之"字，写法各不相同。宋代米芾称《兰亭序》为"天下行书第一"。传说唐太宗李世民对《兰亭序》十分珍爱，死时将其陪葬昭陵，留下来的只是别人的摹本。

中国古代几大书法家的特点

王羲之书风最明显的特征是用笔细腻,字体结构多变。王羲之最大的成就在于增损古法,变汉魏质朴书风为笔法精致、美轮美奂的书体。草书浓纤折中,正书势巧形密,行书遒劲自然,总之,把汉字书写从实用引入一种注重技法、讲究情趣的境界,实际上这是书法艺术的觉醒,标志着书法家不仅能发现书法美,而且能表现书法美。

欧阳询楷书法度之严谨,笔力之险峻,世无所匹,被誉为唐人楷书第一。他与虞世南俱以书法驰名初唐,并称"欧虞",后人以其书于平正中见险绝,最便初学,号为"欧体"。

颜真卿少时家贫缺纸笔,用笔蘸黄土水在墙上练字。初学褚遂良,后师从张旭得笔法,又汲取初唐四家特点,兼收篆隶和北魏笔意,完成了雄健、宽博的颜体楷书的创作,树立了唐代的楷书典范。他的楷书一反初唐书风,化瘦硬为丰腴雄浑,结体宽博而气势恢宏,骨力遒劲而气概凛然。这种风格也体现了大唐帝国壮阔的气势,并与他高尚的人格契合,是书法美与人格美完美结合的典范。他的书体被称为"颜体",与柳公权并称"颜柳",有"颜筋柳骨"之誉。

柳公权书法以楷书最著名,他上追魏、晋,下及初唐诸家笔法,又受到颜真卿的影响,在晋人劲媚和颜书雍容雄浑之间,创造了自己的柳派。其遒劲的书体,可以与颜书的雄浑宽裕相媲美。

赵孟頫的书法最佳为楷书、行书,集晋唐书法之大成,兴复王羲之、王献之书风,有"赵体"之称。

对联知识与欣赏

什么叫对联?对联又名对子,是写在纸上、布上或刻在竹子上、木头上、柱子上的对偶语句,来源于律诗的四联八句。对联的形式,按用途可以分:

1. 春联:春节时张贴在门上的对联。

如:一帆风顺年年好;万事如意步步高。

2. 喜联:用于祝贺婚娶、建新屋、迁居。

如:鸳鸯千岁偶;琴瑟百年和。(婚娶)

新居迎万福;仁宅集千祥。(新居)

3. 寿联:他人过生日,送对联祝寿。

如:福如东海;寿比南山。

4. 挽联:哀悼死者的对联。

如:一人千古;千古一人。

5. 行业联：不同行业贴于大门或店内之用。

如：欲知千古事；须读五车书。（书店）

虽是毫发生意；却是顶上功夫。（理发店）

欢迎春夏秋冬客；款待东西南北人。（旅店）

生意兴隆通四海；财源茂盛达三江。（商铺）

6. 言志劝勉联：自我勉励或劝勉他人用。

如：风声雨声读书声，声声入耳；家事国事天下事，事事关心。

对联的特点包括：

1. 上下联字数必须相等，平仄要和谐、相对，尤其是上下联的尾字，平仄要交错，一般上联要用仄声字，下联尾用平声字，否则拗口。

2. 上下联某位置上的词性必须相同，即下联词性与上联同位词相同。

3. 上下联的字数同时可多可少。一般最短四字，长可达数百字。

推荐书目：

1. 蒋彝. 中国书法. 上海：上海书画出版社，1986.
2. 金学智. 书法美学谈. 上海：上海书画出版社，1986.
3. 顾平旦，等. 对联欣赏. 北京：文化艺术出版社，1982.
4. 余德泉，等. 奇联妙对的故事. 昆明：云南人民出版社，1983.

话题讨论：

1. 你们国家有书法艺术吗？谈谈它和中国的书法艺术有什么相同或者不同。
2. 你觉得书法有什么用？你最喜欢哪种书法？为什么？
3. 请找几个有意思的对联来和同学们交流一下。

10.2 文学艺术

10.2.1 中国古典文学

关键词：《诗经》 楚辞 唐诗 宋词 元曲 明清小说

中国古典文学是中国文化体系中极为重要的一个部分，在中国，把从远古流传下来的原始歌谣和神话传说，直到“五四”以前大量的有一定价值的文学作品，叫古典文学。几千年来，中国传统文化养育了中国古典文学，中国古典文学又大大丰富了中国传统文化，使中国传统文化更具有深刻的影响力。

一、《诗经》与先秦散文

《诗经》是中国第一部诗歌总集。它收集了西周初年至春秋中叶500年间的诗歌作品，最后由孔子编订而成，共305篇，代表了2 500多年以前诗歌创作的最高成就。

春秋战国时期，是一个社会发生急剧变化的时代，这一时期，文史哲还未分家，百家争鸣的文化氛围促进了文学的繁荣，也迎来了文化光辉灿烂的时代，尤其是儒、墨、道、法几家学说，奠定了中国传统文化的基础。此一时期，在中国文学史上占有重要一席之地的即是先秦散文。先秦散文主要可分为历史散文和诸子散文。历史散文主要是叙事的，有《春秋》、《左传》、《战国策》、《国语》等。诸子散文主要是说理的，主要有《论语》、《老子》、《墨子》、《孟子》、《庄子》、《荀子》、《韩非子》等。

二、楚辞、汉赋

楚辞是战国时代以屈原为代表的楚国人创作的文学作品。《离骚》是屈原的代表作。屈原除了《离骚》外，还有许多优秀作品，如《九章》、《九歌》、《天问》等。

汉赋是中国古代特有的一种文学体裁，它的主要特点是铺陈写物，不歌而诵。汉赋代表作家在汉初主要有贾谊、枚乘，后来有司马相如、扬雄等。

汉武帝时期司马迁的《史记》虽是一部历史著作，但是也有很高的文学成就，被誉为“史家之绝唱，无韵之离骚”。汉朝时政府成立的乐府收集整理了不少民间诗歌，被称为“乐府诗”，一直影响到后来的魏晋六朝文人创作。

三、魏晋文学

东汉末年，曹操、刘备、孙权三分天下。曹操势力最强，在文学方面的成就也最大。以“三曹”和“建安七子”为代表的“建安文学”在古代文学史上占有重要的地位。这一时期，文学走向自觉，与历史、哲学等区别开来，涌现出了大量的作家和作品，使各种文体都得到了发展，建安时期是中国古典文学的黄金时代。

所谓“三曹”是指曹操与其子曹丕、曹植。曹操开创了建安文学的新局面，代表作有《短歌行》、《龟虽寿》、《观沧海》等。曹丕是曹操次子，他写了一部学术性的文学理论著作——《典论》，开了文学批评的风气。在建安作家中，历来最受推崇的是曹植，代表作有《白马篇》、《赠白马王彪》、《野田黄雀行》、《七哀诗》等。他的散文和辞赋也不乏佳作，名篇有《洛神赋》。

“建安七子”即指汉末作家孔融、陈琳、王粲、徐干、阮瑀、应玚、刘桢。建安七子中，以王粲的文学成就最高，代表作有《七哀诗》、《从军诗》。除了诗以外，王粲还善于作赋，代表作有《登楼赋》等。

这一时期还出现了一位杰出的女诗人蔡琰（蔡文姬），代表作有《悲愤诗》，抒发自己的不幸遭遇，悲怆感人，流传千古。

以“三曹”和“建安七子”为代表的作家面对现实，慷慨悲歌，他们的作品被誉为带有“建安风骨”。魏末多数作家，由于政治上的高压和知识分子逃避现实的倾向，不如建安作家那样富有现实性，不过阮籍、嵇康等人的创作仍然很突出。从西晋建立到东晋灭亡的一百多年间，产生了左思、刘琨、郭璞、陶渊明等一批杰出和优秀的作家。其中以陶渊明成就最高，他的文笔一扫六朝时的骈文风气，风格平和冲淡，代表作有组诗《归园田居》、《饮酒》等。

这一时期还出现了干宝著的《搜神记》（东晋）和由刘义庆组织文人编辑的《世说新语》（南朝）。它们都具有小说的风格，对后世文学的发展有一定影响。

四、唐宋文学

唐朝是中国诗歌的黄金时代。由于国力强盛、科举制进士科重点考诗赋等原因，文人之间形成以诗会友的习俗，因此诗歌创作十分繁荣。唐初，文坛上出现了四颗新星，即"初唐四杰"：骆宾王、王勃、卢照邻、杨炯，他们的作品为唐朝诗歌的繁荣奠定了基础。这一时期的著名诗人还有陈子昂等。

盛唐时期，"诗仙"李白、"诗圣"杜甫出现，他们成为唐朝亦是中国诗歌史上的双子星座。李白的诗想象丰富、气势雄浑，表达了自己的远大志向和不媚权贵的性格，具有浪漫主义色彩，代表作有《蜀道难》、《梦游天姥吟留别》、《将进酒》、《行路难》、《望庐山瀑布》等。杜甫生活在唐朝由盛转衰的阶段，他的作品表现了这一历史过程，因而被称为"诗史"。他的诗沉郁顿挫、语言锤炼精当，达到了很高的艺术境界，成为一名伟大的现实主义诗人。代表作有"三吏"、"三别"、《登高》等。这一时期著名的诗人还有山水田园派诗人孟浩然和"诗中有画，画中有诗"的王维、善写边塞诗的"高岑"（高适、岑参）等。

唐朝中后期，社会矛盾加剧，出现了一位伟大的现实主义诗人——白居易，他的诗通俗易懂，抨击黑暗的现实，代表作有《秦中吟》、《长恨歌》、《琵琶行》等。

唐朝晚期，出现了李商隐和杜牧。李商隐一生不得志，其最为人传诵的是像《锦瑟》、《无题》等感情深刻的诗篇。杜牧风流潇洒，观点独到，他的代表作有《江南春绝句》、《赤壁》等。唐朝晚期的著名诗人还有杜荀鹤、秦韬玉等，他们都是现实主义的诗人。

唐朝前期的散文深受六朝影响，仍盛行华丽藻饰的骈文，王勃的《滕王阁序》就是一篇优美的骈文。唐朝中期，韩愈、柳宗元等人兴起了一场"古文运动"，强调散文的实用性，反对骈体。韩愈的散文具有多方面的艺术特点，代表作有《师说》、《祭十二郎文》、《原道》等。他的诗也有独创的成就，代表作有《山石》、《听颖师弹琴》等。柳宗元擅长描写山水，他的思想有明显的唯物主义倾向，代表作有"永州八记"等。

在唐朝，小说的前身"唐传奇"出现了，其代表作有《虬髯客传》、《柳毅传》、《莺莺传》等。

唐末直到五代十国时期，战乱频繁。这个时期曲子词开始兴起。晚唐第一个大力写词的作家是温庭筠，是“花间派”的代表。五代十国时期的著名词作家有韦庄、冯延巳、李煜等。其中南唐后主李煜的词最出色，他丰富和发展了词的表现能力和艺术风格，在词史上占有重要地位，代表作有《虞美人》等。

北宋初期的词作深受五代遗风的影响，主要重在写男女恋情和离别情愫。其中柳永、晏殊及中期的秦观是代表人物，他们被称为“婉约派”词人。北宋中期，苏轼开创了豪放词风，代表作有《念奴娇·赤壁怀古》，他的《水调歌头》等也很有名。从苏轼开始，诗歌创作出现了异于唐朝的特点。苏轼的诗擅长说理，代表作有《题西林壁》、《饮湖上初晴后雨》等。

著名女词人李清照，是婉约派的代表人物。她的词带有女性独有的细腻情感，给词坛带来清高的意趣、淡雅的情怀、空灵的意境。

南宋最伟大的豪放派词人是辛弃疾，他的名篇很多，以《破阵子·为陈同甫赋壮词以寄之》、《永遇乐·京口北固亭怀古》等最为著名，以国家、民族的现实问题为题材，抒发慷慨激昂的爱国之情。他也写了不少婉约词，代表作为《青玉案·元夕》。南宋婉约词的代表人物是姜夔，代表作有《扬州慢》等。

陆游是南宋伟大的爱国主义诗人，今存其诗作九千多首，是流传下来诗歌最多的中国古代诗人。他的诗内容极为丰富，以抒发爱国激情、反映社会现实为主，代表作有《游山西村》、《书愤》、《示儿》等。陆游也写过一些词，代表作有《钗头凤》、《卜算子·咏梅》等。

除了宋词，两宋时期，散文也取得了巨大的成就。“唐宋八大家”中除韩愈、柳宗元外，其他六人欧阳修、王安石、苏轼、苏洵、苏辙、曾巩都在北宋。

宋朝时，民间为了适应说书艺术的发展，出现了话本；另外还出现了南戏，这是中国历史最悠久的剧种。

五、元朝文学

元朝文学的主流是元曲，它分为杂剧与散曲两种。历史上有名可考的元杂剧作家共八十多人，其中成就最大的是关汉卿，他是当时剧坛的领袖，最著名的作品有《窦娥冤》，被称为中国悲剧之最。此外，王实甫的《西厢记》也是很著名的剧作。关汉卿、白朴、马致远、郑光祖被称为“元曲四大家”。

马致远是著名的散曲作家，他的《天净沙·秋思》通过秋日郊野的景色，抒发旅人的愁思，是散曲中的杰作。

南戏在元朝也继续发展，高明的《琵琶记》被誉为南戏中的巅峰之作。

六、明清文学

明清时期，由于科举考试的僵化、统治者为控制思想而大兴文字狱以及音乐曲词向通俗化方向发展等原因，诗词的创作趋向衰落。明代时词的曲谱失传，这一文体也就脱离了音乐，成为文人案头之作，很少配乐演唱。这一时期的主要文学成就体现在小说方面,称为明清小说。

元末明初出现的《三国演义》(全称《三国志通俗演义》)是章回小说中的开山之作,也是中国最杰出的历史演义小说,它使中国小说从此进入一个新的历史时期,其作者是罗贯中。

和《三国演义》同时出现的《水浒传》是中国小说史上第一部以农民起义为题材的长篇章回小说,它取材于北宋宋江起义的故事,作者相传是施耐庵,其学生罗贯中曾进行过修改。

明朝中期,一部举世瞩目的神魔小说——《西游记》出现了,作者是吴承恩。《西游记》笔调讽刺、幽默,运用浪漫主义的手法,充满奇特的幻想,表现了罕见的艺术想象力。明朝的神魔小说还有许仲琳的《封神演义》。

明朝后期出现了一部暴露性的写实小说《金瓶梅》,作者兰陵笑笑生。《金瓶梅》的情节截取自《水浒传》中武松杀嫂的故事,虽写的是宋代的人和事,但事实上反映的是明朝中后期的社会事实。在中国小说史上,《金瓶梅》的出现有重要的意义,它不是对旧话本的改编,而是第一部文人独创的小说,开了文人创作长篇小说的先河。

明末时期,一些文人对代代相传的话本编辑、加工,形成了一些短篇白话小说集,其中成就最大的是"三言"、"二拍"。"三言"是冯梦龙编辑、加工的三部小说集:《喻世明言》、《警世通言》、《醒世恒言》。凌濛初在"三言"影响下写成"二拍":《初刻拍案惊奇》、《二刻拍案惊奇》。

清朝的吴敬梓著的《儒林外史》,是讽刺小说的典范,它开创了一个以小说直接评价现实的先例。清朝初期还出现了一本"谈狐说鬼"的文言短篇小说集《聊斋志异》,作者蒲松龄。这部小说曲折地反映了明末清初广阔的现实生活,提出了许多重要的社会问题,达到了中国古代文言小说的最高峰。

18 世纪中叶,现实主义杰作《红楼梦》出现了,这是中国古典小说创作成就的最高峰。一般认为目前的《红楼梦》版本中前 80 回为曹雪芹所写,后 40 回为高鹗所续。《红楼梦》在思想性和艺术性上结合得相当完美,呈现出永久的魅力,目前,对其研究已形成了一门专门学科——"红学"。《红楼梦》和《三国演义》、《水浒传》、《西游记》一起被称作中国古典文学的四大名著。

明清时期的戏剧以"明清传奇"为最主要代表。明朝成就最大的戏剧是汤显祖所创作的《牡丹亭》。清朝初期,《桃花扇》、《长生殿》两部剧作出现,它们并称为清代戏曲的"双璧"。《桃花扇》的作者是孔尚任,《长生殿》的作者是洪昇。

七、清末文学

中国步入近代后,西方文化思潮涌入中国,对中国文化产生了深远的影响。清末的文学成就主要体现在诗和小说方面。

在鸦片战争以前，龚自珍在他的《病梅馆记》中愤怒地抨击摧残人才、压制个性的文化专制，在《己亥杂诗》中发出了“我劝天公重抖擞，不拘一格降人才”的呼唤。鸦片战争时期，涌现出林则徐、魏源、张维屏等一批爱国诗人。甲午中日战争后，谭嗣同、梁启超、黄遵宪等人提倡“诗界革命”，黄遵宪的诗歌成就最大。他的诗歌记录了近代中国乃至世界的许多重大事件，被称为“史诗”，代表作有《冯将军歌》、《哀旅顺》、《台湾行》等。

清末，出现了李宝嘉的《官场现形记》、吴趼人的《二十年目睹之怪现状》、刘鹗的《老残游记》、曾朴的《孽海花》，被后人誉为“清末四大谴责小说”。西方的文学名著也开始被翻译并介绍到中国来，著名的翻译家有林纾等。

清朝灭亡后，陈独秀、胡适、鲁迅等人掀起了“新文化运动”，其中的重要内容就是反对旧文学、提倡新文学。这次运动使古典文学在中国的统治地位结束，书面文言文为白话文所取代。

综上所述，从诗经开始，中国古典文学历经了3000年的岁月而没有中断，由上古神话开其端，连接诗经、楚辞、诸子散文，而后汉赋、魏晋诗文、唐诗、宋词、元曲、明清小说，连绵不断，高潮迭起。它的内容和形式都生动地体现了中国文化的基本精神，体现了中华民族的理想信念和美学追求。

延伸阅读

《诗经》的内容及艺术特色

《诗经》的内容非常丰富，分别从不同角度反映了500多年间的社会生活。其内容主要包括以下几个方面：① 记叙了自周始祖后稷出世到武王灭商的许多传说和历史。如大雅中的《生民》、《公刘》、《绵》、《皇矣》、《大明》等就是用韵文写的历史。② 反映社会丧乱、描写战争苦难、指责现实。如《小雅·采薇》描写了周懿王时军士离乡远戍，还乡路上饱受饥寒、痛定思痛的哀情：“昔我往矣，杨柳依依。今我来思，雨雪霏霏。行道迟迟，载渴载饥。我心伤悲，莫知我哀！”③ 反剥削、反压迫。代表作有魏风中的《硕鼠》、唐风中的《鸨羽》、邶风中的《北风》等。④ 描写爱情和婚姻。这是风诗中占很大比重的部分，其中大多数是歌谣。这些诗歌大多是率真大胆的表白，感情诚挚、热烈、纯朴、健康，反映了恋爱生活里所有的忧喜得失、离合变化，内容很少重复。代表作有《郑风·萚兮》、《郑风·将仲子》、《邶风·静女》、《召南·野有死麕》、《郑风·溱洧》、《陈风·泽陂》、《唐风·葛生》、《周南·卷耳》、《卫风·伯兮》、《秦风·晨风》、《王风·君子于役》等。⑤描写劳动情景。《诗经》里很多作品是描写劳动人民劳动情景的诗，如《鄘风·桑中》、《唐风·采苓》、《邶风·谷风》、《豳风·伐柯》、《周南·芣苢》等。有些诗是劳动时所唱的歌谣,能使读者感受到劳动的欢乐,引起丰富的想象;有的也写到了劳动的艰苦和繁忙;还有的记叙了贵族强迫奴隶干繁重劳动的情形。《诗经》里还有许多贵族阶级的作品。

《诗经》在艺术创作上很有特色。其一,《诗经》里的作品多方面真实地反映了现实生活,表现了不同阶层人民在现实生活中的各种感受,这是它的一大特色。后世作家每当反对诗歌脱离社会生活的倾向时就会以《诗经》做榜样。其二,《诗经》大量运用了赋、比、兴手法,取得了显著的艺术效果。"赋者,敷陈其事而直言之也。"赋相当于今天文学上的叙述方法。《诗经》里用"赋"写的篇章,多是较长篇的,如《魏风·伐檀》。"比"是比喻和比拟,如《卫风·硕人》用"柔荑"比手,是明喻;《魏风·硕鼠》比剥削者为鼠,是以人拟物。"兴"是先言他物,以引起所咏之辞,它是一首诗或一章诗的发端。如《秦风·蒹葭》以"蒹葭苍苍,白露为霜"的清秋萧瑟景象为起兴,引起下文,使诗歌更加曲折委婉。赋比兴手法的运用大大增强了诗歌的艺术感染力和丰富了诗歌的艺术境界,这些表现手法一直被中国古代诗歌创作所继承和发展。其三,《诗经》在结构形式上也很有特色,最突出的是重章叠句。重章有时表示事物进展的程度和顺序,但它更增强了诗歌的音乐性和节奏感,也更好地表达了诗人的感情,使人读之余味无穷。其四,《诗经》在体裁上也颇具特色,多是四言一句,隔句用韵,但并不拘泥,且富于变化。后世的赋就多受《诗经》的影响。除赋以外,颂、赞、碑、诔、箴、铭等韵文,一般都用四言句,也多受到《诗经》的影响。

《楚辞》与《离骚》

汉成帝时,刘向将屈原、宋玉、唐勒、景差以及西汉贾谊、淮南小山、东方朔、庄忌、王褒等和他自己的辞赋汇为一集,共 16 篇,定名为《楚辞》。《楚辞》中以屈原作品最多,质量最高,他的《离骚》是楚辞的代表作,后人故又称楚辞这种文体为"骚体"。

《离骚》是中国古代最长的一首抒情诗,共 373 句,2490 字。这是一部浪漫主义杰作,其所表现的崇高的理想和炽热的感情,迸发出了异常灿烂的光彩。

《离骚》表现了诗人眷念祖国和热爱人民的情怀。屈原是一个伟大的爱国诗人,有着宏伟的抱负。他想刷新政治,挽救楚国的危亡,还想让楚国强大起来,从而实现中国的统一。《离骚》还表现了诗人坚持理想、憎恶黑暗、疾恶如仇的精神。但楚怀王昏庸糊涂,听信了奸人谗言,流放了屈原并导致了楚国的衰危。诗人在既不能改变楚国面貌,又不能改变自己的矛盾中,选择了以身殉自己理想的道路。《离骚》闪耀着震撼人心的理想主义光彩。

《离骚》艺术上有着极高成就。首先,整部作品都具有强烈的浪漫主义色彩,在后半部分，这种色彩更为浓烈。诗中采用了大量的比兴手法，但它和《诗经》中的比兴有所不同，它不是单纯的比喻，它所用来比喻的形象中，包含了一种幽远的意境，来比喻他的志洁行芳，人们在读到这首诗时，不只是感受到花草的色和香，更重要的是觉得被一种深远的意境吸引住了。“江离”、“辟芷”、“秋兰”、“芰荷”、“芙蓉”，这些生长在楚地的幽花香草，本来容易把人们的心情引到奇丽的幻想境界。诗人用它们来象征高洁的品德，披戴着它们，就是象征他的馨香德义，这就写出了诗人高洁动人的形象。其次，《离骚》最重要的艺术特色还在于诗人的笔下，大量出现神话传说、历史人物、日月风云、山川流沙等，构成了一幅异常雄奇壮丽的完整图画。如诗人写他的理想不能实现而又无人能了解他，在无可奈何的情绪下，幻想驾着鸾凰、凤鸟，乘风飞上天空，寻天帝去倾诉：“朝发轫于苍梧兮，夕余至乎县圃。欲少留此灵琐兮，日忽忽其将暮。吾令羲和弭节兮，望崦嵫而勿迫。路漫漫其修远兮，吾将上下而求索。饮余马于咸池兮，总余辔乎扶桑。折若木以拂日兮，聊逍遥以相羊。前望舒使先驱兮，后飞廉使奔属。鸾皇为余先戒兮，雷师告余以未具。吾令凤鸟飞腾兮，继之以日夜。飘风屯其相离兮，帅云霓而来御。纷总总其离合兮，斑陆离其上下。”这一段写的意境极其开阔宏伟。诗人幻想他早晨离开南方的苍梧，日落以前就到了西北的昆仑山上。他还叫太阳神缓辔徐行，要趁日落以前去“上下而求索”。他在太阳沐浴的咸池饮马，在太阳所经的扶桑歇息。跟随他的有月神、风神、鸾凰、雷师等大群神物，声势十分煊赫。此外，《离骚》的诗句形式错落有致，还设有主客问答和大段铺张描写，大多四句一章，字数不等，亦多偶句，形成了错落中见整齐、整齐中又富有变化的特点，对后世辞赋产生了巨大影响。

《三国演义》和《水浒传》

《三国演义》全书共120回，它通过三国时期各统治集团的政治军事外交斗争，反映了人民在动乱时代的灾难和痛苦，表现了他们对统治集团的爱憎与向背，以及他们反对战争割据、要求和平统一的愿望。《三国演义》塑造的人物形象很出色，如诸葛亮的神机妙算、曹操的奸诈多疑、关羽的忠义、张飞的勇猛，都给人留下深刻的印象。它的语言简洁明快，雅俗共赏，并以文学的笔触揭示出军事活动和战争的规律。虽说全书有“拥刘反曹”的封建正统思想，但它迎合了人民的认识，因此深受人民群众的喜爱。

《水浒传》通过对宋江起义这一历史事件的描述，深刻地揭露了人民与统治阶级之间不可调和的矛盾，展现出贫苦农民被迫聚义梁山、拿起武器来进行反抗斗争的动人情景，反映了“官逼民反”的社会现实。小说歌颂了梁山英雄轰轰烈烈的大起义，塑造了大批栩栩如生的人物形象，如李逵、武松、鲁智深等，反映农民起义由小到大、由个人到集体、由无组织到有组织，最后汇成一股浩浩荡荡的起义巨流的发展趋势。小说后半部写出了起义接受招安的悲惨结局,表现了封建农民起义的局限性。它的语言明快、生动、洗练、准确。《水浒传》还为明朝以后的农民起义提供了丰富的斗争经验和借鉴,堪称农民起义的教科书,也为后世的小说、戏剧提供了丰富的素材。

曹雪芹与《红楼梦》

18世纪中叶,横空出世的《红楼梦》在中国小说史上是一个空前绝后的艺术顶峰。它又名《金陵十二钗》、《石头记》、《风月宝鉴》、《情僧录》。小说作者曹雪芹是一个没落的贵族子弟,据说他根据自己的身世感受,"披阅五载,增删五次",终于写出了这部现实主义杰作,可惜没有最终完稿就在贫病交加中去世了。

《红楼梦》以贾宝玉、林黛玉的爱情悲剧为主线,展开全书的故事情节,通过以贾府为代表的贾、史、王、薛四大家族的衰亡过程,形象地揭露了封建家族的腐朽,是中国封建制度濒于崩溃和必然灭亡的一面镜子。它以巨大的表现力,描写了四百多个人物,塑造了众多的艺术形象。作品中林黛玉与贾宝玉的真挚爱情,集中体现了他们的叛逆精神。作者还以同情和歌颂的态度塑造了一系列富有斗争精神的下层女性形象,如不畏强权的晴雯、鸳鸯;也塑造了各种各样的封建统治阶级的人物,有讲究享乐的贾母、迂腐昏庸的贾政等。通过这些人物之间的斗争,真实地反映了当时的社会面貌。《红楼梦》全书结构紧凑、情节生动、语言绚丽多彩,是我国古典小说创作成就的最高峰。它一问世就受到了人们的喜爱,当时流行着一句话"开谈不说《红楼梦》,纵读诗书是枉然"。鲁迅评价说:"自有《红楼梦》出来后,传统的思想和写法都被打破了。"《红楼梦》体现的反传统的女性人文主义思想、悲剧美学价值,使它在中国小说史上具有独特的地位。

推荐书目:

袁行霈.中国文学史.北京:高等教育出版社,1999.
章培恒,骆玉明.中国文学史.上海:上海文艺出版社,2000.
朱东润.中国历代文学作品选.上海:上海古籍出版社,1979.

话题讨论:

1. 你对中国古典文学的哪一部分最感兴趣?为什么?

2. 中国古典文学与你们国家的文学有没有什么关系?你觉得中国古典文学与你们国家的文学各有什么特点?

3. 请认真阅读一部中国古典文学的经典著作。

10.2.2 中国戏剧

关键词: 中国戏曲　梨园　京剧　综合性　虚拟性　程式性

中国戏剧主要包括戏曲和话剧,戏曲是中国传统戏剧,与希腊悲剧和喜剧、印度梵剧并称为世界三大古老的戏剧文化;话剧则是20世纪引进的西方戏剧形式,只有一百多年的历史。这里我们主要介绍中国戏曲。

中国戏曲起源于原始歌舞,经过汉、唐到宋、金才形成比较完整的戏曲艺术。唐玄宗李隆基曾经在宫廷禁苑里选择“梨园”作为教练宫廷歌舞艺人的场所,因此后世称戏班为“梨园”,称演员为“梨园弟子”,奉唐玄宗为戏曲祖师。宋代出现了“杂剧”,后来南方杂剧发展演变为“南戏”,北方杂剧则发展演变为“元杂剧”。明代中叶以后,南戏成为“传奇”,演变出了今天的昆曲、绍剧、赣剧等;而元杂剧则与陕甘一带的民间曲调结合形成最早的梆子戏秦腔。秦腔后来向各地发展,对各种地方戏的形成有很大的影响。清朝地方戏盛行,乾隆年间,四大徽班先后进京演出,汉调、秦腔也进京献艺,于是以徽、汉二调为主,吸收昆腔、秦腔唱法,又接受北方方言的影响,创造了新的唱腔,形成了今天的京剧。京剧的形成是清代地方戏发达的结果,而京剧成为全国性的代表剧种后一点也没有压抑地方戏的发展。从清代地方戏到京剧,是中国戏曲极度繁盛的时代。在今天现存的戏曲艺术中,昆腔和秦腔最为古老,对形成今天丰富多彩的戏曲种类贡献最大。昆腔曲调高雅,辞章优美,被称为“雅部”。而北方广泛流行的梆子戏,都受到了秦腔的影响,风格粗犷,语言通俗,受到广大人民群众的喜爱,被称为“花部”。后来花部压倒了雅部,直到1949年后经过扶植和提倡,昆曲才又重新振兴起来。

戏曲是一门综合艺术,是时间艺术和空间艺术的综合,这种综合性是世界各国戏剧文化所共有的,而中国戏曲的综合性特别强。中国戏曲是以唱、念、做、打的综合表演为中心的戏剧形式,它有丰富的艺术表现手段,它与表演艺术紧密结合的综合性,使中国戏曲富有特殊的魅力。它把曲词、音乐、美术、表演的美熔铸为一,用节奏统驭在一个戏里,达到和谐的统一,充分调动了各种艺术手段的感染力,形成中国独有的节奏鲜明的表演艺术。

中国戏曲中最重要的一个特征是虚拟性。舞台艺术不是单纯模仿生活,而是对生活原型进行选择、提炼、夸张和美化,把观众直接带入艺术的殿堂。

中国戏曲的另一个艺术特征,是它的程式性,如关门、上马、坐船等,都有一套固定的程式。程式在戏曲中既有规范性又有灵活性,所以戏曲艺术被恰当地称为有规则的自由动作。

中国幅员辽阔,因为地域的差异而形成了丰富多彩的剧种。目前中国戏曲总共有360多个种类,比较著名的剧种有:京剧、昆曲、越剧、豫剧、粤剧、淮剧、川剧、秦腔、评剧、晋剧、汉剧、河北梆子、湘剧、黄梅戏、花鼓戏等。涌现出了一大批表演名家,例如京剧的梅兰芳、越剧的袁雪芬、豫剧的常香玉、评剧的新凤霞、黄梅戏的严凤英等。尽管剧种繁多,但却在表演艺术方面保持着这些共同特征:综合性、虚拟性、程式性，它们是中国戏曲共有的主要艺术特征。这些特征，凝聚着中国传统文化的美学思想精髓，构成了独特的戏剧观，使中国戏曲在世界戏曲文化的大舞台上闪耀着它的独特的艺术光辉。中国的戏曲既有种类的多样性，又有表演艺术的同一性，在共同具有的性质中体现其各自的特性。这从一个方面体现了中国文化多元统一的结构特征和相融共进的民族精神。

延伸阅读

中国古代戏曲的几大代表

宋元南戏

宋元南戏大约产生在北宋末年和南宋初年浙江的温州以及福建的泉州、福州一带，是戏曲的成型时期。

元代杂剧

元代杂剧也叫北曲杂剧，最早产生于金朝末年河北真定、山西平阳一带，盛行于元代，是中国戏曲的第一个黄金时代。它达到了很高的艺术水准，以至单从诗体而言，古人早就将唐诗、宋词、元曲并称。

明清传奇

明清传奇是由宋元南戏发展而成的戏曲形式。它产生于元末，在明初流传，到了明嘉靖年间兴盛，至万历而极盛，并延续至明末清初，作品之多号称“词山曲海”。

清代地方戏

清代地方戏是古典戏曲的第三个阶段。它和近、现代戏曲有着共同的艺术形式。清康熙末叶，各地的地方戏蓬勃兴起，被称为花部，进入乾隆年代开始与称为雅部的昆剧争胜。至乾隆末叶，花部压倒雅部，占据了舞台统治地位，直至道光末叶。这150多年就是清代地方戏的时代。1840年至1919年的戏曲称为近代戏曲，内容包括同治、光绪年间形成的京剧以及20世纪初出现的一段戏曲改良运动。

中国戏剧的奠基人——关汉卿

关汉卿是中国戏剧史上最伟大的作家，是元代杂剧的奠基人和前期剧坛的领袖。在元杂剧作家中，他创作年代最早、作品最多、影响最大。他以字行，名不详，号已斋叟，大都人，生卒年及生平均不详，主要活动在大都一带。关汉卿不乐仕进，交游甚广，与书会才人、青楼艺伎均有交往，时相切磋，同时他又多才多艺，精通音律，能歌善舞，这对他的戏剧创作大有裨益。作为在金元易代之际沦入市井间的落魄文人，关汉卿长期混迹于行院勾栏，这既培养了他风流倜傥、桀骜不驯、狂放不羁的个性，又使他充分接触下层社会，对被压迫者的不幸遭遇感同身受。他还亲自参与演出，“躬践排场，面敷粉墨”，获得了丰富的舞台经验，这使他的戏剧创作更具有当行本色。

关汉卿一生创作了60余种杂剧，保存至今的有18种。按题材内容，大致可分为三类：第一类是揭露社会黑暗、歌颂人民反抗斗争精神的社会剧，有《窦娥冤》、《鲁斋郎》、《蝴蝶梦》等；第二类是反映妇女悲惨命运并大力颂扬女性在抗争中的智慧和胆略的爱情风月剧，有《救风尘》、《望江亭》、《谢天香》等；第三类是采用历史题材，借以表达作者对现实社会认识的历史剧，有《单刀会》、《西蜀梦》等。

中国戏曲的角色行当

扮演剧中人物分角色行当，是中国戏曲特有的表演体制。行当从内容上说，它是戏曲人物艺术化、规范化的形象类型。从形式上看，又是有着性格色彩的表演程式的分类系统。这种表演体制是戏曲的程式性在人物形象塑造上的集中反映。每个行当，都是一个形象系统，同时也是一个相应的表演程式系统。其主要类型有：

生　是戏曲表演行当的主要类型之一。扮演男性人物。生的名目初见于宋元南戏，泛指剧中男主角。历代戏曲都有这一行当，近代各地戏曲剧种根据所扮演人物年龄、身份的不同，又划分为老生、小生、武生等分支，表演上各有特点。老生，因多挂髯口（胡须），又名须生。扮演中年或老年男子，多为性格正直刚毅的正面人物，重唱功，用真声，念韵白，动作造型庄重、端方。小生，主要扮演青少年男子。化装不挂胡须。有些剧种（如京剧）唱用尖音假嗓，念白兼用真假嗓。又根据所扮人物性格、身份的不同而分翎子生、纱帽生、扇子生、穷生、武小生等。武生，大都扮演擅长武艺的青壮年男子。分长靠武生和短打武生两类，表演上各有特点。

旦　戏曲表演行当的主要类型之一，女角色之统称。早在宋杂剧时已有“装旦”这一角色。宋元南戏和北杂剧形成后仍沿用旦的名称，运用上又略有不同。昆山腔成熟期，形成正旦、小旦、贴旦、老旦四个分支。其后各剧种又繁衍出众多分支。近代戏曲旦角根据所扮演人物年龄、性格、身份的不同，大致划分为正旦（青衣）、花旦、武旦、老旦、彩旦等专行，表演上各有特点。

净　戏曲表演行当的主要类型之一，俗称花脸。以面部化妆运用各种色彩和图案勾勒脸谱为突出标志，扮演性格、气质、相貌上有特异之点的男性角色。或粗犷豪迈，或刚烈耿直，或阴险毒辣，或鲁莽淳朴。演唱声音洪亮宽阔，动作大开大阖、顿挫鲜明，为戏曲舞台上风格独特的性格造型。据说此行当是从宋杂剧副净演变而来。“花部”兴起后，净扮演人物范围不断扩大。净行根据角色性格、身份的不同，划分为若干专行，表演上各有特点。

丑　戏曲表演行当的主要类型之一，喜剧角色。由于面部化妆用白粉在鼻梁眼窝间勾画小块脸谱，又叫小花脸。宋元南戏至今各戏曲剧种都有此角色行当。扮演人物种类繁多，有的心地善良，幽默滑稽；有的奸诈刁恶，悭吝卑鄙。近代戏曲中,丑的表演艺术有了长足的发展,不同的剧种都有各自的风格特色。丑的表演一般不重唱工而以念白的口齿清楚、清脆流利为主。相对地说,丑的表演程式不像其他行当那样严谨,但有自己的风格和规范,如屈膝、蹲裆、踮脚、耸肩等都是丑的基本动作。按扮演人物的身份、性格和艺术特点,大致可分为文丑和武丑两大支系,表演上各有特点。

推荐书目:

1. 叶大兵. 中国百戏史话. 杭州:浙江人民出版社,1985.

2. 周贻白. 中国戏曲史发展纲要. 上海:上海古籍出版社,1979.

话题讨论:

1. 你喜欢中国的戏剧吗? 喜欢哪个剧种? 为什么?

2. 中国的戏剧和你们国家的戏剧相比,各有什么特点?

3. 你知道中国古典戏曲的现状吗? 传统文化在现代化的社会面前遇到了什么挑战? 应该如何迎接这种挑战?

10.2.3 中国画

关键词:中国画　工笔　写意　水墨山水画　花鸟画　人物画

中国画,又称“国画”,以前称作“丹青”,是指中国传统绘画。工具和材料有毛笔、墨、国画颜料、宣纸、绢等,题材可分人物、山水、花鸟等,技法可分工笔和写意,精神内核是笔墨。中国画是中国传统文化的精华之一,它的艺术成就和民族风格早已受到世界人民的赞誉。

中国画历史悠久,2 000 多年前的战国时期就出现了画在丝织品上的绘画——帛画,这之前又有原始岩画和彩陶画。这些早期绘画奠定了后世中国画以线条为主要造型手段的基础。两汉和魏晋南北朝时期,社会由稳定统一到分裂的急剧变化,外来文化的输入与本土文化所产生的撞击及融合,使这时的绘画形成以宗教绘画为主的局面,描绘本土历史人物、取材文学作品也占一定比例。东晋时的顾恺之是人物画大师,至今人们还能看到他的《女史箴图》和《洛神赋图卷》。山水画、花鸟画在此时也开始萌芽。张僧繇是这时的另一位大画家,“画龙点睛”就是说的他的故事。这一时期人们对绘画自觉地进行理论上的把握,并提出品评标准,画论基本形成。

隋唐时期社会经济、文化高度繁荣,绘画也随之呈现出全面繁荣的局面。山水画、花鸟画已发展成熟,宗教画达到了顶峰,并出现了世俗化的倾向,人物画以表现贵族生活为主,并出现了具有时代特征的人物造型。这一时期的著名的画家有隋代的展子虔,他的《游春图卷》解决了山水画的空间远近关系问题。唐初的阎立本留有《历代帝王图卷》、《步辇图》等,后者反映了文成公主与藏王松赞干布联姻的历史事件。中唐的吴道子被称为“画圣”,他之后的张萱和周昉是描绘贵族生活的能手,在他们的影响下形成了仕女画这一画科。另外唐朝有名的山水画家还有李思训、李昭道父子和王维。

五代两宋绘画又进一步成熟和更加繁荣,人物画已转入描绘世俗生活,宗教画渐趋衰退,山水画、花鸟画跃居画坛主流。宋代朝廷在宫内设立了图画院,用考试的办法吸收画家,形成了“院体画”。宋徽宗赵佶身为帝王,是院体画的代表人物之一,留下来的作品有《芙蓉锦鸡图》。宋代反映社会生活的风俗画大量出现,举世闻名的《清明上河图》就是宋代画家张择端创作的。这一时期还兴起了以梅、兰、竹、菊为题材的“四君子画”,代表画家有文同、苏轼等。文人画的出现及其在后世的发展,极大地丰富了中国画的创作观念和表现方法。

元、明、清三代水墨山水画和写意花鸟画得到突出发展,文人画成为中国画的主流,元代的赵孟頫、黄公望,明代的唐伯虎、徐渭,以及清代的八大山人、郑板桥等是这一时期的杰出画家。

中国画自19世纪末以后在近百年引入西方美术的表现形式与艺术观念以及继承民族绘画传统中出现了流派纷呈、名家辈出、不断改革创新的局面。这期间齐白石承前启后,徐悲鸿中西融合,陈衡恪、黄宾虹各有特色,一直影响到今天的中国画坛。

从艺术特征上来讲,中国画与西洋画有着根本的不同,西洋画注重“形似”,以写生为主,追求真实感人的艺术效果;中国画注重“神似”,以写意为主,追求情趣和意境。特别是其中的文人画,在创作中强调书画同源,注重画家本人的人品及素养。在具体作品中讲求诗、书、画、印的有机结合,并且通过在画面上题写诗文跋语,表达画家对社会、人生及艺术的认识,既起到了深化主题的作用,又是画面的有机组成部分。

步辇图(局部)

齐白石的画

徐悲鸿的画

黄胄的画

李可染的画

延伸阅读

中国画分类的依据

中国画的“画分三科”，人物、花鸟、山水，表面上是以题材分类，其实是用艺术表现一种观念和思想。所谓“画分三科”，即概括了宇宙和人生的三个方面：人物画所表现的是人类社会，人与人的关系；山水画所表现的是人与自然的关系，将人与自然融为一体；花鸟画则是表现大自然的各种生命，与人和谐相处。三者之合构成了宇宙的整体，相得益彰。这是由艺术升华的哲学思考，是艺术之为艺术的真谛所在。

中国画的特点

中国画在观察认识、形象塑造和表现手法上，采取以大观小、小中见大的方法，并在活动中去观察和认识客观事物，甚至可以直接参与到事物中去，而不是作局外观，或局限在某个固定点上。即使山水、花鸟等纯自然的客观物象，在观察、认识和表现中，也自觉地与人的社会意识和审美情趣相联系，借景抒情，托物言志，体现了中国人“天人合一”的观念。

中国画在创作上重视构思，注重艺术形象的主客观统一。造型上不拘于表面的相似，而讲求“妙在似与不似之间”和“不似之似”。画人物，着力表现他的精神和个性；画山水、花鸟、树木，则着力表现它们的形态特点和意趣。因而可以舍弃非本质的，或与物象特征关联不大的部分，而对那些能体现出神情特征的部分，则可以采取夸张甚至变形的手法加以刻画。

在构图上，中国画讲求经营，它不是立足于某个固定的空间或时间，而是以灵活的方式，打破时空的限制，把处于不同时空中的物象，依照画家的主观感受和艺术创作的法则，重新布置，虚实结合，构造出一种画家心目中的时空境界。于是，风晴雨雪、四时朝暮、古今人物可以出现在同一幅画中。因此，在透视上它也不拘于焦点透视，而是采用多点或散点透视法，以上下或左右、前后移动的方式，观物取景，经营构图，具有极大的自由度和灵活性。同时在一幅画的构图中注重虚实对比，讲求“疏可走马”、“密不透风”，要虚中有实，实中有虚。

在色彩上，中国画以其特有的笔墨技巧作为状物及传情达意的表现手段，以点、线、面的形式描绘对象的形貌、骨法、质地、光暗及情态神韵。这里的笔墨既是状物、传情的技巧，又是对象的载体，同时本身又是有意味的形式，其痕迹体现了中国书法的意趣，具有独立的审美价值。由于并不十分追求物象表面的肖似，因此中国画既可用全黑的水墨，也可用色彩或墨色结合来描绘对象，而越到后来，水墨所占比重越大，现在有人甚至称中国画为水墨画。其所用墨讲求墨分五色，以调入水分的多少和运笔的疾缓及笔触的长短大小的不同，造成了笔墨技巧的千变万化和明暗调子的丰富多变。同时墨还可以与色相互结合，而又墨不碍色，色不碍墨，形成墨色互补的多样性。在以色彩为主的中国画中，讲求随类赋彩，注重的是对象的固有色，光源和环境色并不重要，一般不予考虑。但为了某种特殊需要，有时可大胆采用某种夸张或假定的色彩。

中国字画的形式

中国字画的形式多姿多彩，有横、直、方、圆和扁形，也有大小长短等分别，除壁画，以下是常见的几种：

中堂

中国旧式房屋，天花板高大，所以客厅中间墙壁适宜挂上一幅巨大字画，称为“中堂”。

条幅

成一长条形的字画称为条幅，对联亦由两张条幅配成。条幅可横可直，横者与匾额相类。无论书法或国画，可以设计为一个条幅或四个甚至多个条幅。常见的有春夏秋冬条幅，各绘四季花鸟或山水，四幅为一组。至于较长诗文，如不用中堂写成，亦可分裱为条幅，颇为美观。

横批

也称横幅，长条形，横着作画装裱而成，可独立悬挂房间。

小品

所谓小品，就是指体积较小的字画。可横可直，装裱之后，适宜悬挂较小墙壁或房间，十分精致。

镜框

将字画用木框或金属装框，上压玻璃或胶片，就成为压镜。现代胶片有不反光及体轻的优点。至于不反光的玻璃，不会影响人对画面的欣赏，所以很受欢迎。

卷轴

卷轴是中国画的特色，将字画装裱成条幅，下加圆木作轴，把字画卷在轴外，以便收藏。

扇面

将折扇或圆扇的扇面上题字作画取来装裱，可成压镜。由于圆形或扇形的形式美丽，所以有人将画面剪成扇形才作画，然后装裱，别具风格。

册页

将字画装订成册，称为册页。近代有文具店特别将装裱册页成本，以供人即席挥毫。册页可以折叠画面各成方形，而与下述长卷有不同之处。

长卷

将画裱成长轴一卷，成为长卷，多是横看。而画面连续不断，较册页逐张出现不同。

斗方

将小品装裱成一方尺左右的字画，成为斗方。可压镜，可平裱。

屏风

单一幅可摆于桌上者为镜屏，用框镶座，立于八仙桌上，是传统装饰之一。至于屏风，有单幅或折幅，可配字画，作立地屏风之用。

中国画的欣赏

初看国画，要欣赏的不只是画面如此简单，还要看以下几项是否精美。

画工

画家的作品，可表现出画家的成就。画面的形象，就是画工的具体化。我们往往主观评判该画的好与坏，就是受画工的影响最大。

书法

中国画与西方绘画不同之处，其中一项就是书法。画中的书法，影响画面至大。书法不精的画家，大多不敢题字，虽然仅具签署，亦可窥其功底一二。

印章

画面上常见的印章有很多种，包括画家的印玺、题字者私章、闲章、收藏印章、欣赏印章、鉴证印章等。而各种印章的雕工、印文内容、印章位置，都在评价之列。尤其古画，往往有皇帝、名家、藏家及鉴赏家的印鉴，可帮助辨别真伪。

装框

中国画的装裱独具一格，常见的有纸裱、绫裱两大类。纸裱较粗，绫裱较精。裱边的颜色、宽窄、衬边、接驳、裱工等都十分讲究。

功力

书画修养深厚的人，他表现出的功力，是初学者无法掌握的。尤其是书法，老手的字多苍劲有力，雄浑生姿。在国画方面，其线条、设计、意景亦表现出作者的功力。所以人生经验丰富的艺术家，其作品往往较年轻画家有不同的表现，这就是功力。

布局

布局看来似是画面的设计，其实是作者胸怀中的天地。中国画与西方绘画不同的地方甚多，最明显之处就是“留白”，国画传统上不加底色，于是留白甚多，而疏、密、聚、散称为留白的布局。在留白之处，有人以书法、诗词、印章等来补白。亦有让其空白，故从布局可见作者独到之处。

诗句

字画中的诗词，往往代表题写者的心声。一句好诗能表现作者的内涵和学养，一句好诗亦能起到画龙点睛的作用。

推荐书目：

1. 张光福. 中国美术史. 北京：知识出版社，1982.

2. 朱光潜. 美学和中国美术史. 北京：知识出版社，1984.

3. 葛路. 中国古典绘画理论发展史. 上海：上海人民美术出版社，1982.

话题讨论：

1. 你能列举出几位中国国画大师的名字吗？

2. 就你所知,中国画和西洋画有哪些区别?和你们国家的绘画呢?
3. 你觉得中国古代的诗歌、书法和绘画有什么关系?

10.2.4 中国园林

关键词:中国园林　皇家园林　私家园林　寺庙园林　公共园林

园林是人们为了游览娱乐的方便,用自己的双手创造风景的一种艺术。世界上的园林可分为三个系统——欧洲园林、西亚园林和中国园林。中国园林,有着悠久的历史,熔传统建筑、文学、书画、雕刻和工艺等于一炉,体现了中国人的趣味和感情,在世界园林史上独树一帜,享有很高的地位。

中国是世界上园林艺术起源最早的国家之一。中国园林艺术至今已有3 000多年的历史了,按其所属,中国园林大致可以分为皇家园林、私家园林、寺庙园林和公共园林四大类。《史记·殷本纪》中记载,殷纣王"益广沙丘苑台,多取野兽蜚鸟置其中"。这"沙丘苑台"就是见于史书记载的第一座中国园林,也是最早的皇家帝王园林。周代称园林为"囿",秦代以后,改"囿"为"苑",因而又合称"苑囿"。汉武帝时在长安城西筑建章宫,宫内挖"太液池",池中堆造了三座山,以象征传说中的"蓬莱"、"方丈"、"瀛洲"三座海上仙山。隋唐以后,皇家园林都效仿这一格局,并且沿用旧名,一直到明清。现在北京的中南海和北海就是明清时代的太液池。由此可见,皇家园林是中国最早的园林,经过数千年的发展,已经形成集朝会、居住、游赏、狩猎于一体的多功能场所。历史上闻名中外的皇家园林是圆明园,被称为"万园之园",可惜被毁于英法联军和八国联军之手。现存完好的三大皇家园林是北京三海(中海、南海、北海)、颐和园和承德避暑山庄。

私家园林出现于西汉,最初的园主人多为贵族、富豪,例如梁孝王刘武的梁园。魏晋时期,佛教开始流行,士大夫们在山水之间寻找寄托和乐趣,私人造园大有发展,例如石崇的金谷园。隋唐时期,文人们造园更加兴盛,著名的有王维的辋川别业、裴度的绿野堂等。唐代以后,江南经济迅速发展,江浙一带出现了很多文人显贵,因此大量私宅园林在南方出现,这些园林又被称为"文人园林"。现存园林大多为明清时期的建筑,多集中于苏州、扬州、杭州等地,以苏州为最多,因而苏州又被称为"园林之城",其中沧浪亭、狮子林、拙政园和留园合称"苏州四大名园"。此外,曲园、怡园、耦园、网师园等,也非常优美。扬州的个园、何园,无锡的寄畅园也很有名。广东东莞的可园、番禺的余荫山房、顺德的清晖园和佛山的十二石斋合称清代"广东四大名园"。上海的豫园被称为"东南名园之冠"。北方的私家园林有保定的莲花池,北京的勺园、恭王府花园等。

寺庙园林最初与古代的祭祀活动有关,大量出现在佛教传入和道教产生之后。在中国古代,由于信仰和崇拜的对象较为复杂,出现了形形色色的建筑类型,它们一般均带有园林,也带来了寺庙园林的多样化。现存较大的寺庙园林是山西省太原市的晋祠,最初是纪念晋国创始人唐叔虞的祠庙。另外还有杭州的灵隐寺、苏州的戒幢律寺、上海的龙华寺、广州的六榕寺等。“南朝四百八十寺,多少楼台烟雨中。”唐诗人杜牧的这一名句,不仅写出了南朝佛寺的繁盛,而且也点出了寺院环境的优美。此外,在各地名山大川风景区,常常设有纪念古代名人贤士或者民族英雄的纪念性建筑,如杭州岳庙,成都、襄阳等地的武侯祠,成都杜甫草堂,陕西杜公祠,绍兴南郊的兰亭和王右军祠等,是为纪念岳飞、诸葛亮、杜甫、王羲之等历史名人而建的,实际上是另一种类型的宗庙建筑,也大致可以归入寺庙园林这一类。

公共园林大约出现在唐代,唐宋以后才逐渐兴盛起来。长安城外的曲江池是其中突出的代表,杜甫在《丽人行》中说“三月三日天气新,长安水边多丽人”,就是描写此处的景色,现在古代曲江池遗址附近辟有“大唐芙蓉园”,对游人开放。这类公园一般是利用原有的天然山水林泉、结合山水的治理建设、适当加工改造而成的园林风景区,是由许多单个园林(如寺庙园林、私家园林和苑囿)加上山水间公共的游览地组成的一个集合体,大致相当于今天的公园。构成它的主要因素是山、水、园、庙等。那里既有青山绿水、洞壑溪泉、花草树木等自然景致,又有亭台楼阁、危磴曲径、仙祠古刹、精舍浮屠等人工创造的景致。保存至今的这类园林,有苏州的石湖和虎丘、无锡的锡山和惠山、南京的钟山、镇江的南山、兰州的皋兰山、肇庆的鼎湖山和七星岩、广东惠州的西湖、安徽阜阳的西湖和杭州的西湖等。

中国园林艺术的特点概括起来主要有三:第一,追求人与自然的统一和融合。它的根本造园思想是“虽由人作,宛自天开”,艺术地再现自然,反对任何牵强附会和故意雕琢,体现了中国人“天人合一”的哲学观念。第二,注重体现人的意趣和自然追求。中国园林虽然是艺术地再现自然,但却不是无目的地再现,而是在自然景物中寄托了一定的理想和信念。例如皇家园林基本上体现了封建帝王祈求成仙和长享富贵的愿望,而私家园林也都有园主人的某种寓意。第三,是在造园手法上含蓄、曲折、变化,反对僵直、单调、一览无余,在有限的空间里显现出自然景物的无限层次,要求小中见大、虚实相间、远近相称、动静宜变,通过这些诗情画意的表现手法,营造一种舒适宜人的人居环境。由于这些特点,中国园林以极其高超的艺术水平和独特的民族风格在世界园林史上占有极其重要的地位。

颐和园（摄影：吴平）

江南私家园林（摄影：吴平）

延伸阅读

中国园林的其他分类方式

按园林基址的选择和开发方式可以分为：

1. 人工山水园

这是中国造园发展到完全自觉创造阶段而出现的审美境界最高的一类园林。这类园林均修建在平坦地段上，尤以城镇内居多。在城镇的建筑环境里面创造模拟天然野趣的小环境，犹如点点绿洲，故也称之为“城市山林”。

2. 天然山水园

一般建在城镇近郊或远郊的山野风景地带，包括山水园、山地园和水景园等。兴造天然山水园的关键在于选择基址，如果选址恰当，则能以少量的花费而获得远胜于人工山水园的天然风景之真趣。

按园林所处地理位置可以分为：

1. 北方园林

北方园林，因地域宽广，所以范围较大；又因大多为首都所在，所以建筑富丽堂皇；因自然气象条件所限，河川湖泊、园石和常绿树木都较少。所以，北方园林秀丽媚美则显得不足。北方园林的代表大多集中于北京、西安、洛阳、开封，其中尤以北京为代表。

2. 江南园林

江南人口较密集，所以园林地域范围小；又因河湖、园石、常绿树较多，所以园林景致较细腻精美。因上述条件，其特点是明媚秀丽、淡雅朴素、曲折幽深，但毕竟面积小，略感局促。江南园林的代表大多集中于苏州、扬州、杭州、南京、无锡、上海等地，其中尤以苏州、扬州为代表。

3. 岭南园林

因为其地处亚热带、热带，树木终年常绿，又多河川，所以造园条件比北方、江南都好。其明显的特点是具有亚热带、热带风光，建筑物都较高而宽敞。现存岭南类型园林，有著名的广东顺德的清晖园、东莞的可园等。也有园林学家认为岭南园林风格与传统园林不类，称之为庭园。

4. 除三大地域园林外，还有巴蜀园林、西域园林等

中国各地园林的建筑特点

中国地域广大，东西南北的气候地理条件及物产各不相同，因而园林也常常表现出较明显的地方特性。归总起来，中国南方江南地区、广东沿海地区和四川一带的园林较富特色，于是便有了所谓江南园林、岭南园林和蜀中园林的称谓。而北京四周及山东、山西、陕西等地的园林风格较为相像，便统称之为北方园林。

江南园林常是住宅的延伸部分，基地范围较小，因而必须在有限空间内创造出较多的景色，于是“小中见大”、“以一当十”、“借景对景”等造园手法，得到了十分灵活的应用，因而留下了不少巧妙精致的佳作。如苏州小园网师园殿春簃北侧的小院落，十分狭窄地嵌在书斋建筑和界墙之间，而造园家别具匠心地在此栽植了青竹、芭蕉、腊梅和南天竹，还点缀了几株松皮石笋，这些植物和石峰姿态既佳，又不占地，非常耐看。

岭南园林主要指广东珠江三角洲一带的古园。岭南气候炎热，日照充足，降雨丰富，植物种类繁多。岭南园林的水池一般较为规整，临池向南每每建有长楼，出宽廊；其余各面又绕有游廊，跨水建廊桥，尽量减少游赏时的日晒时间；其余部分的建筑也相对比较集中，常常是庭园套庭园，以留出足够的地方种植花树。受当地绘画及工艺美术的影响，岭南园林建筑色彩较为浓丽，建筑雕刻图案丰富多样。

四川虽地处西南，但历史悠久、文化发达，那里的园林亦源远流长，富有自己的特色。首先，蜀中园林较注重文化内涵的积淀，一些名园往往与历史上的名人逸事联系在一起。如邛崃县城内的文君井，相传是在西汉司马相如与卓文君所开酒肆的遗址上修建的，文君井园占地 10 余亩，以琴台、月池、假山等为主景。再如成都杜甫草堂、武侯祠、眉州三苏祠、江油太白故里等园林，均是以纪念历史名人为主题的。其次，蜀中园林往往显现出古朴淳厚的风貌，常常将田园之景组入到园内。另外，园中的建筑也较多地吸取了四川民居的雅朴风格，山墙纹饰、屋面起翘以及井台、灯座等小品，亦是古风犹存。

北京是中国北方城市中园林最集中之处，其中很大部分是古代皇帝的花园。这些皇家花园在建造时集中了全国的人力、物力和财力，规模宏大，建造精良，是我国古典园林中的精华。另外，北方还保留了一些历史较悠久的古园，如山西新绛原

绛州太守衙署的花园(古称绛守居园池),建于隋开皇十六年(596年),至今还丘壑残存,是中国留存最早的园林遗址。再如河南登封的嵩阳书院、山东曲阜孔府铁山园等,也都是北方纪念性园林中的代表作。

中国园林对世界的影响

在世界各个历史文化交流的阶段中,中国"虽由人作,宛自天开"的自然式山水园林的理论以及创作实践,不仅对日本、朝鲜等亚洲国家,而且对欧美一些国家的园林艺术创作都产生过很大的影响。为此,中国园林被誉为世界造园史上的渊源之一。

自唐宋开始,中国的造园技术传入日本、朝鲜等国。明末计成的造园理论专著——《园冶》流入日本,抄本题名为《夺天工》,至今日本许多园林建筑的题名都还沿用古典汉语。特别是在公元13世纪,意大利旅行家马可·波罗就把杭州西湖的园林称誉为"世界上最美丽华贵之城",从而使杭州的园林艺术名扬海外。今天,它更是世界旅游者心目中向往的游览胜地。

在18世纪,中国自然式山水园林由英国著名造园家威廉·康伯介绍到英国,使当时的英国一度出现了"自然热"。清初英国传教士李明所著《中国现势新志》一书,对中国园林艺术也有所介绍。后来英国人钱伯斯到广州,看了中国的园林艺术,回英国后著《东方园林论述》。

由于人们对中国园林艺术的逐步了解,英国造园家开始对规则式园林的布局原则感到单调无变化。从而,东方园林艺术的设计手法随之发展到英国。如1730年在伦敦郊外所建的植物园,即今天的英国皇家植物园,其设计意境除模仿中国园林的自然式布局外,还大量采用了中国式的宝塔和桥等园林建筑的艺术形式。

在法国不仅出现了"英华园庭"一词,而且仅巴黎一地,就建有中国式风景园林约20处。从此以后,中国的园林艺术在欧洲广为传播。

苏州网师园是江南颇有代表性的小园,园内的书斋庭院"殿春簃"作为中国古典园林之精华,已复建于美国纽约大都会艺术博物馆,其雅洁的格调、精巧的制作,深得参观者的好评。

万园之园——圆明园

圆明园位于北京市西郊,海淀区东部。原为清代一座大型皇家御苑,平面布局呈倒置的"品"字形,由圆明、长春、绮春三园组成,总面积达350公顷。

圆明园的陆上建筑面积和故宫一样大,水域面积又等于一个颐和园。圆明园汇集了当时江南若干名园胜景的特点,融中国古代造园艺术之精华于一体,以园中之园的艺术手法,将诗情画意融于千变万化的景象之中。

圆明园的南部为朝廷区，是皇帝处理公务之所。其余地区则分布着40个景区，其中有50多处景点直接模仿外地的名园胜景，如杭州西湖十景，不仅模仿建筑，连名字也照搬过来。更有趣的是，圆明园中还建有西式园林景区。最有名的"观水法"，是一座西洋喷泉，还有万花阵迷宫以及西洋楼等，都具有意大利文艺复兴时期的风格。在湖水中还有一个威尼斯城模型，皇帝坐在岸边山上便可欣赏万里之外的水城风光。

圆明园是一座珍宝馆，里面藏有名人字画、秘府典籍、钟鼎宝器、金银珠宝等稀世文物，集中了古代文化的精华。圆明园也是一座异木奇花之园，名贵花木多达数百万株。完整目睹过圆明园的西方人把它称为"万园之园"。

如果圆明园能保存至今，这座超巨型园林就是当之无愧的"世界园林之王"了。遗憾的是，1860年英法联军和1900年八国联军两次洗劫圆明园，园中的建筑被烧毁，文物被劫掠，奇迹和神话般的圆明园变成一片废墟，只剩断垣残壁，供人凭吊。

推荐书目：

1. 王毅.园林与中国文化.上海：上海人民出版社，1990.
2. 金学智.中国园林美学.南京：江苏文艺出版社，1990.
3. 刘策，等.中国古典名园.上海：上海文化出版社，1984.

话题讨论：

1. 你去过哪些中国的古典园林？谈谈你的印象。
2. 你们国家有哪些著名的园林？它们有什么特点？和中国的古典园林有什么相同或者不同？
3. 关于是否重建圆明园，中国人有很多争论，你知道吗？说说你的看法。

10.2.5 中国传统建筑

关键词：城池 宫殿 陵寝 民居 长城 传统建筑

建筑是凝固的音乐，中国建筑也不例外。中国古代建筑的发展，主要经历了以下几个历史阶段：从原始社会后期到春秋战国时期为成型期，从秦汉到三国时期为成熟期，魏晋南北朝时期为吸收期，隋唐两代为高峰期，宋元两代为转变期，明清两代为渐进期。中国传统建筑主要有四个特点：一是在建筑上普遍采用木架构；二是在平面布局上以"间"为单位构成单体建筑，再由单体建筑组成院落，最后以庭院为单元组成建筑群体；三是在审美意识上，除了园林以外，追求平稳、大气、整齐、对称，讲究秩序与礼度；四是在艺术造型上多采用高台基、大屋顶，给人以稳固、庄严、雄伟的感觉。

在中国的传统建筑中,城市建筑是最重要的一类,古人称为"城池"。城是指城墙,池是指城外的护城河,可以看出中国古代的城市都是封闭式的防御性设计。中国历史上最大的古城是隋大兴城,也就是唐长安城,面积为84.1平方千米,是现存西安古城面积的7倍以上,由郭城、皇城和宫城三部分构成,体现了隋唐时代的兴盛气象。明清的北京是封建社会后期全国最大的城市,面积60.2平方千米,曾经作为金朝的中都城、元朝的大都城,后来明成祖朱棣迁都北京,改建而成,可惜现在北京旧城已经基本上全部被拆,只保留部分地名。现存面积最大的古城是明代建的西安城,大体上相当于唐代长安城的皇城。山西的平遥古城被列为"世界文化遗产"。另外,湖北的"荆州古城"、辽宁的"宁远卫城"、福建的"赵家城"也大多保存完好,充分体现了中国古代城市建设的特点。

中国的封建社会很长,历代帝王营建了不计其数的宫殿,宫殿的建筑设计特别追求高大、雄伟、壮丽,反映了封建帝王唯我独尊的心理。历史上著名的宫殿有秦始皇的"阿房宫";汉代的三宫,即"长乐宫"、"未央宫"和"建章宫";唐三宫,即"太极宫"、"大明宫"和"兴庆宫"。这些雄伟壮丽的宫殿都位于今天的西安市,可惜在漫漫的历史长河中基本上全部被毁了,现存有部分遗址公园,可供游人前往凭吊。现在保存下来的规模最大、最完整、也是最精美的宫殿建筑,首推北京的故宫,它是明成祖朱棣迁都北京的时候建造的,占地面积72万平方米,房屋9999.5间,结构上根据宫廷建筑的一般习惯,即"前朝后寝"的制度分作皇帝处理政务的外朝和皇帝起居的内廷两大部分,外朝以"三大殿"——太和殿、中和殿、保和殿为主,内廷以"后三宫"——乾清宫、交泰殿、坤宁宫为主。故宫完全按照君权的至高无上和绝对权威来安排各种建筑,使它成为一个主次分明、尊卑有序而又和谐统一的整体。

中国的帝王们生前住在宫殿,死后葬于陵寝,陵寝就是帝王的坟墓,按照中国传统"视死如生"的观念,他们同样营建了壮丽辉煌的陵寝。西安作为中国的古都,集中了历史上著名的秦始皇陵以及西汉和唐朝两个王朝的帝王陵,还有不计其数的陪葬墓。虽然大部分只残存陵冢土堆,但是雄伟气势至今尚存,其中最为引人注目的是秦始皇陵、唐太宗李世民昭陵、武则天和她丈夫唐高宗李治合葬的乾陵,陵墓中可能藏有难以估算的宝物。东汉帝陵位于今天河南省洛阳市附近,北宋帝陵集中于河南省巩义市,南宋帝陵在浙江省绍兴市外。元代皇帝不立帝陵,故至今无存。在今天宁夏银川市郊外还有古代少数民族党项族的西夏王陵。明清两代的帝王陵至今保存较好,最著名的有北京的"十三陵",这是明代皇陵。清代的皇陵主要位于河北省遵化县和易县,被称为清东陵、西陵。

帝王们居住在宫殿之中,而普通人民只能居住在民宅之内。由于中国的地域辽阔、民族众多、自然环境多种多样、社会经济环境亦不尽相同,在漫长的历史发展过程中，逐步形成了各地不同的民居建筑形式。较有特色的有江南的官商府邸、楼房民宅，黄土高原的窑洞，福建的土楼，云南的干栏式小楼，维吾尔族的庭院和蒙古族的蒙古包等。另外，徽派民宅、白墙青瓦、高墙深院，被称为"古民居博物馆"；山西晋商的一些院落住宅，如祁县的"乔家大院"、灵石的"王家大院"、榆次的"常家庄园"气势雄伟、风格独特、建筑精美异常，有着深厚的文化意蕴，被誉为"北方民居建筑中的明珠"。它们可以被视为中国南方和北方民居的代表。北京的四合院内外有别、尊卑有序，显出极为程式化的态势，充分体现了封建宗法制度对住宅的影响。

万里长城也是中国古代举世闻名的建筑奇迹。它始建于公元前7世纪的春秋战国时期，秦始皇统一六国后将原先秦、赵、燕三国的长城连在了一起，以后历代王朝均有修建，现存长城基本上是明朝修建的。首先，长城修建的目的全在于军事防卫，它是一个军事系统工程，而不是进攻性的，这反映了中国封建社会封闭性的社会形态。其次，长城还是大一统封建专制主义的产物，同时是中华民族勤劳和智慧的结晶，见证了中国各民族之间的文化冲突和融合。

在中国古代，为了进行军事防御，除了修筑城池、长城之外，还修建了数不清的关隘，例如长城上的山海关、居庸关和嘉峪关，历史上有名的还有函谷关、虎牢关、潼关、玉门关、偏关、宁武关、雁门关、紫荆关、倒马关、娘子关、剑门关、武胜关、友谊关等，它们同城池、长城一样，都是阻隔性的建筑物，充分体现了中国古代重视防守、追求自保的军事战略思想。

长城和关隘主要是为了军事防御，而桥梁则是为了沟通和交流，中国古代的劳动人民同样建造了无数精美的桥梁。中国古代的桥梁既有实用价值，又有装饰价值，并且根据地区自然条件的不同各有特点，体现了高度的美学价值和中华民族特有的民族风格。最著名的桥梁有西安市东郊的灞桥，与历史和文学结下了不解之缘；河北省赵县的赵州桥，是全世界最早的敞肩拱桥，体现了高度的科学性和艺术性的结合；北京的卢沟桥是马可·波罗介绍到西方去的第一座中国石拱桥，被他称为"世界上最好的、独一无二的桥"；颐和园内的十七孔桥也很著名。

除了桥之外，兼有实用性与装饰性的中国古代建筑还有亭台楼阁等。历史名亭有浙江绍兴的兰亭、山东济南的历下亭、江西九江的烟水亭、安徽滁州的醉翁亭、湖南长沙的爱晚亭等。北京是现存亭子最多的地方，如颐和园内的廓如亭是全国最大的亭子，万寿山上的铜亭、景山五亭、北海的五龙亭、天坛的双环亭、陶然公园内的陶然亭等各具风采。台在中国文化中占有重要的地位，著名的台有黄帝的轩辕台、禹的儿子启的钧台、商纣王的鹿台、周文王的灵台、勾践的越王台、赵武灵王的丛台、项羽的戏马台、刘邦的歌风台和拜将台、曹操的铜雀台等。著名的楼阁有"江南三大名楼"：黄鹤楼、岳阳楼和滕王阁，此外山西永济的鹳雀楼、山东蓬莱的蓬莱阁、浙江金华的八咏楼、浙江嘉兴的烟雨楼、四川成都的望江楼、云南昆明的大观楼、贵州贵阳的甲秀楼等也都很有名。亭台楼阁只是为人们提供了活动的场所，它们在历史上留下盛名，除了本身建筑的优美之外，更重要的是因为承载了丰富的社会人文底蕴，这也正是中国传统建筑的魅力之所在。

中国古代建筑丰富多彩，除了以上所述，还有各种宗教祭祀建筑，包括寺、观、祠、庙、塔，例如北京的天坛、地坛、日坛、月坛、社稷坛。全国的各种佛教寺院、道教宫观等表达了人们的精神信仰；各种衙署会馆，分别体现了政治性和文化性、经济性的功能，可以帮助我们了解中国古代社会的结构；各种装饰性建筑，如华表、牌坊、碑阙、照壁等，使整个建筑物协调而有节奏，严谨而有变化，无不体现了中国古代建筑的特色。至于古代遗留下来的各种大型工程，例如秦国蜀郡太守李冰主持修建的“都江堰”、韩国水工郑国修建的“郑国渠”、秦将史禄开凿的“灵渠”，特别是贯通中国南北的“京杭大运河”，更是体现了中国人民无尽的智慧和力量，彪炳史册，享誉全球。

苗族村寨（摄影：吴平）

山西王家大院（摄影：吴平）

山西应县木塔（摄影：吴平）

延伸阅读

中国传统建筑的特点

中国传统建筑的特点是具有民族色彩和地方色彩。中国传统建筑正是中国厚重博大的传统文化和民族特色的最精彩、最直观的传承载体和表现形式。

一、大气

体现在大门、大窗、大进深、大屋檐，给人以舒展的感觉。大屋檐下形成的半封闭的空间，既遮阳避雨，起庇护作用，又视野开阔，直通大自然。大气，最充分地体现了中国传统建筑"天人合一"的思想。

二、生气

体现在四角飞檐翘起，或扑朔欲飞，或直立欲飘，让建筑物(包括塔、楼)的沉重感显得轻松，让凝固显得欲动。若"大气"产生于理，则"生气"产生于情。情越浓，艺术性越强。中国传统建筑造型的艺术性是任何其他民族不能比拟的。西方传统建筑的艺术性不在建筑物本身，而在其附着的雕塑或绘画——观赏艺术，无法给建筑物自身带来生气。

三、富丽

体现在琉璃材料的使用。它寿命长，颜色鲜艳，在阳光下耀眼夺目，在各种环境中富丽堂皇。其较高的成本，象征着财富和地位。

可见，大气、生气、富丽三者，既有其特定的行色，又有其丰富的内涵，它们的结合形成了中国建筑的传统。

四、重山林风水

上述三个特点，仅指建筑物本身，未及其环境。若包容环境，中国建筑的传统性还有第四个特点——重山林风水。中国历代的职业风水先生，去除迷信成分，可称得上是选址专家。有山，易取其势，视野开阔，排水顺畅；有林，易取其物，柴草丰盛，鸟鸣果香；有风，易得其动，空气清新，消暑灭病；有水，易得其利，鱼虾戏跃，鹅鸭成群。故此，若靠山面水，侧有良田沃土，阳光充沛，兼有舟楫之便，当然是公认的宜于人类生存的最佳选址。中国传统建筑不仅重自然的山林风水，也重人工的山林风水，让人工的与自然的协调，院内的与院外的衔接，造成"天上人间"之境，使人产生"此中有真意，欲辨已忘言"的心旷神怡之感。

中国传统建筑的这第四个特点，更加体现了"天人合一"的思想，这一思想恰恰与现代人回归大自然的欲望相吻合。可见，重山林风水的传统思想必将在现代建筑设计中得到发扬、发展，以创造优美的建筑环境，实现向大自然的回归。

老北京的四合院

四合院是北京地区乃至华北地区的传统住宅。其基本特点是按南北轴线对称布置房屋和院落,坐北朝南,大门一般开在东南角,门内建有影壁,外人看不到院内的活动。正房位于中轴线上,侧面为耳房及左右厢房。正房是长辈的起居室,厢房则供晚辈起居用,这种庄重的布局,也体现了华北人民正统、严谨的传统性格。北京地区属暖温带、半湿润大陆性季风气候,冬寒少雪,春旱多风沙,因此,住宅设计注重保温防寒避风沙,外围砌砖墙,整个院落被房屋与墙垣包围,硬山式屋顶,墙壁和屋顶都比较厚实。

中国北方院落民居以北京四合院最为典型。四合院坐北朝南,大门开在东南角,称"坎宅巽门",认为是吉利的,实际上也有利于保持私密性和增加空间的变化。进入大门西转为外院,安排客房、仆房和厨、厕。从外院向北通过一座华丽的垂花门进入方正而大的内院,北面正房称堂,供奉"天地君亲师"牌位,举行家庭礼仪,接待尊贵宾客,其左右耳房居住长辈和用作书房。院两侧的厢房是后辈居室。各房以"抄手游廊"相连,不必经过露天,在廊内也可坐赏院中花树。

北京四合院之所以有名,还因为它虽为居住建筑,却有着深刻的文化内涵,是中华传统文化的载体。四合院的营建是极讲究风水的,从择地、定位到确定每幢建筑的具体尺度,都要按风水理论来进行。风水学说,实际上是中国古代的建筑环境学,是中国传统建筑理论的重要组成部分,千百年来一直指导着中国古代的营造活动。除去风水学说外,四合院的装修、雕饰、彩绘也处处体现着民俗民风和传统文化,表现一定历史条件下人们对幸福、美好、富裕、吉祥的追求。如以蝙蝠、寿字组成的图案,寓意"福寿双全";以花瓶内安插月季花的图案寓意"四季平安";而嵌于门头上的吉辞祥语,附在檐柱上的抱柱楹联,以及悬挂在室内的书画佳作,更是集贤哲之古训,采古今之名句,或颂山川之美,或铭处世之学,或咏鸿鹄之志,风雅备至,充满浓郁的文化气息,登斯庭院,有如步入一座中国传统文化的殿堂。

北京故宫

北京故宫极为壮观。仅以宫殿的核心部分紫禁城为例,它东西宽760米,南北长960米,占地72万多平方米。根据宫廷建筑的一般习惯,故宫也可以分作皇帝处理政务的外朝和皇帝起居的内廷两大部分。故宫中的乾清门,就是外朝和内廷之间的分界线。外朝以"三大殿"——太和殿、中和殿、保和殿为主,前有太和门,两侧有文华殿和武英殿两组宫殿。内廷以"后三宫"——乾清宫、交泰殿、坤宁宫为主,它的两侧是供嫔妃居住的东六宫和西六宫,也就是人们常说的"三宫六院"。故宫的这种总体布局,突出地体现了传统的封建礼制"前朝后寝"的制度。而整个故宫的设计思想更是突出地体现了封建帝王的权力和森严的封建等级制度。例如,主要建筑除严格对称地布置在中轴线上外,还特别强调其中的"三大殿","三大殿"中又重点突出举行朝会大典的太和殿(俗称金銮殿)。为此,在总体布局上,"三大殿"不仅占据了故宫中最主要的空间,而且它前面的广场面积达2.5公顷,有力地衬托出太和殿是整个宫城的主脑。再加上太和殿又位于高8米、分作三层的汉白玉石殿基上,每层都有汉白玉石刻的栏杆围绕,并有三层石雕"御路",使太和殿显得更加威严无比,远望犹如神话中的琼宫仙阙,气象非凡。至于内廷及其他部分,由于它们从属于外朝,故布局比较紧凑。

此外,还应当指出的是,故宫是最能体现建筑是一种时间与空间的持续性艺术的最好的例子。人们从天安门一步步走进故宫,穿过端门和午门时,两旁是一间间重复出现的朝房,再进去就是太和门和"三大殿",这一系列建筑,特别是其中的三大殿仿佛是一部乐章中的一个重要乐段。然后又出现"后三宫",它们是大同小异建筑的不断地重复,可说是又一个乐段,或者说是乐曲主题的变奏。而每一座宫殿本身,也都是由许多构件形成的重复。至于东西两侧比较低矮的廊、庑、楼、门等建筑则犹如配合主调的伴奏。这样,人们漫步故宫中的感受,是在时间进程中对连续的空间序列的印象所产生的总和,这与乐曲的艺术效果是很相像的。所以,整个故宫,就像一部大型的、凝聚的乐章。

推荐书目:

1. 刘敦祯. 中国古代建筑史. 北京:中国建筑工业出版社,1984.
2. 王崇人. 古都西安. 西安:陕西人民美术出版社,1981.
3. 潘洪萱. 中国的古名桥. 上海:上海文化出版社,1985.

话题讨论:

1. 中国的哪一类古代建筑给你留下了最为深刻的印象?为什么?
2. 中国建筑体现出的防御性的特点反映了中国人什么样的文化心态?
3. 在当今世界,中国的传统建筑艺术面临着怎样的机遇与挑战?是否还能够继续发挥它的作用?

10.3 学术思想

10.3.1 儒家思想

关键词:孔子 孟子 荀子 仁 礼

文化的核心是哲学思想。中国历代哲人对社会、人生的各种思考和认识，塑造了中国传统文化的精神和品格，其中最为重要的是儒、道思想。儒家思想也称为儒教或儒学，由孔子创立，是中国影响最大的思想流派，也是中国古代的主流意识。儒家学派对中国、东亚乃至全世界都产生过深远的影响。

孔子，名丘，字仲尼，春秋时鲁国陬邑人。他曾做过鲁国的司寇，也曾周游列国，推广自己的学说。他第一次打破了旧日统治阶级垄断教育的局面，变"学在官府"为"有教无类"，广收门徒，号称有"弟子三千，贤者七十二人"，使传统文化教育普及到整个民族。他的一些谈话和见解，由弟子们记录和整理之后编成《论语》一书，集中反映了他的思想。

儒学的中心思想是"仁"。孔子说："仁者爱人"，即强调人与人之间要彼此友爱。用什么方法去爱人？就是要"推己及人"，一方面把自己想要得到的好处也要让给别人（己欲立而立人，己欲达而达人），另一方面自己不想做的事情、不想要的东西也不要强加于人（己所不欲，勿施于人）。他还特别强调"礼"的作用，认为礼的本质是仁爱。如果人们都能够依礼行事、非礼不行，那么他们就会在不知不觉之间提升自己的人格而成为一个"仁者"，也就是说，"克己复礼为仁"。由"仁"的思想出发，孔子说要爱己及人。就是说要从爱自己，到爱父母兄弟，爱妻子朋友，再由家庭而社会，由社会而国家，即由小到大，由内及外，这在《大学》中被总结为："修身、齐家、治国、平天下"。如果每个人都能够按照"礼"的要求，从提高自己的道德修养出发，培养理想人格，成为一个"仁人"，那么天下也一定会实现大治。孔子的政治思想，首先是"正名"，即按照一定的标准恢复被破坏的纲纪；其次是主张统治者"立信"，即政府要获得人民的信任。由此出发，孔子主张用道德教化的办法来治理国家，而不主张使用暴力。他的很多主张，例如"因材施教"、"温故知新"，"三人行，必有我师焉"，"择其善者而从之，其不善者而改之"，"知之为知之，不知为不知，是知也"等直到今天都有很深的教育意义，值得继承。当然，孔子主张恢复周礼，这体现了他政治思想中保守的一面。

继孔子之后的第二位儒学大师是孟子，名轲，字子舆，邹国人，其思想集中反映在他与弟子共同编写的《孟子》一书中。孟子坚持"性善"说，认为人生来具有良知良能，一个人之所以不能成为好人，是因为他不去培养和发展自己的"良知"，因此要重视主观精神的修养，"养浩然之气"，提出了"义"。在政治上，他主张施行仁政，并提出"民贵君轻"思想；主张"政在得民"，反对苛政；主张给农民一定的土地，不侵犯农民劳动时间，宽刑薄税。

荀子是先秦的另一位儒学大师，名况，字卿，赵国人，其思想集中反映于《荀子》一书中。荀子和孔孟一样提倡礼义，但是强调"性恶"，因为人性恶，所以要用后天的办法来帮助人为善，即通过教化。在政治思想方面他的主张也与孟子有所不同，主张强化君权，但是重视民的作用，认为“君者，舟也；庶人者，水也。水则载舟，水则覆舟”。

先秦儒学的内容体系充满着浓重的、温柔淳朴的伦理亲情色彩，显得不切合实际，因此儒家思想在先秦并没有得到统治阶级的重视，甚至还受到了秦始皇毁灭性的打击。但是西汉的董仲舒以儒学为基础，以阴阳五行为框架，兼采诸子百家，建立起一个以“天人感应”、“君权神授”、“大一统”为核心的体系，得到了政府的支持，从此之后“罢黜百家，独尊儒术”，儒家思想成为历代封建统治的正统思想。汉朝以后，历朝历代四书五经被无数次修订，儒家思想从内容到形式都发生了巨大变化。儒学在魏晋时期演变成玄学。唐代政权基本上以儒家思想为主导，但是也渗透了道教和佛教思想。宋代时发展为理学，尊周敦颐、程颢、程颐为始祖，朱熹为集大成者，后取得了官方地位。元明清时期，科举考试都以朱熹的理学内容为考试题目，对思想产生了很大的束缚，直到“五四”运动才取消了儒学的统治地位。

两千多年来儒家之所以能独领风骚，一方面是因其思想内核即哲学上的天人观念、伦理上以“仁”为核心的“三纲五常”、政治上的大一统主张，在根本上适应了封建专制统治的需要；另一方面是因为儒家具有强烈的社会责任感，能够随时代的变化而不断改变面目。尽管目前中国人的思想已经发生了巨大的转变，但是儒学在中国存在了几千年，对于中国的政治、经济等各个方面依然存在着巨大的潜在影响，这种影响在短期内不会消除，儒家思想仍然在许多方面深刻地影响着中国人的思想和生活。

延伸阅读

儒家的经典著作——四书五经

四书五经是四书和五经的合称，是中国儒家经典的书籍。四书指的是《论语》、《孟子》、《大学》和《中庸》；而五经指的是《诗经》、《尚书》、《礼记》、《周易》和《春秋》，简称为“诗、书、礼、易、春秋”，在之前，还有一本《乐经》，合称“诗、书、礼、乐、易、春秋”，这六本书也被称作“六经”，其中的《乐经》后来亡佚了，就只剩下了五经。四书五经是南宋以后儒学的基本书目，儒生学子的必读之书。

儒家思想的特色

儒家基本上坚持“亲亲”、“尊尊”的立法原则，维护“礼治”，提倡“德治”，重视“人治”。儒家思想对封建社会的影响很大，被封建统治者长期奉为正统思想。

儒家的“礼治”主义的根本含义为“异”，即使贵贱、尊卑、长幼各有其特殊的行为规范。只有贵贱、尊卑、长幼、亲疏各有其礼，才能达到儒家心目中君君、臣臣、父父、子子、兄兄、弟弟、夫夫、妇妇的理想社会。国家的治乱,取决于等级秩序的稳定与否。儒家的"礼"也是一种法的形式,它是以维护宗法等级制为核心,如违反了"礼"的规范,就要受到"刑"的惩罚。

儒家的"德治"主义就是主张以道德去感化教育人。儒家认为,无论人性善恶,都可以用道德去感化教育人。这种教化方式,是一种心理上的改造,使人心良善,知道耻辱而无奸邪之心。这是最彻底、根本和积极的办法,断非法律制裁所能办到。

儒家的"人治"主义,就是重视人的特殊性,重视人可能的道德发展,重视人的同情心,把人当作可以变化并可以有很复杂的选择主动性和有伦理天性的"人"来管理统治的思想。从这一角度看,"德治"主义和"人治"主义有很大的联系。"德治"强调教化的程序,而"人治"则偏重德化者本身,是一种贤人政治。由于儒家相信"人格"有绝大的感召力,所以在此基础上便发展为"为政在人"、"有治人,无治法"等极端的"人治"主义。

现存的儒家思想(不同于孔子的思想)作为封建王朝的正统思想,将阶级视为人类社会的基础,鼓吹封建道德观,强调个人的自我约束,而忽略法律在社会生活中的作用,因此有的学者认为儒家思想是中国难于接受西方民主思想的重要因素之一。对待中国古代传统文化,应该采取古为今用、批判继承的态度,取其精华,弃其糟粕。

"罢黜百家,独尊儒术"的时代背景

西汉前期,封建统治者迫于经济凋敝、民心思治的社会形势,以退为进,奉黄老之学为统治思想,试图达到无为而治。但随着历史条件的变化,到汉武帝时期开始实行有为政治,统治思想也必然面临新的抉择。儒家提倡德政、礼治和人治,强调道德感化;法家提倡"一断于法",实行法治,强调暴力统治;道家提倡顺乎自然,"无为而治",三者具有很大的互补性。经过秦、西汉初年的治国实践,从正反两个方面证明:在动荡年代,军阀割据,难以用儒家路线实行全国大一统,而法家路线却能收到这样的效果;在动荡结束之初,人口稀少,生产破坏,应该实行道家无为政治,与民休息,以恢复和发展生产;当国家稳定,走上正常运行轨道之后,不能再实行严刑峻法的暴力统治,而以走儒家路线为宜。

汉武帝时,董仲舒以儒家路线为基础,以法家路线为辅助,兼采道家的合理思想,奠定了中国封建社会统治思想的基本格局,从理论上阐明尊崇儒学的思想统治原则,受到汉武帝赏识。随后武帝采取一系列措施,从而确立了儒学的统治思想地位。从此以后,以儒家伦理道德思想为中心,以法家的严刑峻法为辅助的治国模式基本上符合中国古代的国情,成为历代统治阶级奉行不变的治国圭臬。

汉武帝这一政策与秦代有很大不同，儒学独尊后其他思想学派并未被禁止，所提倡的儒学本身也广泛吸收了法家、阴阳家等各家学说，统一的思想带有一定的综合倾向，因而获得了成功。儒家兴学，把教育、考试与选官结合起来，是武帝的创造，在客观上促成了重视知识、重视教育的社会风尚，儒家思想逐渐渗透到社会各方面，造成了中国传统文化的基本范式。但从本质上看，这仍是一种封建专制主义文化政策。汉武帝运用皇权干预思想学术，抑制了民族思想的自由发展，禁锢了思想界的探索精神，违背了思想统一于真理的规律，有明显的消极作用。

儒家思想的当代意义

孔子门下弟子三千，因而总结出很多行之有效的教育方法，比如"温故而知新"、"三人行必有我师"、"学而不思则罔，思而不学则怠"等。孔子更被后世尊称为"万世师表"，某些地区更将"孔圣诞"定为"教师节"。

自从中国人开始追求现代化以来，儒家思想在中国文化上的地位就发生了非常大的变化。每个人都应该有机会参考儒家传统提供的资源，尤其是华人和东亚人应该有这个机会。但是正如其他的文化传统，儒家传统也属于全人类，所以儒家的思想文献应该尽量翻译成各种语言，提供给大家。

从一开始儒家思想就体现为一种具有普遍性的世界观和人生观。用今天的话来讲，在古代中国儒家思想就被理解为人类文明的核心。结果，至少在中国，儒家思想被视为文明或文化的一个不可分割的组成部分。儒家思想给现代人提供了很丰富的资源。面对这些资源，现代人具有选择的自由，可以吸收资源里面的一些成分，也可抛弃一些成分。儒家思想是中国传统文化的内核，也是维护封建君主专制统治的理论基础。儒家思想、君主专政制度构成了中国古代政治史的两大主体内容。

但是不管你作出什么选择，儒家思想属于全人类的文化遗产。保存和解释儒家思想文献，增进人们对它的理解是作为对儒家感兴趣的学者的一个重要任务。不管你对儒家思想的评价如何，了解这个极其丰富多彩的传统一定会使得你的生活更加充实。

推荐书目：

1. 李长之. 孔子的故事. 杭州：浙江文艺出版社，2008.

2.（日）井上靖. 孔子. 北京：人民文学出版社，2002.

3.（日）下村湖人. 论语故事. 北京：中国人民大学出版社，2007.

话题讨论：

1. 你认为儒家思想在中国历史上发挥了什么样的作用？它有什么好的方面？又有什么不好的方面？

2. 儒家思想在你们国家有影响吗？请举例说明。

3. 当今中国正在努力实现现代化，你认为儒家思想与现代化有矛盾吗？为什么？

10.3.2 道家思想

关键词：老子　庄子　道法自然　清静无为

道家思想是影响中国文化发展的第二大学说。它的创始人是老子。

老子，姓李名耳，字聃，又字伯阳，又称老聃，是春秋时期楚国苦县厉乡曲仁里人。据说他曾经担任周王朝的"守藏室之史"，管理国家的图书。他所著的《道德经》又称《老子》，只有五千多个字，却极为博大精深。

道家是"道德家"的简称，因为老子的《道德经》而得名。老子在《道德经》中提出了宇宙的本源，即"道"，并且通过它来观察和认识客观世界。老子认为"道法自然"，即宇宙万物都是自然而然地演化和发展的，是"无为自化"的，因此他提出要按照自然界的客观规律办事，做到"清静无为"，不要轻举妄动，去做违反宇宙自然规律的事情。老子的哲学中还有朴素的辩证法思想，他指出任何事物都是正与反、肯定与否定的对立统一，这些对立统一的关系可以互相转化："祸兮福所倚，福兮祸所伏。"老子的理想政治境界是"邻国相望，鸡犬之声相闻，民至老死不相往来"。在这些认识的基础上，老子提出了他的策略思想，即"贵柔"、"守弱"，希望以弱胜强、以柔克刚、知雄守雌、知荣守辱等。就《道德经》的思想内容看，主张绝圣弃智，忘情寡欲；提倡清静无为，无知无欲。老子的思想闪耀着哲学的光辉，但是过分强调"柔弱"也给他的思想带来了一些消极性，例如消极退让、反对斗争、否定进步等。

庄子是道家思想的第二位主要代表，他名周，是战国时期宋国蒙人。一生穷困，只做过管理漆园的小吏，他的思想主要反映在《庄子》一书中。庄子同样把"道"作为自己哲学体系的最高范畴，继承和发展了老子"道法自然"的观念，认为"道"是无限的，一切事物都处于"无动而不变，无时而不移"之中，过分强调了事物的运动性。庄子思想的核心是自然无为。他认为人应该体会自然发展之道，顺应自然的法则，消除自身与外物之间的对立，达到人与自然之间的融合，使人的精神获得绝对的自由。他对宇宙万物的认识比老子更加超脱，要求人们用一种完全顺乎自然的态度来对待人生，生死如一。他也具有朴素的辩证法思想。庄子的散文在先秦诸子散文中别具特色。他在文章中大量采用并虚构寓言故事来作为论证的依据，想象丰富，笔调轻快，富于浪漫主义色彩和浓郁的诗意，成为历代古文家所喜爱的散文作品。特别是庄子提出的"心斋"、"坐忘"等内心修养的途径，以虚静空明的心境去感应外物，用师法自然的方式去认识和评价客观事物，无论对后世知识分子的精神世界，还是对艺术创作中的审美意识都有深远的影响。

道家与儒家的不同之处非常明显。儒家被称为“入世之学”，主要讲的是政治教化，作用偏重于社会；就个人来说，偏重于品格的修养。道家则不同，它是“出世之学”，主要讲的是宇宙人生，作用偏重于个人的精神生活。儒家无疑是提倡参与政治生活与社会生活的，但同时，也为拒绝过于热衷政治社会生活留下空间，孔子曾说：“天下有道则见，无道则隐”；孟子则说：“穷则独善其身，达则兼善天下。”天下“有道”、个人“达”的时候，文人们便在政治生活与社会生活中扮演活跃的角色。而孔孟的“无道则隐”、“穷则独善其身”，则为传统文人在面对政治感到无力的时候，在遭到罢黜、郁郁不得志的时候，返归内在精神、追求内在精神的超越提供了一片思想空地。当然孔孟教诲中的“隐”与“独善其身”也并不意味着拥抱老庄之学，但是在历史上，当文人们对政治绝望，甚至走向山水田园的时候，道家思想总是焕发出极强的魅力。因此，儒道互补，共同构建了中国传统文人的文化心理。

虽然除了极少数时期以外，道家思想并未被官方采纳，但它一直在中国古代思想的发展中扮演重要角色。魏晋玄学、宋明理学都糅合了道家思想。佛教传入中国后，也受到了道家的影响，禅宗在诸多方面受到了庄子的启发。道家提倡自然无为，提倡与自然和谐相处，在当今世界有着积极的现实意义。随着社会的发展，道家思想以其独有的宇宙、社会和人生领悟，在哲学思想上呈现出永恒的价值与生命力。

延伸阅读

道家对中国文化的贡献

道家对中国文化的贡献与儒家同等重要，只是在政治思想上一为表显，一为隐藏。道家在理论上的深厚度与辩证性，为中国哲学思想中所有其他传统提供了富有创造力的源泉。至于道家文化在中国绘画、文学、雕刻等各方面的影响，则是占据绝对性的优势主导地位，即使说中国艺术的表现即为道家艺术的表现也不为过。

道家哲学为中国政治活动也提供了活络的空间，使得中国知识分子不会因为有太强的儒家本位的政治理想而执着于官场的追逐与性命的投入，而能更轻松地发现进退之道，理解出入之间的智慧。在中国知识分子的心目中，老庄，尤其是庄子的哲学是最为适应创造力的需要，最贴合他们内心深处隐微的部分的。它在儒家的规矩严整与佛家的禁欲严峻之间，给中国的知识分子提供了一块可以自由呼吸的空间；它是率性的，是顺应自然的，是反对人为的束缚的；它在保全自由生命的过程中，竭尽了最大的心力。

关于《道德经》

《道德经》含有丰富的辩证法思想，它与古希腊哲学一起构成了人类哲学的两个源头，老子也因其深邃的哲学思想而被尊为“中国哲学之父”。老子的思想被庄子所传承，并与儒家和后来的佛家思想一起构成了中国传统思想文化的内核。道教出现后，老子被尊为“太上老君”；从《列仙传》开始，老子就被尊为神仙。《道德经》的国外版本有1 000 多种，是被翻译外国语言最多的中国书籍。

庄子所认为的宇宙和人的关系

庄子所认为的宇宙和人的关系是“天人合一”的，是物我两忘的，所以他有着通达的生死观。庄子认为是道给了我们形貌，天给予了我们形体，我们要做的是不要因为好恶而损害自己的本性。他以人的完整生命为起点来思考人应当度过一个怎样的生活旅程。

他超越了任何知识体系和意识形态的限制，站在天道的环中和人生边上来反思人生。他的哲学是一种生命的哲学，他的思考也具有终极的意义。而且还有很多思想十分超前，比如“一尺之捶，日取其半，万世不竭”，就是数学里的极限思想。

庄子的地位

庄子在中国哲学史上既是一位有着鲜明特色的伟大哲学家，又富于诗人的气质。在他的著作中，用生动形象而幽默诡异的寓言故事来阐述自己的思想，这种寓言的方式使庄子的思想和想象具有着水一般的整体性。

庄子的文章结构很奇特。看起来并不严密，常常突兀而来，行所欲行，止所欲止，汪洋恣肆，变化无端，有时似乎不相关，任意跳荡起落，但思想却能一线贯穿。句式也富于变化，或顺或倒，或长或短，加之词汇丰富，描写细致，又常常不规则地押韵，显得极富表现力，极有独创性。

庄子一生洁身自爱，始终过着清贫的隐居生活。他继承并发扬了老子的道家思想，是惊世骇俗的哲学大家，也是才华横溢的文学泰斗。他曾经“梦蝶”，分不清梦境和现实的差距。他与时人惠子有“安知鱼乐”的精彩辩论。相传，庄子妻子过世时，他鼓盆而歌。庄子的寓言有奇丽浪漫的想象、缜密精微的哲理，生动细腻，挥洒自如。

庄子文字的汪洋恣肆、意象的雄浑飞越、想象的奇特丰富、情致的滋润旷达，给人以超凡脱俗与崇高美妙的感受，在中国的文学史上独树一帜。他的文章体制已脱离语录体形式，标志着先秦散文已经发展到成熟的阶段，可以说，《庄子》代表了先秦散文的最高成就。

庄周一生著述10余万言，书名《庄子》。这部著作的出现，标志着在战国时代，中国的哲学思想和文学语言，已经发展到很玄远、高深的水平，是古代典籍中的瑰宝。因此，庄子不但是中国哲学史上一位著名的思想家，同时也是文学史上一位杰出的文学家。无论在哲学思想方面，还是在文学语言方面，他都给予了历代的思想家和文学家以深刻的、巨大的影响，在思想史、文学史上都有极重要的地位。

推荐书目：

1. 于元. 老子故事. 长春：吉林摄影出版社，2005.
2. 于元. 庄子故事. 长春：吉林摄影出版社，2005.
3. 陈鼓应. 老庄新论. 上海：上海古籍出版社，1992.

话题讨论：

1. 道家思想在中国历史上发挥了什么作用？对你们国家有没有什么影响？
2. 有人认为中国人不敬业、做事情马虎、不讲究精确和道家思想有一定的关系，你怎么看？
3. 你觉得道家思想在当今世界有什么现实意义？

10.3.3 其他中国传统学术思想

关键词：墨家　法家　经学　玄学　理学　朴学

春秋战国时期，百家争鸣，是中国学术思想史上的黄金时期，西汉学者刘歆将先秦和汉初诸子学派分为十家，即：儒、道、阴阳、法、名、墨、纵横、杂、农、小说家。除了儒、道两家之外，墨家与法家也很重要。汉代经学流行，魏晋玄学大盛，后来又出现了宋明理学、清代朴学等，这些都是中国的传统学术思想，下面分别作简要介绍。

一、墨家学说

墨家学说在战国时代与儒家并称两大“显学”，其创始人墨子，名翟，鲁国人，出身平民。《墨子》由他的弟子编辑而成，是墨家的代表著作。在伦理方面，墨子提出了“兼爱”的思想，主张爱不应有亲疏、上下、贵贱、等级的分别。他认为天下之所以大乱，是由于人不相爱。在政治上，他主张“尚贤”、“尚同”，提倡选任贤才，消除阶级观念，使天下大治，主张“非攻”，反对一切侵略战争。经济上，反对奢侈的生活，主张节俭，提出了“节用”、“节葬”、“非乐”的思想。另外，墨子还认为命运不能主宰人的富贵贫贱，强调只要通过后天的努力就可以改变命运，即“非命”，但同时也承认鬼神的存在。此外，墨子还是一个杰出的科学家，在力学、几何学、代数学、光学、逻辑学等方面，都有重大贡献。

由于墨家从创始人墨子到主要的代表人物，都是社会中底层的学者，墨家更能体会到战乱时期劳动人民的悲惨生活，所以反对儒家的过分讲求"礼"。墨家更注重刻苦、节俭的生活习惯，愿意做底层的劳动工作，他们的发明创造被儒生辱为"淫巧之技"。到了西汉时，由于汉武帝的独尊儒术政策、社会心态的变化以及墨家本身并非人人可达的艰苦训练、严厉规则及高尚思想，墨家在西汉之后基本消失。

二、法家学说

法家是战国时代后起的一个学派，也是对中国古代社会产生重大影响的思想流派之一，其主要代表人物是韩非。韩非，韩国人，出身于贵族，他不善于言说，喜欢著书。韩非与李斯都是荀子的学生，著有《韩非子》。

在韩非之前，商鞅、慎到、申不害三人分别提倡重法、重势、重术，各有特点。韩非提出了将三者紧密结合的思想。法是指健全法制；势指的是君主的权势，要独掌军政大权；术是指的驾驭群臣、掌握政权、推行法令的策略和手段，主要是察觉、防止犯上作乱，维护君主地位。法家重视法律，主张用重刑而少赏，因为刑法比仁义更使人少犯过错。反对儒家的"礼"，反对贵族垄断经济和政治利益的世袭特权，要求土地私有和按功劳与才干授予官职。法家反对保守的复古思想，主张锐意改革。他们认为历史是向前发展的，一切的法律和制度都要随历史的发展而发展，既不能复古倒退，也不能因循守旧，提出"不法古，不循今"的主张。韩非是法家的集大成者。

法家是先秦诸子中对法律最为重视的一派，主张"以法治国"，而且提出了一整套的理论和方法。这为秦朝建立中央集权专制制度提供了有效的理论依据，后来的汉朝继承了秦朝的集权体制以及法律体制，这两种体制成为中国古代封建社会的政治与法制主体。

三、汉代经学

汉武帝即位后，实行了"罢黜百家，独尊儒术"的政策，由于此时《乐》已经失传，因此设立了"五经博士"，向弟子讲授《诗》、《书》、《礼》、《易》、《春秋》，五经由此超出了一般典籍的地位，成为崇高的法定经典。汉代儒生们即以传习、解释五经为主业。自此经学正式宣告诞生，专指研究和阐发儒家经典的宗旨及其方法的一门学问。经学是先秦儒学的继承和发展，后来它又成为中国古代学术的主体，几乎涵盖了中国古代文化的一切领域。

汉代是经学史上的鼎盛时期，分为"今文"、"古文"两派，它们在所使用的经文字体以及治经方式上都有区别，而最重要的区别在于今文经学注重微言大义，着重研究经文的思想内容，努力为汉朝的大一统寻找理论依据；古文经学注重对经文本义的理解和典章制度的阐明。如果说今文经学关注的重心在于政治哲学与历史哲学的话，那么古文经学所关注的重心就是历史史料学与语言学。汉代经学内部今古文两派的对峙一直持续到东汉末年，郑玄治经以古文经学为基础，但又能吸收今文经学中的优点，治学态度严谨，实事求是，自成一家之言，超过了前人，号称“郑学”。自此以后郑学兴盛，今古文经学之争暂时告一段落。经学一直发展到后代的“十三经”，保存了大量珍贵的史料，蕴藏着丰富而深刻的思想，是儒家学说的核心组成部分。

四、魏晋玄学

玄学是魏晋时期流行的一种哲学思潮。东汉末至两晋是两百多年的乱世，统治思想界近四百年的正统儒家名教之学在此一时期也开始失去魅力，士大夫对两汉经学的繁琐及三纲五常的陈词滥调普遍感到厌倦，于是转而寻找新的、形而上的哲学论辩。他们以老庄思想为主旨，又糅合了一些儒家的经义，产生了一门新的学问，这就是“玄学”。主要代表人物有何晏、王弼、阮籍、嵇康、向秀、郭象等。

玄学探求的是宇宙存在的依据，是希望透过宇宙万物的表象，直接探求其本体和本性。玄学的实际内涵，就是以“本末有无”为核心展开的本体和本性之学。就人的本性而言，玄学家们一致认为人性自然，人性的表现应该是顺其自然，不应该有任何的模仿或造作。魏晋玄学极富思辨性，它极大地提升了中国人的抽象思维能力，促进了人性的解放。它的一些观点，如“得意忘象”、“得意忘言”等对后来的中国文学、艺术产生了深远的影响。

五、宋明理学

“理学”实际上是宋明时期的儒家学说，又称“道学”，它以讨论天道性命问题为中心。理学的出现有内外两方面的原因，内因是儒学内在的变化，经过魏晋玄学的洗礼，历经隋唐，很多学者已经抛弃了汉代经学中那种寻章摘句、考据论证的繁琐学问，转向努力寻求儒学中真正的“大道”；外因是佛教思想流行，特别是禅宗宣扬的心性学说给儒学带来了很大的冲击。于是，“理学”在中国古代哲学长期发展的基础上，特别是在批判佛、道哲学的基础上产生了，主要分为以程颢、程颐、朱熹为代表的“程朱理学”和以陆九渊、王守仁为代表的“陆王心学”。

理学在思辨哲学方面的发展，无疑是人类历史上的一大进步。对于日本、朝鲜的历史发展，理学也曾发生相当大的影响。但是，理学在强化封建礼教、维护宗法等方面，随着中国社会的不断发展，日益起着消极的束缚乃至反动的作用。

六、清代朴学

明朝灭亡以后，一些学者反对不讲实际学问而空谈性理的理学，加上清朝初期大兴文字狱，在思想方面控制极其严格，很多人埋头著述，像汉儒一样，在考据训诂方面下功夫。这种训诂考据之学被称为“质朴之学”，简称“朴学”，也称“考据学”。又可以分为以惠栋为代表的“吴派”、以戴震为代表的“徽派”（又称“皖派”），以及由清初黄宗羲开创的“浙东学派”。

朴学的成熟与鼎盛期在清乾隆、嘉庆年间，因而又被称为“乾嘉学派”。其影响力一直延续至当代，在保存和传递古代文化遗产方面具有积极的意义与重要的价值。

延伸阅读

先秦时期的其他学术流派

名家

名家是以提倡循名责实为学说的流派。战国期间，局势动荡、混乱，很多礼法名存实亡。名家由此崛起，强调事物应该“名副其实”，借以令天下一切事情走上正确的轨道。名家注重辩论“名”与“实”之间的关系，是一种逻辑学。他们主要是以逻辑原理来分析事物，而分析的内容，又多半是与政治实务无关的哲学问题。因此，名家的理论在中国的学术传承里，一直被冠上一个“诡辩”的恶名。名家的没落，除了因为不受统治者的支持之外，也因为弟子们不能提出超越前人的创新主张。代表人物有公孙龙、惠施等。

阴阳家

阴阳家在自然观上提出了宇宙演化论。在历史观上，则把《尚书》的五行观改造为“五德终始”。按阴阳家的说法，宇宙万物与五行对应，各具其德，而天道的运行、人世的变迁、王朝的更替等，则是“五德转移”的结果。在政治伦理上，阴阳家赞成儒家仁义学说，同时强调“因阴阳之大顺”，包含若干天文、历法、气象和地理学的知识，有一定的科学价值。汉初阴阳家还存在，武帝罢黜百家后，部分内容融入儒家思想体系、部分内容为原始道教所吸收，作为独立学派的阴阳家便不存在了。代表人物是邹衍。

纵横家

“纵”指“合纵”，指战国时齐、楚、燕、韩、赵、魏等六国联合抗秦的外交策略。“横”指“连横”，指以上六国分别与秦国结盟的外交策略。所谓“纵横家”，指鼓吹“合纵”或“连横”外交策略的人物。苏秦和张仪是最为著名的纵横家。

杂家

严格说来，“杂家”并不是一门有意识、有传承的学派，自从《汉书·艺文志》第一次把《吕氏春秋》归入“杂家”之后，这个学派才正式被定名。春秋战国时代，百家争鸣，各家都有自己的对策与治国主张。为了打败其他流派，各学派或多或少地吸收其他流派的学说，而“杂家”便是充分利用这个特点，博采众长，形成一套在思想上兼容并蓄，却又切实可行的治国方针。代表人物为吕不韦，著名的《吕氏春秋》就是他组织门客编写的。

农家

农家主张与民同耕，最高理想是实现君民并耕，这是一个很大的自由平等的观念，因而不免引起重视“正名”的儒者的反对。因为农家书多为农圃之技，所以能免于秦始皇的“焚书令”，但不能被儒者接受，很多著作也流失了，代表人物为许行。

小说家

小说家就是以说故事为生的人，他们多根据街谈巷语，道听途说，并加上自己的创造演绎故事。小说家能代表平民社会的四方风俗，但因为这是小道，不被世人重视。西汉时的虞初整编了很多小说，著有《虞初周说》，可惜很早就失传了。

墨家思想的历史价值

中华文化的特质是一种人伦文化，热爱自然科学、关心物质运动的人被划入劳力者阶层，这种近乎本能地看轻自然科学的意识是中华文化的主要弊端。所以，在中国历史上，自然科学家很少有崇高的地位。墨子懂得太多的自然的道理，有那么多发明创造，这不能不说是中国古代史上的一个奇迹。无论是循规蹈矩的儒生，还是浪漫超然的道者，都不过是求得一己的安宁和自我形象的完善，只有墨子能够真正摆脱各种社会势力的纠缠和引诱，从力学、光学、几何学、逻辑学等广泛的知识领域去把握生命的本来含义，认知世界的真相，从而形成寻求真知、注重实践、自励自强的可贵品格。

墨家学说是中国历史上最接近于科学启蒙的观点。它比阿基米德掌握杠杆原理要早两个世纪，与欧几里得一样对几何学进行了朴素且严密的定义，可是它并没有取得《几何原本》在西方科学史上那样彪炳史册的地位，它也没有引发一场轰轰烈烈的科学革命，这不能不令人嗟叹。

中国哲学的基本特征

中国哲学的基本特征主要有如下几个方面：

①天人合一的思维模式。和西方哲人分门别类、比较重视个别事物分析、比较重视微观研究的思维方式不同，中国古代哲学家很早就开始整体合观天人关系，把自然、社会、宇宙、人生一切事物的发展变化，都看作相互联系、相互依存、相互作用、和谐平衡的有序运动，把实现“天人合一”当作整合天人关系的最高理想境界。

②中国哲学始终没有像欧洲中世纪那样变成神学的婢女。在长期的中国封建

社会中，原始宗教、多神教一直在民间存在；道教自东汉创立，佛教、基督教自西汉、明末先后传入中国，都成为了中国宗教的主导力量。但是，神学与反神学、宗教与反宗教、本土文化与外来文化之间的斗争与融合，一日也未停止过。作为中国文化的基础与主干，儒家哲学虽经秦始皇焚书坑儒灾难性的打击，以及魏晋隋唐道教、佛教两次高潮的冲击，但都以其深厚的历史文化根底以及思想体系的开放性、包容性得以保存，最终创立宋明理学，实现援道入儒，援佛入儒，儒道佛三教合流。宗教神学，无论是本土的，还是外来的，始终都没有成为中国封建社会的统治思想。

③以伦理为本位的人道主义。西方的人道主义以个性自由为本位，中国的人道主义以社会伦理为本位。以伦理为本位是儒家哲学最显著的特征，也是中国哲学最显著的特征。黑格尔曾经认为中国只有伦理学，没有思辨哲学。这是欧洲中心主义的偏见。如果说西方哲学发展所走的是本体论、认识论的路线，那么中国哲学发展所走的则是伦理学的路径。正是通过对伦理学的研究，儒家哲学促进中国思辨哲学达到它的巅峰，同时形成极具中国特色的以伦理为本位的人道主义精神。

④知行统一的认识论。虽然中国传统哲学的知行观具有浓厚的伦理学色彩，古代哲学家所理解的知和行与现代认识论所讲的认识和实践，还具有本质的区别，但是，绝大多数中国古代哲学家都主张知行同一，都是可知论者，很少有西方那样的不可知论者。即使庄子，也不是绝对的不可知论者。

推荐书目：

1. 冯友兰. 中国哲学简史. 北京：北京大学出版社，1996.

2. 程裕祯. 中国学术通览. 北京：北京语言学院出版社，1995.

话题讨论：

1. 你认为在治理社会方面，儒家思想与法家思想各有什么利弊？

2. 选择一个你感兴趣的中国传统学术门类，向你的老师同学做一个详细的介绍。

3. 与你们国家的学术相比，中国的传统学术有什么特点？

10.4 宗教信仰

关键词：多宗教　自由　佛教　道教　伊斯兰教　天主教　基督教

中国是个多宗教的国家。中国宗教徒信奉的主要有佛教、道教、伊斯兰教、天主教和基督教，中国公民可以自由地选择、表达自己的信仰和表明宗教身份。据不完全统计，中国现有各种宗教信徒一亿多人，经批准开放的宗教活动场所近 13.9

万处,宗教教职人员36万余人,宗教团体5 500多个。宗教团体还办有培养宗教教职人员的宗教院校100余所。

佛教在中国已有2 000年历史。据统计,中国有佛教寺院3.3万余座,出家僧尼约20万人,其中藏语系佛教的喇嘛、尼姑约12万人,活佛1 700余人,寺院3 000余座;巴利语系佛教的比丘、长老近万人,寺院1 600余座。

道教发源于中国,已有1 700多年历史。中国现有道教宫观9 000余座,乾道、坤道5万余人。

伊斯兰教于公元7世纪传入中国。伊斯兰教为中国回、维吾尔等少数民族中的群众所信仰。这些少数民族总人口约2 100多万,现有清真寺3.5万余座,伊玛目、阿訇4.5万余人。

天主教自公元7世纪起几度传入中国,1840年鸦片战争后大规模传入。中国现有天主教徒约550多万人,教职人员约7 000多人,天主教堂、会所约6 000处。

基督教(新教)于公元19世纪初传入中国,并在鸦片战争后大规模传入。中国现有基督徒约2 305万人,教牧传道人员3.7万余人,基督教堂2.5万余座,简易活动场所(聚会点)3万余处。

中国各宗教团体自主地办理教务,并根据需要开办宗教院校,印刷发行宗教经典,出版宗教刊物,兴办社会公益服务事业。中国与世界许多国家一样,实行宗教与教育分离的原则,在国民教育中,不对学生进行宗教教育。部分高等院校及研究机构开展宗教学的教学和研究。在各宗教组织开办的宗教院校中,根据各教需要进行宗教专业教育。宗教教职人员履行的正常教务活动,在宗教活动场所以及按宗教习惯在教徒自己家里进行的一切正常的宗教活动,如拜佛、诵经、礼拜、祈祷、讲经、讲道、弥撒、受洗、受戒、封斋、过宗教节日、追思等,都由宗教组织和教徒自理,受法律保护,任何人不得干涉。

在漫长的历史发展中,中国各宗教文化已成为中国传统思想文化的一部分。中国的宗教徒有爱国爱教的传统。中国政府支持和鼓励宗教界团结信教群众积极参加国家的建设。各宗教都倡导服务社会,造福人群,如佛教的"庄严国土,利乐有情",天主教、基督教的"作光作盐"、"荣神益人",道教的"慈爱和同,济世度人",伊斯兰教的"两世吉庆"等。

在中国,各种宗教地位平等,和谐共处,未发生过宗教纷争;信教的与不信教的公民之间也彼此尊重,团结和睦。这既是由于源远流长的中国传统思想文化中兼容、宽容等精神的影响,更是因为中华人民共和国成立后,中国政府制定和实施了宗教信仰自由政策,建立起了符合国情的政教关系。

10.4.1 佛教

佛教是中国现有五大宗教中历史比较悠久,影响也比较大的一个宗教。在中国有2000余年的历史。佛教虽然来自印度,但其成熟和发展是在中国完成的,它既吸收了中国传统文化,又丰富了中国传统文化。当代的中国佛教是传统的中国佛教的继承和延续,并随着社会历史、政治经济、科学文化、思想观念、生活方式的发展变化而发展变化。

佛教产生于公元前6~公元前5世纪的古印度。创始人名悉达多·乔达摩。20岁时离家成道,此后被尊称"佛陀",意为觉悟者,简称"佛",所传宗教被称为"佛教"。

一般认为,佛教传入中国汉地的时间应该是在两汉之间,公元纪年前后,中国内地的第一座佛教寺院是河南洛阳的白马寺。佛教在中国大规模的发展是在魏晋南北朝时期。这是因为从东汉末年开始,社会大乱,人们都希望寻找一种寄托和安宁,佛教的教义正好适应了这种社会需要。而统治阶级也逐渐认识到佛教徒刻苦修行以求解脱的基本精神和因果报应、轮回转世等一系列说教对维护统治秩序十分有利,因而开始大力提倡和利用。这一时期,既出现了玄奘、义净这样不辞辛苦到印度游学访问的高僧,也有鉴真东渡这样的壮举,中国佛教宗派开始传入朝鲜、日本、越南和诃陵(今印度尼西亚),加强了中国与亚洲其他国家的宗教、文化和商业的关系。

佛教传入中国以后,它的哲学思想和艺术形式与中国的传统文化相结合,极大地丰富了中国文化的内容和形式,在哲学、文学、语言、艺术等诸多方面,都对中国文化产生了极为深远的影响,可以说,没有佛教就没有我们今天看到的中国文化。佛教在中国流传,还留下了数不清的文物古迹与佛教圣地,著名的有佛教四大名山,即山西五台山、四川峨眉山、安徽九华山和浙江普陀山。还有三大石窟艺术,是指山西云冈、甘肃敦煌、河南龙门这三处规模最大的石窟艺术宝库。另外,还有十大坐佛、四大卧佛、两大木佛、两大铜佛、一部金版《大藏经》、一处石经山、一枚佛指灵骨等数不尽的宝藏。佛教极大地影响了中国人的精神面貌,中国文化也极大地丰富了佛教的内涵,佛教在中国的流行充分证明了中国文化有容乃大的本质特征。

山西云冈石窟(摄影:吴平)

延伸阅读

中国禅宗

禅宗以菩提达摩为中国始祖(达摩大师是印度禅宗第28代祖师),故又称达摩宗;因其得佛心印为佛陀之正统法脉,又称为佛心宗。达摩于北魏末活动于洛阳,倡二入四行之修禅原则,以《楞伽经》授徒。传法弟子为二祖慧可,慧可之传法弟子为三祖僧璨,僧璨之传法弟子为四祖道信,道信传法弟子为五祖弘忍,立东山法门,为禅宗五祖。

弘忍年事已高,急于传付衣钵,遂命弟子作偈以呈,以检验他们的修炼水平。神秀上座呈偈曰:"身是菩提树,心如明镜台。时时勤拂拭,勿使惹尘埃。"弘忍以为未见本性,未传衣钵。惠能听后亦诵一偈,请人代劳题于壁上:"菩提本无树,明镜亦非台。本来无一物,何处惹尘埃。"弘忍见后,招惠能登堂入室为其宣讲《金刚经》,并传衣钵,定为传人。后神秀住荆州玉泉寺,晚年入京,为三帝国师,弟子有嵩山普寂、终南山义福;惠能居韶州曹溪宝林寺,门下甚众,以惠能为六祖,创立南宗,后为禅宗正宗。

六祖惠能是禅宗的发扬光大者,提倡心性本净、佛性本有、直指人心、见性成佛。惠能以后,禅宗广为流传,于唐末五代时达于极盛。禅宗使中国佛教发展到了顶峰,对中国古代文化的发展具有重大影响。

梁启超认为佛教对中国文学有五大影响:

(一)国语实质的扩大:因佛典的翻译,我国词汇即增加了三万五千多个。

(二)语法及文体的变化:佛典的科判疏钞之学,为有组织的解剖性文体首次在中国的出现。而禅宗的语录,更是中国文学的一大革命。

(三)文学情趣的发展:我们近代的纯文学,像小说、歌曲等,皆与佛典之翻译有着密切关系。《孔雀东南飞》、《木兰辞》等长篇叙事诗的产生,大概就是受东晋昙无谶所译马鸣《佛所行赞》的影响。又如大乘经典,皆以极壮阔之文澜,演绎极微妙之教理,增进了中国人的想象力,革新了中国人的诠写法,宋元以后章回小说受其影响不少。

(四)歌舞剧的传入:我国最初的歌舞剧——拨头(亦名钵头),据近人考证,就是从南天竺附近的拔豆国传来的。

(五)字母的仿造:随着佛教的输入,梵文也跟着进来,我国高僧仿照梵文字母来应用汉字切音,因此有唐代守温"见溪群疑"等三十六字母的制作。

承德的外八庙

外八庙是指环绕在河北承德避暑山庄东面和北面、武烈河两岸和狮子沟北沿的山丘地带的一组规模宏伟的皇家寺庙群。这些建筑群陆续建于清代康熙和乾隆年间,是清代喇嘛教的中心之一。当年其中有八座寺庙由朝廷派驻喇嘛,又都在京师之外,故统称“外八庙”。久而久之,“外八庙”便成为这十二座寺庙的代称。十二座寺庙,现存八座,即溥仁寺、殊像寺、普陀宗乘之庙、须弥福寿之庙、普宁寺、安远庙、普佑寺和普乐寺。

这些寺庙都结合地形建造在山坡上。其建筑形式在汉族传统的基础上,吸取了藏族建筑的特点,反映了当时各民族文化的交流。

1982 年,外八庙作为河北承德避暑山庄外八庙风景名胜区的组成部分,被国务院批准列入第一批国家级风景名胜区名单。1994 年 12 月,“外八庙”同避暑山庄一起被列为世界文化遗产。

推荐书目:

1. 黄心川. 世界三大宗教. 北京:生活·读书·新知三联书店,1979.
2. (日)镰田茂雄. 简明中国佛教史. 上海:上海译文出版社,1986.
3. 方立天. 中国佛教与传统文化. 上海:上海人民出版社,1988.

话题讨论:

1. 根据你的理解,谈谈佛教的基本教义是什么。
2. 你们国家有佛教吗? 中国的佛教与你们国家的佛教各有什么特点?
3. 请举出几个汉语中与佛教有关的词汇。

10.4.2 道教

关键词:道教　道家思想　正一道　全真道　和谐

道教是中国土生土长的宗教。它正式形成的时间晚于佛教,但是渊源却很早。它与中华本土文化紧密相连,具有鲜明的中国特色,并对中华文化的各个层面都产生了深远影响。

道教的产生,一般认为有几个渊源:一是原始的自然崇拜。原始社会时,人们将日月星辰、风雨雷电、山川河岳皆视为有神主宰,因而产生敬畏感,乃对之顶礼膜拜。那时先民们除了认为万物有灵而产生自然崇拜外,还认为人死后灵魂不灭,因而又产生了对鬼神的崇拜。这与后来道教的多神崇拜有很大的关系。二是神仙信仰。《山海经》中提出了长生信仰,提出了神仙的存在,描述了神仙天都,记载了祭祀的祀礼及奇异的方术，为道教仙学的起源提供了依据。到了战国时期，神仙信仰已经相当广泛。齐威王、齐宣王和燕昭王以及后来的秦始皇、汉武帝等都曾派方士到海上寻求神仙及不死药。这种中国独有的神仙信仰沿袭而下，到东汉中、晚期为道教所继承，成为道教信仰的核心内容。三是战国时期邹衍的阴阳五行学说成为道教内外丹学的重要理论依据。四是黄老学说，认为黄帝和老子都主张以清静之术治理天下，而且道家思想中崇尚的"道"很神秘，因此汉武帝后，方仙道逐渐与黄老学结合，东汉时出现了奉黄帝和老子为教主的"黄老道"，这算是道教的前身。由于以上这些渊源再加上古代的医学与体育卫生知识，到了东汉中叶出现了一本书叫《太平经》，张道陵创立了"五斗米道"，后来被称为"天师道"，道教正式产生了。

可以看出，道教的基本信仰"道"是从道家那里借来的一个概念，因此道教的"道"与老子所讲的"道"既有联系又有区别。道教保留了较多的民间信仰与巫术，包括了道家、神仙术和为人驱鬼治病等内容，以长生成仙为信仰目标，以修身养性为现实利益，与中国人的生活风俗密切适应，很符合中国人的传统。因此到了魏晋南北朝时期，在佛教的刺激和魏晋玄学的影响下，道教便迅速发展起来，出现了葛洪、陶弘景等著名的道士。在这一时期，道教与佛教与儒学一方面展开辩论，另一方面也互相吸收，彼此调和。到了唐宋时期，道教理论不断深化，制度不断完善，统治者大都利用道教为巩固他们的统治服务，例如唐朝的皇帝自称是老子李耳的后裔，尊老子为"圣祖"。后来宋朝皇帝也仿效了唐朝的做法。由于唐、宋皇室的尊崇，宫观大兴，信徒日增，道教的发展达到极盛，一直到元明。清朝统治者重视佛教，道教在官方逐渐式微，但在民间依然很活跃。

道教产生以后，同样分成了许多宗派，最早根据产生的渊源不同分为以炼丹取药、祈求长生为特点的丹鼎派和以画符念咒、驱鬼降妖为特点的符箓派。到了南北朝时期，已经形成楼观派、茅山派、上清派、灵宝派等，和天师道一起流行。后来以天师道为主，融合上清、灵宝、茅山等派形成了正一道，以江西龙虎山为基地，历代天师均由张道陵的后裔世袭，道士可以结婚。楼观派则在元代时并入王重阳创立的全真道，这一派主张儒、道、佛三教合一，专注修身养性，但是道士必须出家。全真道在元代时获得极大发展，掌门人丘处机受到成吉思汗的宠信，居于北京长春宫，死后葬于宫内，这就是今天北京的白云观。

道教对中国文化的发展产生了重大的影响，在科技方面，炼丹开启了冶炼与化工的先河，可以说道教发明了火药；在医学方面，采药治病促进了医学的发展；在健身养生方面，道教是今天气功、武术、太极拳等健身活动的直接来源，道教的养生理论在当今社会日益受到人们的关注和研究；在文学艺术方面，道教大大刺激了中国人的想象力，李白是其中突出的代表，另外《西游记》、《封神演义》以及中国民间传说"八仙过海"中的浪漫主义色彩与道教也有极大的关系；在民间习俗方面，许多道教神仙在民间有广泛的信仰，深刻影响了中国人的文化心理结构。另外，道教也在中国留下了不计其数的道教胜迹，著名的有陕西周至的楼观台、河南鹿邑的太清宫、江西贵溪的上清宫、北京的白云观、山西芮城的永乐宫等。道教的名山很多，素有"三十六洞天、七十二福地"之称，著名的有泰山、华山、庐山、青城山、茅山、罗浮山、武当山、崂山等，今天都已经成为中外闻名的旅游胜地。

道教信仰主要来源于道家思想和古代神话，在发展的过程中又吸收了儒家思想和佛教精神，构成了独具中国特色的道教文化。长时期以来，中国的道教、佛教、伊斯兰教、基督教等各种宗教之间虽然也时常有矛盾，但始终没有爆发过大的宗教战争，这从一个方面体现了中国文化重和谐的特色。

阴阳图案

在家中、商铺、饭馆都可摆放的财神

祈求平安的天后庙

贴在大门上保佑平安——门神

延伸阅读

道教与道家的区别

道教的名称,一则起于古代之《易经》,二则起于《老子》的道论。道教奉老子为教主,因为道教思想的最早起源可追溯到老庄。值得注意的是,道教与道家是决然不同的两码事。道家所讲的道学不是宗教,也不主张立教。《老子》是道教思想的渊源之一,被后世的张道陵等人奉为"经书",但并不是"太上老君"为布道而写的经书。学术界一般认为,道教的第一部正式经典是《太平经》,完成于东汉,因此将东汉时期视作道教的初创时期。

近年来,道家的"天人合一"思想、宇宙观日益受到重视,并引起了西方世界的兴趣,也使得道教获得更多关注。道教教义中虽有道家思想的成分,但远远不同于道家思想。道家思想是一种哲学学派,道教是一种宗教信仰。道家思想成形于先秦时期,直到东汉末"黄老"一词才与神仙崇拜这样的概念结合起来。本来,道家思想和这种神仙崇拜没有关系,老子、庄子都是以相当平静的心态来对待死亡的。引起两者相关联的原因可能是在道家文字中描述了领悟并能够体会到"道"的长生者的意象。所以道教以老子为宗又追求修炼成仙是荒谬的,与道家思想是完全不同的。东汉时期王充著有无神论作品《论衡》,对汉末流行的神仙方术进行了全批判,在中国思想史上获得了很高的地位。

在西方,道家与道教被统称为 Taoism,以 Religious Taoism(道教)和 Philosophical Taoism(道家)将它们区分开来。有的学者认为道教是纯哲学的道家思想衰落腐败的产物,而道教支持者认为道教和道家在思想上有互补之处。

道教与其他宗教的不同

道教的理想世界不同于佛教的极乐世界,也不同于很多宗教的天国。道教的理想世界有两种,一种是世俗的,一种是宗教的。世俗的理想世界在《太平经》中讲得很明白,希望世界成为一个公平、和平的世界,没有灾祸,没有战争。而宗教的理想世界则是"仙境",道教追求得道成仙,这样就能超脱生死,在仙境中过仙人的生活。

大多数的宗教教义认为人生充满了不幸或者罪孽,认为死后灵魂才有可能得救。然而道教却认为生活在世界上是一件美好的事情,死亡才是痛苦的,因而道教追求的是"长生久视"(《道德经》)、长生不死,也因此有许多养生的方法,例如气功等在道教中得到了发扬。许多宗教都认为人的寿命是不能改变的,然而道教不这样认为,它认为人通过一些形式的锻炼可以长生不死,成仙以后也可以一样生活在普通人的世界里,做"活神仙",也可以到仙境中去生活。部分风景秀丽的地方由于适合修炼而被誉为人间仙境,例如所谓的“洞天福地”就是其中一些有代表性的地方。

另外,道教是一个多神教,相信万物有灵,天地山川、日月星辰、图腾祖先、圣贤英雄,甚至人体的各种器官都有神灵。

八仙的传说

八仙是民间传说中道教的八个仙人,即汉钟离、张果老、吕洞宾、铁拐李、韩湘子、曹国舅、蓝采和、何仙姑。

八仙与道教许多神仙不同,均来自人间,而且都有多姿多彩的凡间故事,之后才得道,与一般神仙道貌岸然的形象截然不同,所以深受民众喜爱。其中有将军、皇亲国戚、叫花子、道士等,并非生而为仙。而且都有些缺点,例如汉钟离袒胸露乳、吕洞宾个性轻佻、铁拐李酗酒成性等。

八仙也分别代表了男女老幼、富贵贫贱。也因此,一般道教宫观都有供奉八仙的地方,或是独立设置八仙宫,而神明庙会也有八仙出现。八仙也常出现在年画、刺绣、瓷器、花灯及戏剧之中。相传八仙也会定期赴西王母蟠桃大会祝寿,所以“八仙祝寿”也成为民间艺术常见的祝寿题材。民间戏曲酬神时,也经常上演《醉八仙》或《八仙祝寿》等所谓“八仙戏”。

推荐书目:

1. 任继愈. 中国道教史. 北京:中国社会科学出版社,2001.
2. 葛兆光. 道教与中国文化. 上海:上海人民出版社,1987.

话题讨论:

1. 你认为道教与道家思想有什么关系?又有什么不同?

2. 你知道什么道教中的神仙?请详细向大家介绍一个。

3. 道教对中国古代的政治、经济、哲学、文学、艺术、音乐、绘画、建筑、医学、药物学、养生学、气功、化学、武术、天文学、地理都产生了不同程度的影响。此外,它对于华人的思维方式、伦理、道德、民俗、民族关系、民族心理、民族性格等各方面也有很深的影响。请选择一个方面进行调查,并介绍一下你的看法。

10.4.3 其他宗教信仰

关键词:伊斯兰教 基督教 天主教 信仰

10.4.3.1 伊斯兰教

唐代称阿拉伯为“大食”。永徽二年(651 年)正值第二任哈里发奥斯曼当政,他曾派使节到长安见唐高宗，介绍国内习俗和伊斯兰教情况，这是阿拉伯与中国在外交方面的首次接触。据记载，从公元651—798年的148年中，就有39批大食的使节来到中国。这其中包括了阿拉伯的好几个政权。这些使节来到中国后，就向中国的皇帝和大臣们介绍他们的宗教，从而使中国人对伊斯兰教有了更多的了解。他们还给中国皇帝带来许多礼物，以获得他的好感，进一步获得商业利益和更多的回报。有许多大食使节，甚至因为觉得在中国生活得特别舒适，不愿回自己的国家了，就在当地留了下来。他们中的一些人还与中国人通婚，学习中国文化，参加中国的科举考试，他们的后代有不少人还在中国政府中获得官职。但他们一直保持自己的宗教信仰，使伊斯兰教在中国一直流传下来。

其后来往的人员主要是商人。随着来华人数的增多，至宋代，来华穆斯林与当地居民通婚，改宗伊斯兰教者有增无减，其子子孙孙久居长安，成为中国穆斯林的先祖。在五代北宋之际，生活在新疆天山南北的一些民族也随着哈拉汗王朝（黑汗王朝，以楚河流域为中心建立了汗国）的分合，陆续改宗伊斯兰教。1271年，忽必烈建立元朝，定都燕京，1279年灭南宋统一中国，这时西亚、中亚各族穆斯林大批来华，使伊斯兰教在中国进入全面发展的新阶段。

先知穆罕默德曾经说过："学问虽远在中国，亦当求之。"他的话鼓舞了广大穆斯林求知的愿望。伊斯兰教在中国经过1 300多年的传播和发展，穆斯林人口目前已达2 000多万。

回族是中国信仰伊斯兰教的最大群体，也是中国人口最多的少数民族之一，主要聚居在西北部的宁夏回族自治区，此外在甘肃、新疆、青海、河北以及河南、云南、山东也有不少聚居区。回族是回回民族的简称。13世纪蒙古人3次西征后大批东迁到中国内地的"回回"人，以及一些侨居中国东南沿海的穆斯林"蕃客"通过通婚等多种形式并吸收了汉、蒙古、维吾尔等族生活习俗，逐渐形成了回回民族。

回族没有自己的语言，汉语是他们的通用语。在日常交往及宗教活动中，回族保留了一些阿拉伯语和波斯语的词汇，在边疆民族地区，回族人民还经常使用当地少数民族的语言。回族有小集中、大分散的居住特点。在内地，回族主要与汉族杂居；在边疆，回族主要与当地少数民族杂居；大都分布于水陆交通线上，因此经济文化较为发达。

此外，还有塔吉克族、保安族、柯尔克孜族、东乡族、撒拉族、乌孜别克族、塔塔尔族、哈萨克族、维吾尔族等全民族信仰伊斯兰教。

清真寺

延伸阅读

“清真”的由来

汉语中“清真”一词，从中国南北朝时代便开始使用。但从南北朝到宋朝约800多年的时间里，“清真”一词在文人笔下只是用来赞美品格高尚的人物或描写清雅幽美的环境。唐宋以后，“清真”一词开始与宗教相联系。因宗教都自称“清道”，又都主张“清静无为”，故喜用“清真”一词。明中叶后，回族穆斯林赋予“清真”一词以含义。他们认为“清”者是指真主“超然无染，不拘方位”，“真”者是指“真主永存，独一至尊”。

宋元时代，伊斯兰教在中国尚无固定的译名。穆斯林文人根据该教崇尚清洁、信奉真主之义等特点，多选用清真、清净一类词译称伊斯兰教或该教的礼拜寺。如元至正元年(1341年)杭州礼堂重建时称为“清真寺”，宋绍兴(1131—1162年)年间在泉州修建的礼寺称为“清净寺”，传说始建于唐代的长安(今陕西西安)的西大寺和东大寺曾分别称为“清真寺”和“清修寺”等。

元代后期逐渐演变为清真二字合称伊斯兰教，这可从咸阳王赛典赤·赡思丁奏改清教寺为清真寺一事中得到印证。明太祖洪武元年(1368年)题金陵礼拜寺《百字赞》中有“教名清真”一语，说明清真在当时已成为伊斯兰教的一种通用名称。明末清初，中国穆斯林学者用“清净无染”、“真乃独一”、“其教至清至真”等来解释伊斯兰教被称为清真的来由；同时，有的学者给自己有关阐述伊斯兰教教义的著作冠以清真二字，如《清真大学》、《清真指南》、《清真释疑》等。至此清真一词遂由一般名词变成伊斯兰教的专用名称，称该教为“清真教”，该教的礼拜堂为“清真寺”，该教所办的学校为“清真小学”、“清真学堂”，按照该教教义要求制作的食品为“清真食品”，后来，人们把按照伊斯兰教的风俗习惯制作的各种食品，称为“清真食品”或“清真糕点”。此外还有“清真餐厅”、“清真小吃店”等。

兰州牛肉面

兰州牛肉面，又名牛肉拉面。兰州清汤牛肉面，是兰州历史悠久、经济实惠、独具特色的地方风味小吃。据传，牛肉面最早始于清光绪年间，系回族老人马保子首创。马保子牛肉面是以“一清（汤）、二白（面）、三绿（香菜、蒜苗）、四红（辣子）、五碎（牛肉）”而著称的。牛肉面不仅具有牛肉烂软，萝卜白净，辣油红艳，香菜翠绿，面条柔韧、滑溜爽口，汤汁、诸味和谐，香味扑鼻，诱人食欲等特点，而且面条的种类较多，食客可随爱好自行选择。

开斋节

开斋节是伊斯兰教主要节日之一，阿拉伯语“尔德·菲图尔”的意译，波斯语称“肉孜节”。与“宰牲节”、“圣纪”并称为伊斯兰教的三大节日。

中国通用汉语的穆斯林视开斋节为盛大节日，称之为“大尔德”。时间是伊斯兰教历十月一日。是日早晨穆斯林沐浴盛装，喜气洋洋地赴寺参加会礼，并按规定交纳开斋捐（即索德盖·菲退勒），藉以完善全月斋功，周济贫穷，共度佳节。会礼结束时，互道“色兰（目）”，表示节日祝贺，并依礼俗宴请宾客，互赠节日食品。穆斯林有的在家诵读《古兰经》，祈求真主赐福；有的游坟诵经，悼念亡人。中国新疆地区突厥语系及其他语种的各民族穆斯林称此节为“小尔德”。此间除举行上述仪式外，还依照民族习俗欢歌载舞，以示庆贺。

开斋节是中国回族、维吾尔族、哈萨克族、乌孜别克族、塔吉克族、塔塔尔族、柯尔克孜族、东乡族、保安族、撒拉族等少数民族的盛大节日。

宰牲节

宰牲节是伊斯兰教主要节日之一，阿拉伯语“尔德·乌祖哈耶”的意译，亦称“古尔邦节”。意为“献祭”、“献牲”，亦为朝觐功课的主要仪式之一。中国通用汉语的穆斯林又称“忠孝节”。时间是伊斯兰教历十二月十日，即朝觐的最后一天。是日，通用汉语和突厥语系及其他语种的各族穆斯林，盛装赴寺参加会礼。礼毕有条件者宰牲，其中一份牲肉施散穷人，一份馈赠亲友，一份留为自用，并游坟诵经，宴请亲友。有的地区穆斯林在节日前斋戒10日，与“莱麦丹月”30天斋相比，少其2/3，故有“小尔德”之称。中国新疆地区突厥语系及其他语种的各族穆斯林，特别重视此节日，是日除盛装参加会礼、宰牲宴请宾客外，还举行丰富多彩的文艺联欢和民族体育活动，欢庆歌舞延续数日，故称为“大尔德”（即大节日）。

10.4.3.2 天主教和基督教

天主教亦称公教、罗马公教、罗马天主教。在全世界大多数国家,新教、东正教、天主教统称基督教。在中国,基督教一般只指新教,不包括东正教和天主教。由于新教在中国称基督教(俗称耶稣教),基督教一词遂产生了两种涵义:一是指世界性公认的基督教各派总称;二是指16世纪欧洲宗教改革运动中产生的新教。"天主"一词是16世纪耶稣会传教士进入中国传教后,借用中国原有名称对所信之神的译称,故把他们传播的宗教定名为"天主教"。中文的"基督教"一词有时被用于专指基督新教,这似乎是中文的特有现象。

唐太宗贞观九年(635年),基督教开始传入中国,但当时传入中国的是一般被认为是异端的聂思脱里派(中国称景教),后来在唐朝会昌五年(845年)被禁止传播。元朝时基督教(景教和天主教)又再次传入中国,元朝灭亡后又中断了。

西班牙人耶稣会士方济各·沙勿略1551年从日本搭乘葡萄牙商船到中国广东上川岛,但他因明朝海禁而无法入内地传教,不久即病死岛上。此后葡萄牙耶稣会士公匝勒等人在澳门建堂传教,从而有了一块立足之地。1583年,意大利耶稣会士利玛窦作为罗明坚的助手到肇庆传教建堂,此为明代天主教在中国内地传教的真正开端。1601年,利玛窦与西班牙耶稣会士庞迪我一道"儒服入京",获准长驻北京传教。此后,西方耶稣会传教士纷纷来华,如汤若望、艾儒略、南怀仁等人按利玛窦的方式以其西学知识来助其学术传教,掀起了西学东渐的高潮。其间返欧的传教士亦将中国思想文化知识带入欧洲,从而引起东学西传。在这种中西宗教及思想文化的接触和交流中,明士大夫徐光启、杨廷筠等人先后受洗入教,成为明代中国天主教徒。

清朝雍正五年(1727年),东正教开始在中国传播。1807年,新教派遣马礼逊来华传教,新教也开始在中国传播。鸦片战争以后,基督教以沿海通商口岸为基地迅速发展。1843年,洪秀全借助基督教的教义,自称是耶稣的弟弟,建立"拜上帝会",后来建立太平天国(1851—1864年)。

1840年鸦片战争后,中国沦为半殖民地半封建的国家,传教士也陆续进入中国,天主教又发展起来。传教士在中国的土地上受他们本国政府的保护,到处设立教堂、修道院,兴办学校、医院、孤儿院,用各种方法传播、发展天主教。

天主教徒中华人民共和国建立之初有270多万人,到2006年约有500万人;基督教徒中华人民共和国建立之初有70多万人,截至2006年,已超过1 600万人,并仍在继续增长。

延伸阅读

中国人过圣诞节

虽然是一个外来节日，但是圣诞节还是在中国受到了很多人的喜爱，那种浓郁温馨的节日氛围，成为不少人对往昔时光最美好的记忆。

圣诞的钟声即将响起，《铃儿响叮当》、《平安夜》、《圣诞钟声》、《哈利路亚》……还有什么能比这些优美动听的圣诞歌曲更能烘托出浓厚的圣诞气息呢？合唱团、乐队在圣诞夜推出的《圣诞钟声》，将带给人们一个不同凡响的精彩圣诞夜，让人既能够欣赏到有如天籁般纯净的童声合唱，又可以领略到音色丰富多彩的混声合唱。

圣诞平安夜自助晚餐品种丰富，有新鲜美味的海鲜自助大餐和汇集世界风味的美食街，酒吧里面，三五知己畅聊通宵。

圣诞狂欢是游乐场为年轻人专门设计的特别节目，不但有很多刺激的游乐项目，还有特别的表演和假面舞会，为圣诞节助兴。

圣诞购物更是很多人的所爱，圣诞节打折，谁不把自己的钱包掏空呢？一些人甚至专为此到香港、新加坡等购物天堂去抢购。

传教士与汉语

来华传教士从16世纪晚期开始了近世西人对于汉语的学习与研究进程。在400余年间，他们留下了数百部汉外双语字典、语法书、教材、读本、中西文译著，他们的研习方法和成果，不仅丰富了世界汉语教育史的内容，而且对于近代以来汉语语法学、词汇学和音韵学的研究也都有着重要的意义。

传教士是文化传播的使者，在明代由于特殊的历史背景，来华的传教士逐渐增多，他们对中西文化交流作出了很大的贡献，把西方的天文、历算、地理、数学、物理、哲学、建筑、医学、绘画等诸多科学知识带到了中国；同时，又把中国的文化思想介绍给了西欧。语言相通是文化交流的先决条件，来华的传教士首先要面对汉语的挑战。

16世纪之前，西方人对汉语并无研究，没有一本专门的著作，只有一些零星的、很不起眼的记录。意大利传教士柏朗嘉宾被法国汉学家韩伯师认为是西方第一位介绍中国语言和文献的人，他之后的人对汉语的介绍也是一鳞半爪，多是印象式，甚至混淆了汉语和蒙语。从明代开始，传教士的努力让西方人对汉语有了新的认识。传教士在编写汉语有关著作上做出了很大的成绩，无论是语音、词汇和语法方面都取得了卓越的成就，在当时和后世都产生了极大的影响，编写了大量的辞书、语法书等。

传教士们到达中国内地之前都曾刻苦地学习汉语。像著名的罗明坚（Michael Ruggieri）、利玛窦（Matthaeus Ricci）、汤若望（Johann Adam Schall von Bell）、马若瑟

(Joseph de Premare)等人的传记里，都详细地记载了他们学习汉语的情况。当时澳门是传教士到中国内地之前的集中点，在那里集中学习汉语。上海、杭州、广州、泉州等沿海城市也都曾经是外国传教士入京前学习汉语的地方。

我们信奉的不是道教也不是儒教，我们信奉诸子百家，我们信奉我们的文化体系。

至少2 500年的文化史造就了我们，我觉得对中国人来说最重要的是“历史”。这句话说到点子上了，我一直觉得中国人对于历史的执着就类似于其他民族对于宗教的执着。每个以中华正统自居的朝代都会主导编修前朝的历史，世界上没有一个国家有着如此体系完备的由官方编撰的一整套史书，这里面包含着中华文化的一切奥秘。中国的史书除了让人们了解过去发生了什么之外，还起着近似于其他民族宗教典籍的作用。历史凝聚中华民族的向心力，使人们产生文化归属感，不亚于基督徒或穆斯林的宗教情感。正是因为有了这种情感的支撑，才使得中华民族无论经历多么大的坎坷磨难，总是能走出困境，重新统一在一起。

信教的人不理解为什么会有中国人这种不信教的民族，认为这样的人没有信仰没有寄托，心里一定是极度空虚的。其实他们一点也不了解，有着五千年历史传承的中国人，早就获得了比宗教更为高级的心理寄托方式，那就是历史。谁说中国人没有信仰？“车同轨，书同文，行同伦”，这就是中国人的信仰。谁说中国人没有宗教情感？“吞八荒而扫六合，振长策而御宇内”，这是中国领导者的宗教情感；“武死战，文死谏”，这是中国文臣武将的宗教情感；“士为知己者死，女为悦己者容”，这是中国人对朋友、对情人的宗教情感；“老吾老以及人之老，幼吾幼以及人之幼”，这是中国人对长辈和晚辈的宗教情感；“朝闻道，夕死可矣”，这是中国人对待真知的宗教情感。看看这些，有谁能说中国人是空虚的？是没有信仰的？只要中国能够沿着正确的路走下去，认真地反思和传承传统文化，中国何愁不大出于世界？中国文化何愁不独秀于宇内？

西方人看到儒家思想渗透到中国人的生活中，就觉得儒家是宗教。可是实事求是地说，儒家并不比柏拉图或亚里士多德的学说更像宗教。“四书”诚然曾经是中国人的《圣经》，但是“四书”里没有创世纪，也没有讲天堂、地狱……宗教也和人生有关系。每种大宗教的核心都有一种哲学。事实上，每种大宗教就是一种哲学加上一定的上层建筑，包括迷信、教条、仪式和组织。这就是我所说的宗教。这样来规定宗教一词的含义，实际上与普通的用法并无不同，若照这种含义来理解，就可以看出，不能认为儒家是宗教。人们习惯于说中国有三教：儒教、道教、佛教。我们已经看出，儒家不是宗教。至于道家，它是一个哲学的学派，而道教才是宗教，二者有其区别。道家与道教的教义不仅不同，甚至相反。道家教人顺乎自然，而道教教人反乎自然。举例来说，照老子、庄子讲，生而有死是自然过程，人应当平静地顺着这个自然过程。但是道教的主要教义则是如何避免死亡的原理和方术，显然是反乎自然而行的。道教有征服自然的科学精神。对中国科学史有兴趣的人,可以从道士的著作中找到许多资料。

作为哲学的佛学与作为宗教的佛教,也有区别。受过教育的中国人,对佛学比对佛教感兴趣得多。中国的丧祭,和尚和道士一起参加,这是很常见的。中国人即使信奉宗教,也是有哲学意味的……有许多人说,中国哲学是入世的哲学。很难说这些人说的完全对了,或完全错了。从表面上看中国哲学,不能说这些人说错了,因为从表面上看中国哲学,无论哪一家思想,都是或直接或间接地讲政治,说道德。在表面上,中国哲学所注重的是社会,不是宇宙;是人伦日用,不是地狱天堂;是人的今生,不是人的来世。孔子有个学生问死的意义,孔子回答说:"未知生,焉知死?"(《论语·先进》)孟子说:"圣人,人伦之至也。"(《孟子·离娄上》)照字面讲这句话是说,圣人是社会中的道德完美的人。从表面上看,中国哲学的理想人格也是入世的。中国哲学中所谓圣人,与佛教中所谓佛,以及耶教中所谓圣者,是不在一个范畴中的。从表面上看,儒家所谓圣人似乎尤其是如此。在古代,孔子以及儒家的人,被道家的人大加嘲笑,原因就在此……

推荐书目:

1. 田真. 世界三大宗教与中国文化. 北京:宗教文化出版社,2004.
2. 智怀,王少农,萧野. 中国人的信仰. 北京:团结出版社,2010.

话题讨论:

1. 洋节日在中国越来越多,你能举几个例子吗?如何看待这种现象?
2. 灶神、门神、土地庙、娘娘庙、关帝庙等有什么作用?

10.5 教育

10.5.1 私塾和书院

关键词: 古代教育 官学 私学 私塾 书院

中国历来重视教育,自古就有尊师重教的传统,史书记载,从夏、商、周三代开始,就已经出现了正式的学校。不过那个时候的学校都是由国家来管理的,只有贵族子弟才能入学接受教育,这种学校被称为"官学"。到了春秋时期,百家争鸣,一些知识分子开始聚众讲学,宣传自己的思想和主张,于是产生了"私学",其中最为杰出的代表是孔子。从此之后,古代教育官学和私学并行,在中国的封建社会里延续了两千多年。

官学是由政府设立的学校，周朝时被称为“辟雍”，汉代设立了“太学”，后来又出现了“国子学”，发展成为国子监，一直到元明清。今天北京的国子监就是中国最后一个国子监。官学虽然在中国古代社会的教育系统中占有重要的地位，但是它并不能满足社会的全部需要，于是又产生了各种私学，相当于私立学校，包括古代的家庭教育、私塾教育以及书院等，其中私塾和书院是古代私学中最为重要的部分。

私塾是私家学塾的简称，古代很少把“私”和“塾”两个字直接连起来使用，古人称私塾为学塾、教馆、书房、书屋、乡塾、家塾，等等，根据私塾的设置情况，又可以分为义塾、族塾、家塾和自设馆。义塾带有免费教育的性质，由地方出钱，以出身清贫家庭的子弟作为施教对象。族塾依靠家族资产支撑，属于宗族内部办学，往往设在宗祠内，不招收外姓儿童。富家大户聘请名师宿儒在家专门教授自己的子女，这种私塾称为家塾。自设馆是塾师自行设馆招生的私塾，学生来源广泛。人们一般都认为孔子在家乡曲阜开办的私学即是私塾，孔子是第一个有名的大塾师。由于历代帝王都把教育儿童看成是家长自己的责任，对蒙学只是略加提倡、引导，官府从不干预私塾办学，所以私塾在民间自由发展。到了清代，达到非常发达的阶段。

在私塾学习的学生既有儿童，也有成年人，但一般在 5 至 13 岁之间。按照程度，人们把私塾分成蒙馆和经馆两类。蒙馆的学生由儿童组成，重在识字，学生人数不定，一般有几人至几十人。教材主要是《三字经》、《百家姓》、《千字文》等，也教儒家的“四书五经”。私塾历来实行个别教学，塾师根据不同人的学习基础、接受能力安排课业，体现了因材施教的原则。私塾对学生背书的要求特别高，读书是私塾学生的主要活动，另外习字和作对也是重要的学习内容，要为以后的科举应试作准备。学塾中的规矩极严，教师有绝对的权威，体罚是家常便饭。至于经馆，学生则以成年人为主，大多忙于准备科举考试。

中国传统文化的传承没有中断，长期扮演强势文化的角色，兼之私塾教育的政治、经济基础在古代少有变动，多种因素决定了古代私塾办学的面貌在几千年中变化不大。它适应了古代社会的需要，对于文化的传承、人才的培养，曾经作出了巨大的贡献。但是，到了近代，私塾与社会发展的要求出现了距离，受到了社会的质疑。提倡新教育的人指责私塾不开设自然科学课程，知识覆盖面过窄；教材长期不变，知识老化问题严重。显然，中国要想摆脱被动挨打的局面，不能不发展近代新教育，于是自从清朝末期开始，私塾便逐渐走上了改良的道路。1949 年以后，传统私塾便基本上消失了。

书院是中国古代教育制度有别于官学的另一种教育系统，是中国封建社会特有的教育组织形式，有点类似于今天的私立大学。书院制度萌芽于唐，完备于宋，废止于清，前后千余年的历史，对中国封建社会教育与文化的发展产生了重要的影响。

唐末至五代期间，战乱频繁，官学衰败，许多读书人避居山林，模仿佛教讲经制度创立书院。书院是藏书、教学与研究三结合的高等教育机构。北宋时,以讲学为主的书院日渐增多。南宋时随理学的发展,书院逐渐成为学派活动的场所。宋代最著名的有四大书院:江西庐山的白鹿洞书院、湖南长沙的岳麓书院、河南商丘的应天府书院、河南登封的嵩阳书院。书院大多是自筹经费,建造校舍。宋朝理学的代表人物朱熹、张栻、吕祖谦、陆九渊等纷纷主持书院,宣扬理学,因而书院大兴,学术空气十分自由。

元代书院也比较兴盛,但是元朝政府把书院的领导权控制在手里。到了明朝,书院发展到一千两百多所,但其中有些是官办书院。一些私立书院自由讲学,抨击时弊,成为思想舆论和政治活动场所,最著名的有江苏无锡东林书院。明朝统治阶级曾先后四次毁禁书院,然而书院有着顽强的生命力,多次毁而不绝。在严酷的政治压迫下,书院师生宁死不屈。东林书院的对联写道:"风声雨声读书声,声声入耳;家事国事天下事,事事关心。"

清代书院达两千余所,但官学化也达到了极点,大部分书院与官学没有什么区别,如武昌两湖书院、广州越秀书院等。到了光绪二十七年(1901 年)朝廷命令各省的书院改为大学堂,各府、厅、直隶州的书院改为中学堂,各州县的书院改为小学堂。至此,书院退出了历史舞台。

历代书院的教学内容与官学基本相同,但是由于书院的发达与宋代理学有密切的关系,所以历代的书院都很重视研究和讲解理学。基本教材仍然是"四书五经",理学家们的著作和语录则被作为辅导读物。教学采取自学、共同讲习和教师指导相结合的形式进行,以自学为主。它是为了教育、培养人的学问和德行,而不是为了应试获取功名。书院在教学方面的最大特点是朱熹创立的"讲会制度",即学术辩论制度,邀请不同学派的人进行学术争论,对促进学术交流和理学发展起了积极的作用,同时给中国的学术留下了优秀的传统。

孔庙中的杏坛

万世师表

延伸阅读

太 学

太学是中国古代的一种大学,始设于汉代。

中国上古的大学,称为成均、上庠。太学之名始于西周。西汉早期,黄老之学盛行,只有私家教学,没有政府设立的传授学术的学校。汉武帝"罢黜百家,独尊儒术"之后,采纳了董仲舒的建议,在长安建立太学,为中央官学、最高学府,太学祭酒兼掌全国教育行政。太学之中由博士任教授,初设五经博士专门讲授儒家经典《诗》、《书》、《礼》、《易》、《春秋》。宣帝时博士增至12人,王莽当政时又增至30人。学生称为"博士弟子"或"太学弟子",太学初建时为50人,汉昭帝时增至100人,王莽时增至10 000人。"博士弟子"有免除赋役的特权。讲解的课程也由最初的"五经"发展到《易经》、《诗经》、《尚书》、《礼记》、《公羊传》、《谷梁传》、《左传》、《周官》、《尔雅》等。

武帝还下令天下郡国设立学校,初步建立起地方教育系统。太学和郡国学主要是培养统治人民的封建官僚,但是在传播文化方面,也起了重要作用。魏晋至明清或设太学,或设国子学(隋朝以后改为国子监),或两者同时设立,均为传授儒家经典的最高学府。

北京的国子监

国子监是中国古代隋朝以后的中央官学,为中国古代教育体系中的最高学府。明朝由于首都北迁,在北京、南京分别都设有国子监,于是设在南京的国子监被称为"南监"或"南雍",而设在北京的国子监则被称为"北监"或"北雍"。

北京国子监始建于元朝大德十年(1306年),是中国元、明、清三代国家管理教育的最高行政机关和国家设立的最高学府。坐落在北京东城区安定门内国子监街(原名成贤街)15号,与孔庙和雍和宫相邻。国子监街两侧槐荫夹道,大街东西两端和国子监大门两侧牌楼彩绘,是北京仅存的建有四座牌坊的古建街。

国子监整体建筑坐北朝南,中轴线上分布着集贤门(大门)、太学门(二门)、琉璃牌坊、辟雍、彝伦堂、敬一亭。东西两侧有四厅六堂,构成传统的对称格局,是中国现存唯一一所古代中央公办大学建筑。国子监内有十三经刻石碑共189座,原置放于东西六堂,现位于国子监与孔庙的夹道之内。石碑上所刻的十三经包括:《周易》、《尚书》、《诗经》、《周礼》、《仪礼》、《礼记》、《春秋左传》、《春秋公羊传》、《春秋谷梁传》、《论语》、《孝经》、《孟子》、《尔雅》,共63万余字。经书由蒋衡花费12年的时间书写而成。乾隆皇帝命和珅为主、刘墉为副,安排考订蒋衡所书的经书并动工刻石。这部十三经刻石成于乾隆年间,故又被称为"乾隆石经"。

书院的演变历史

1. 唐代书院

书院之名始于唐代，分官私两类。私人书院最初为私人读书的书房，唐贞观九年(635 年)设在遂宁县的张九宗书院，为较早的私人书院。官立书院初为官方修书、校书或偶尔为皇帝讲经的场所。唐玄宗开元六年(718 年)将乾元殿改名为丽正修书院，十三年又改为集贤殿书院。真正具有聚徒讲学性质的书院于五代末期基本形成，主要培养学生参加科举考试。

2. 宋代书院

北宋初年，私人讲学的书院大量产生，陆续出现白鹿洞、岳麓、睢阳(应天府)、嵩阳、石鼓、茅山等书院。其中白鹿洞、岳麓、睢阳(应天府)、嵩阳书院并称为中国古代四大书院。到仁宗末年，北宋前期较有影响的书院全部消失。熙宁四年(1071 年)朝廷直接向州学派出教授，以削弱书院和县学。七年将有教授的州中书院并入州学。南宋初期，张栻、朱熹、吕祖谦、陆九渊等学者开始复兴书院，书院成为学派活动基地及讲学的场所。理宗(1225—1264 年)即位后，将理学定为正统学说，书院教育成为朱熹等理学大师的遗产被官府继承。景定元年(1260 年)起，正式通过科举考试或从太学毕业的官员才能成为每个州的书院山长，朝廷借此控制书院。

3. 元代书院

元至元二十八年(1291 年)，元世祖首次下令广设书院，民间有自愿出钱出粮赞助建学的，也立为书院。后多次颁布法令保护书院和庙学，并将书院等视为官学，书院山长也定为学官，是书院官学化的开始。元代将书院和理学推广到北方地区，缩短了南北文化的差距，并创建书院 296 所，加上修复唐宋旧院，总数达到 408 所。但受官方控制甚严，无书院争鸣辩论的讲学特色。

4. 明代书院

明初时，宋元留存的书院，多被改建为地方学校和社学。成化、弘治以后书院逐渐兴复。嘉靖十六年(1537 年)明世宗以书院倡邪学下令毁天下私创书院。十七年以书院耗费财物、影响官学教育再次禁毁书院。到嘉靖末年，内阁首辅徐阶提倡书院讲学，书院得以恢复。万历七年(1579 年)张居正掌权，在统一思想的名义下下令禁毁全国书院。其去世后，书院又开始盛行。天启五年(1625 年)魏忠贤下令拆毁天下书院，造成了“东林书院事件”。崇祯帝即位后书院陆续恢复。其间书院总数达到 2 000 所左右，其中新创建的有 1 699 所，出现了陈献章、王守仁等著名书院学者。明朝的书院分为两种：一种重授课、考试的考课式书院，同于官学；另一种是教学与研究相结合，各学派在此互相讲会、问难、论辩的讲会式书院。后者多为统治者所禁毁。

5. 清代书院

清初统治者抑制书院发展，使之官学化。顺治九年（1652年）明令禁止私创书院。雍正十一年（1733年）各省城设置书院，后各府、州、县相继创建书院。乾隆年间，官立书院剧增。绝大多数书院成为以考课为中心的科举预备学校。至光绪二十七年（1901年）则令书院改为学堂，书院就此结束。清代书院分为三类：其一重视义理与经世之学；其二以考科举为主，主要学习八股文制艺；其三以朴学精神倡导学术研究。

私塾的教育

私塾的学生多6岁启蒙。学生入学不必经过入学考试，一般只需征得先生同意，并在孔老夫子的牌位或圣像前恭立，向孔老夫子和先生各磕一个头或作一个揖后，即可取得入学的资格。私塾规模一般不大，收学生多者20余人，少者数人。私塾对学生的入学年龄、学习内容及教学水平等，均无统一的要求和规定。

就私塾的教材而言，有中国古代通行的蒙养教本"三、百、千、千"，即《三字经》、《百家姓》、《千家诗》、《千字文》，以及《女儿经》、《教儿经》、《童蒙须知》等，学生进一步则读四书五经、《古文观止》等。其教学内容以识字习字为主，还十分重视学诗作对。

私塾的教学时数，一般因人因时而灵活掌握，可分为两类："短学"与"长学"。教学时间短的称为"短学"，私塾学堂一般是一至三个月不等，家长对这种私塾要求不高，只求学生日后能识些字、能记账、能写对联即可。而"长学"每年农历正月半开馆，到冬月才散馆，其"长"的含义，一是指私塾的先生有名望，其教龄也长；二是指学生学习的时间长，学习的内容也多。

至于私塾的教学原则和方法，在蒙养教育阶段，十分注重蒙童的教养教育，强调蒙童养成良好的道德品质和生活习惯。如对蒙童的行为礼节，像着衣、叉手、作揖、行路、视听等都有严格的具体规定，为中国教育的传统。在教学方法上，先生完全采用注入式。讲课时，先生正襟危坐，学生依次把书放在先生的桌上，然后侍立一旁，恭听先生圈点口哼，讲毕，命学生复述。其后学生回到自己座位上去朗读。凡先生规定朗读之书，学生须一律背诵。另外，私塾中体罚盛行，遇上粗心或调皮的学生，先生经常揪学生的脸皮和耳朵、打手心等。

推荐书目：

1. 顾树森. 中国历代教育制度. 南京：江苏教育出版社，1981.
2. 毛礼锐. 中国古代教育. 北京：人民教育出版社，1979.
3. 陈元晖. 中国古代的书院制度. 上海：上海教育出版社，1981.

话题讨论：

1. 中国古代的教育系统主要由哪几部分组成？和你们国家有什么异同？
2. 你认为中国传统教育的特点是什么？有什么优缺点？
3. 最近中国社会上出现了“私塾”复兴的情况，你觉得为什么会出现这种情况？谈谈你对这件事的看法。

10.5.2 科举制度

关键词：选拔制度　三级考试　状元　连中三元

中国是一个很大的国家，又有很长的历史。在漫长的历史中，中国人是通过什么办法来选拔人才、治理国家呢？其中最重要的就是科举制度。科举是历代封建王朝通过考试选拔官吏的一种制度。由于采用分科取士的办法，所以叫作科举。科举制从隋朝开始实行，到清朝光绪年间举行最后一科进士考试为止，经历了1 300多年，是中国历史上延续时间最长的制度之一。

在实行科举制度之前，中国人使用了多种人才制度。秦朝以前，中国社会采用分封制，选士也依靠世袭制度。从春秋战国时代开始，有“客卿”、“食客”等制度以外的人才为各国的国君服务。到了汉朝，分封制度逐渐被废，皇帝中央集权得以加强，于是采用了察举制，由各级地方推荐德才兼备的人才。察举制缺乏客观的评选准则，于是出现了地方官员徇私、所荐者不实的现象。魏文帝时，陈群创立九品中正制，由中央特定官员，按出身、品德等考核民间人才，分为九品录用。晋、六朝时沿用此制，但是豪门贵族势力强大，选拔人才时往往看重门第出身，官员大多从各地高门权贵的子弟中选拔。权贵子弟无论优劣，都可以做官。许多出身低微但有真才实学的人，却不能到中央和地方担任高官。为改变这种弊端，隋文帝开始用分科考试来选举人才。隋炀帝时期正式设置进士科，考核参选者对时事的看法，按考试成绩选拔人才。中国的科举制度正式诞生了。

推翻隋朝的统治后，唐王朝的帝王承袭了隋朝传下来的人才选拔制度，并做了进一步的完善，由此科举制度逐渐完备起来。考试的科目分常科和制科两类。每年分期举行的称常科，由皇帝下诏临时举行的考试称制科。常科的科目很多，其中进士科最为重要，考试的第一名叫状元或状头，一起考中的人称为“同年”。唐代取士，不仅看考试成绩，还要有名人的推荐。因此，考生纷纷奔走于公卿门下，向他们投献自己的代表作，叫投卷。投卷确实能使有才能的人显露头角，如诗人白居易向顾况投诗《赋得古原草送别》，受到老诗人的极力称赞。此外，唐代还开设了武举考试。

宋代的科举，大体同唐代一样，有常科、制科和武举。相比之下，宋代常科的科目比唐代大为减少，其中进士科仍然最受重视。宋代科举，在形式和内容上都进行了重大的改革，首先大大放宽了录取的范围，其次加强了皇帝对科举考试的控制，第三是加强了理学在科举考试中的重要性。宋代确立了三年一次的三级考试制度。宋初科举，仅有两级考试制度。一级是由各州举行的解试，一级是由礼部举行的省试。宋太祖时又建立了殿试制度，由皇帝亲自主持对那些考中进士的人进行最高一级的考试，使得被录取的人都成为皇帝的"门生"。南宋以后，还要举行皇帝宣布登科进士名次的典礼，并赐宴于琼苑，故称琼林宴，并规定殿试的第一名称"状元"，第二名为"榜眼"，第三名是"探花"，以后各代仿效，成为定制。

元朝的统治者一度停止了科举考试，后来虽然举行过数次，但所选人才通常并没有受到足够的重视，在元政府中产生的影响也不大。科举制在明清时代进入了它的鼎盛时期，这一时期的正式科举考试分为乡试、会试、殿试三级。乡试是省一级的考试，每三年举行一次，考期在秋季八月，故又称秋闱，考中者就成为"举人"。会试是由礼部主持的全国考试，于乡试的第二年举行。全国举人在京师会试，考期在春季二月，故称春闱。考中的称"贡士"。殿试在会试后当年举行，地点在今故宫保和殿。参加过殿试的人才能被称为"进士"。乡试第一名叫"解元"，会试第一名叫"会元"，加上殿试一甲第一名的"状元"，合称"三元"，"连中三元"是科举场中的佳话。但事实上，明清时代要取得参加上述正式科举考试的资格，首先要参加"童试"。参加童试的人不论年龄大小，一律称为童生，童生试包括县试、府试和院试三个阶段，这被称为科举的初步考试。院试合格者称"生员"，俗称"秀才"，然后分别分往府、州、县学学习，才算具备了参加乡试的资格。由此可见明清时代的科举考试十分严密而繁琐，难怪有很多人头发都已经白了，还是个"童生"。

科举制度在中国实行了整整 1 300 余年，对隋唐以后中国的社会结构、政治制度、教育、人文思想产生了深远的影响。相对于以前的制度，科举考试无疑是一种公平、公开及公正的方法，改善了用人制度。从宋代开始，科举便做到了不论出身、贫富皆可参加。这样不但大为拓宽了政府选拔人才的基础，还让处于社会中下阶层的知识分子，有机会通过科举考试向社会上层流动。这种政策对维持整体社会的稳定起了相当的作用。科举为中国历朝发掘、培养了大量人才，宋、明两代以及清朝汉人的名臣能相、国家栋梁之中，进士出身的占了绝大多数。科举对于知识的普及和民间的读书风气，也起了相当的推动作用。

科举所造成的恶劣影响主要在其考核的内容与考试形式。由明代开始，科举的考试内容陷入僵化，变成只要求考生能写出合乎形式的文章，反而不重考生的实际学识。大部分读书人为应科举，思想渐被狭隘的四书五经、迂腐的八股文所束缚，无论是眼界、创造能力、独立思考都被大大限制。大部分人以通过科举为读书唯一目的，读书变成只为做官、光宗耀祖，从而造就了一个官贵民贱、官重民轻的官吏社会。另外科举制度为政府发掘人才的同时，也埋没了民间在其他各方面的杰出人物，使得中国在其他方面的发展日趋缓慢，终于落在了世界的后面。清代科举制日趋没落，弊端也越来越多。清代统治者对科场舞弊的处分虽然特别严厉，但由于科举制本身的弊病，不符合时代发展的方向，终于走向了消亡。

明清科举简表

	院试	乡试（秋闱）	会试（春闱）	殿试
考场	学政巡回案临考场（府、县）	京城和各省贡院（省城）	京城贡院（礼部）	皇宫（宫殿）
主考人	各省学政	中央政府特派官员	钦差大臣	皇帝
参加者	童生（儒生）	生员及监生	举人	贡士
中者名称	生员（秀才）	举人	贡士	进士
日期	三年之内两次	子、卯、午、酉年八月，桂榜	乡试次年三月，杏榜	会试同年四月，金榜
第一名	案首	解元	会元	状元
第二名				榜眼
第三名				探花

延伸阅读

科举考试的内容和形式

从隋朝开始，各朝科举考试科目都在不断变化。从各个朝代科举设置的科目和形式的变化可以看出统治阶层的用人取向，也反映了不同时代的人才需求。隋文帝仅有策问，隋炀帝开考十科。唐朝考试科目很多，常设科目主要有明经（经义）、进士、明法（法律）、明字（文字）、明算（算学）。到明朝只设进士一科。清袭明制，但也开过特制（特别科），如博学鸿词科、翻译科、经济科等。

科举除了特制科目外，明经、进士两科考试的内容主要是儒家经典。考试形式在各个朝代也有不同，唐朝主要有墨义、口试、帖经、策问、诗赋等，宋朝主要是经义、策问、诗赋等，到明代只有经义一门了。

墨义，就是围绕经义及注释所出的简单问答题。在一张卷子中，这类题目往往多达30至50道。

口试，是口头回答与墨义同类的问题。

帖经，有如现代试卷的填空与默写。考官从经书中选取一页，摘其中一行印在试卷上。根据这一行文字，考生要填写出与之相联系的上下文。

策问，即议论。依据考官提出的有关经义或政事问题，考生发表见解，提出对策。策问所及范围较广，有政治、教育、生产、管理等，比起帖经、墨义来难度更大，有的也还有一些实用价值。

诗赋，唐高宗永隆二年(681 年)，有人认为明经多抄义条、议论只谈旧策还是表现不出真才实学，建议加试杂文两篇(一诗一赋)，于是开始了诗赋考试。

经义，是围绕经书义理展开的议论。如果说策问还有考生发挥的余地，经义便已经无所谓个人的思想，考生唯朝廷指定的“圣贤书”是遵。自宋朝开始，经义取代帖经、墨义，而明朝就干脆专考经义，读书人真正走进了“死读书，读死书”的死胡同。

科举制度在世界上的影响

科举的目的是为政府从民间选拔人才，相对于世袭、举荐等制度，科举考试无疑有很大的进步，改善了用人制度。

最初日本、朝鲜、越南均效法中国举行科举，越南科举的废除还要在中国之后。16 至 17 世纪，欧洲传教士在中国看见科举取士制度，在他们的游记中把它介绍到欧洲。利玛窦在明代中叶时到中国，所见负责管治全国的士大夫阶层，便是由科举制度所产生的。

18 世纪启蒙运动中，不少英国和法国思想家都推崇中国这种公平和公正的制度。英国在 19 世纪中至末期建立的公务员叙用方法，规定政府文官通过定期的公开考试招取，渐渐形成后来为欧美各国仿效的文官制度。英国文官制所取的考试原则与方式与中国科举十分相似，很大程度是吸纳了科举的优点。故此有人称科举是中国文明的第五大发明。

今天的考试制度在一定程度上仍是科举制度的延续。

科举制度的不足之处和消极影响

随着科举制度的发展，特别是在封建社会中，科举制度也会产生一些消极的影响。

第一，由于统治者改变考试内容使科举成为束缚知识分子思想的枷锁。明清以后八股文成为科举考试的主要形式，定八股的原来用意可能是用固定的格式写，便于考官评分，以示公平；否则，各人有各人的写作风格，必出现仁者见仁，智者见智，难分高下的情形，但是后来却成了统治者控制思想的工具。由于考八股文，压抑了那些本来不擅长科举科目的人的思想，也使一些知识分子无法在学术上、思想上进行创新，从而导致了思想上的落后，使科学技术的发展也停滞不前。

第二，科举制度也产生了家庭悲剧。由于科举制度及第者享有丰富的优待和荣誉,而且科举也是普通人出头的重要途径,因此经常会有贫士高中之后抛妻弃子的悲剧发生。这虽然很重要的原因在于当事人的思想价值观和责任感,但是科举毕竟给了它这样一块生存的土壤。

第三,科举制度导致官场腐败。随着历史进程的推进,出现了科举制度的政治化,天地君亲师的教育又造成了师门关系的盛行,这样造成了严重的师门裙带关系现象。这些师门关系在官场中互相拉帮结派,并且官官相护。这就不利于国家建设一个公正公平公开的社会良好制度,造成了官场的黑暗和社会的混乱。

但是,科举制度的消极作用并不是制度本身的错误,就制度本身来说应该承认科举是一种好的选官、选才制度。明清科举的八股文之风,加上中国传统重视人文科学轻自然科学的倾向,才是导致明清以后科学技术落后的真正原因。妇女被排除在选拔范围之外,也不能归罪于科举,没有科举制,古代妇女也一样无权参政,这是古代社会性质所决定的。

推荐书目:

1. 吕思勉. 中国制度史. 上海:上海教育出版社,1985.
2. 吴敬梓. 儒林外史. 北京:人民文学出版社,1995.
3. 郭齐家. 中国古代考试制度. 北京:商务印书馆,1991.

话题讨论:

1. "孔乙己"、"陈世美"、"范进中举"等故事你听说过吗? 请你讲一个中国古代和科举有关的故事,并说明这些故事体现了科举制度的什么影响。
2. 你们国家传统上采用什么人才选拔制度? 和中国的科举制度有什么异同?
3. 请你谈谈科举制度的利弊各在什么方面,它对当今世界有无借鉴意义?

10.6 科技

10.6.1 中国传统文化与科学精神和思维

关键词:科学精神　整体观　直观性　辨证性　实用性

中国传统社会从秦汉到宋元的千余年间,科学技术曾经长期处于世界的领先地位,为人类文明的发展作出了重大的贡献,英国学者李约瑟在他的巨著《中国科学技术史》中写道:中国人"在许多重要方面有一些科学技术发明,走在那些创造出著名的希腊奇迹的传奇式人物的前面,和拥有古代西方世界全部文化财富的阿拉伯人并驾齐驱,并在公元3世纪到13世纪之间保持一个西方所望尘莫及的科学知识水平”。然而，同样是李约瑟，也提出了这样一个问题：尽管中国古代对人类科技发展作出了很多重要贡献，但为什么科学和工业革命没有在近代的中国发生？这个问题被称为“李约瑟难题”，在全世界引起了热烈的讨论。很多人把李约瑟难题进一步推广，出现了“中国近代科学为什么落后”、“中国为什么在近代落后了”等问题。要回答这些问题，我们必须要从中国传统文化与科学精神和思维之间的关系中寻找原因。

所谓科学精神，概括起来可以包括：理性精神、实证精神、探索和怀疑精神、历史观照精神以及追求统一性和一般性的精神。中国古代社会是一个伦理性社会，儒家思想占据主导地位，特别强调人的道德修养和人格完善，对科学技术活动与思维却不够重视。具体来说，中国传统文化中的思维特点包括：第一，中国文化中，“天人合一”观影响深厚。在这一观念影响下，人是不会站在客观世界之外去分析和研究客观世界的，人对包括自身在内的自然的性质和结构是依靠直觉从总体上把握和解释的。中国传统思维善于从整体上笼统地把握事物本质，没有剖析，没有对要素之间联系和运动的机理的精细认知，这就决定了中国传统文化中对意识与物质的关系、人与客观世界的关系、思维与存在的关系这类问题缺乏认真考虑。第二，儒家思想非常重视意志上的价值判断，但却对事物缺少功能性视角上的判断。比如，儒家学说主张“仁”、“义”，“仁”指爱人，“义”指应尽的义务。但作为社会道德它成立的基础是什么，人们为什么要遵守，则没有进一步的论证。在中国先秦诸子百家中，有些学派比儒家学说注重功能性的推理，比如墨家，但是可惜很早就失传了。第三，中国传统文化习惯运用类比推理，多用比喻，缺少逻辑演绎推理。中国是寓言的故乡，比如《庄子》，那汪洋恣肆、荡拓不羁的文笔大量描写的是自然的现象，但隐喻和类比的是另一番人生的体悟和道理。其他学派也习惯于用类比的方法说明道理。这种推理方式因为缺少对事物机理、性质和结构的精确解读，比较主观随意，更接近艺术气质而不是科学精神。

中国传统文化中具有的上述元素，与科学精神的要素存在很大的差异，因此在中国传统文化的土壤中很难盛开出现代科技之花。从中国科学技术本身来说，它具有强烈的实用性特点，一切学科、一切研究都以国家的实用为最终目的，中国古代的所有科学著作大多是经验性的总结，而不是理论性的探讨。从研究方法上来说，中国科技重视综合性的整体研究，忽视对客观世界进行结构和机理上的具体研究。当然，现代科学的诞生是多种因素共同作用的结果，也正是由于许多因素的共同作用，使得中国古代的科学技术停留在原有的水平上，没有向现代科学迈进。

然而，中国传统的思维方式绝不是完全非科学的，在面临复杂问题的研究时，在面临部分与整体的关系、事物的模糊性和辩证性等问题的研究时，中国发散式、直观性、非直线性、顿悟式、富于变化性的思维方式的运用将会加深研究的深刻性，在事物和因素之间建立更深远的联系。随着科技革命的发展，现代科学也越来越注重从整体上、从部分与整体的关系上、从事物的模糊性和辩证性上研究问题，中国文化的整体观、辩证观，富于类比、隐喻和暗示性以及包容性、变化性的特性对西方学者的思维方式产生了十分重要的启示。20 世纪以来产生的模糊科学、系统科学、复杂性新科学等都在一定程度上受到了中国文化的积极影响。

随着科学研究对象的日益复杂、程度的日益深入和范围的日益广阔，中西结合的思维方式必将成为一种常态的思维方式。前面所述科学精神的内涵，也将发生某些变化。但科学精神有一点是不变的，就是科学精神实际上是一种人类道德——求实、严谨、尊重规律、解放和造福人类，科学精神实际上是人文精神的延伸，在这一点上，无论东西方都应该是相同的。

延伸阅读

科学精神的几个基本元素

科学精神的核心是实事求是，科学精神的本质是批判的，不为已有的观念和知识所束缚，是创新的。具体说来，它包括以下几个基本元素：

理性精神：即一项命题或定理必须根据已知条件和前提运用推理（主要是逻辑演绎推理）来推出，没有推理和论证的强迫命题是不能接受的。

实证精神：即一项命题或定理必须放在实践的环境中观察是否与实际情况相符，不能被事实证明的命题或定理是不能被承认的，只能称为假说。

怀疑和探索精神：即前人的研究结论只能具有相对正确性，要不断地观察和发现问题，更新前人的结论，推动认识发展。

历史观照精神：即任何研究都不是不着边际的，而是沿着继承和发展的路径开拓前进。

追求统一性和一般性的精神：所谓统一性是指科学要求通过某种普遍适用的方法论体系来系统地、始终如一地分析问题。体系不同，分析方法不同，结论也会有不同，这也证明科学的结论具有相对正确性。不通过一种体系系统研究问题是不能称为科学的。所谓一般性指科学的结论一定可以适用于某一范围的一般情况，而不仅仅是个别情况。追求统一性和一般性的精神使科学成为人人可以系统掌握的、可以传递的工具，成为真正解决现实问题的工具，而不是学者们纯粹的智力游戏。

中国传统的思维模式

中国传统的思维模式，最有特色的是整体思维、类比思维、辩证思维。

所谓整体思维，是指把天、地、人、社会看做密切贯通的整体，认为天、地、人、我、人身、人心都处在一个整体系统之中，各系统要素之间存在着相互依存的联系。从中国古代整体思维发生发展的历程中可以看出，整体思维是一种重体悟的、以经验为基础的直观思维。古代整体思维认为，对于宇宙本体，对于"天—地—人"的系统，仅仅依靠语言、概念、逻辑推理去认知是无法穷尽其奥义的，必须凭借对于"象"的直觉、顿悟去把握。

所谓类比思维，是指依据事物的外部特征或内在属性进行比照与联系的思维方式。中国传统思维善于抓住事物之间的某种相关进行类比象征，以达到由此及彼、由近及远地分析与表述的目的。古代汉民族的类比思维，常见的主要是在"天象"、"地法"、"人事"之间作类比，就天、地、人、万物之间的外部特征与内在属性进行类比，并由此发展出类推。

辩证思维，就是运用对立统一的观点、方法来认识、分析各种社会现象和自然现象及其变化。中国古代的辩证思维来源于对天地万物两两对立而又统一的自然现象的考察与理解。先秦时期的人们已经指出事物是两两相对的，而且关注事物向着对立的方向转化。更可贵的是，这一时期的哲人在观察与分析对立物变化的情况时揭示了对立转化的规律，并归纳与实行了辩证思维的方法。

中西方传统思维与现代思维

在中国传统思维的指导下，世界是不可认识或者是认识不完的，所以就不去主动地认识，而是与之保持和谐，把人和自然界看成是一个互相对应的有机整体，关注的现象是人与自然、人与社会、人与人之间的关系，从而形成安贫乐道、知足常乐的生活观念。而科学是建立在对客观具体事物观察分析的基础上的，如果按照这种方式去思维，就不会产生科学。在西方思维方式的支配下，西方人对客观事物做实证性考察，深入解剖、分析，运用逻辑的归纳、演绎等手段去认识和把握事物的本质和规律。虽然这种思维方式推动了自然科学的迅猛发展，但也导致了许多社会问题，形成了西方不满现状的生活观念，个人生命得不到安顿，资源、环境问题日渐严重。因此，世界上没有能够适应一切历史条件的万能的思维方式。如今进入21世纪，环境的变革、科学的发展都需要思维观念的更新和思维方式的转变。既要继承和发扬传统思维方式的优势、吸收西方思维方式的精华，使中西文化交汇融合，又要与创新思维相结合，树立既有民族特色又适应时代发展的现代思维方式。现代思维方式应具备以下特征：

1. 把整体思维与系统思维相结合。在考察对象时，先着眼于整体，再从整体与部分、整体与环境的相互制约、相互作用中，揭示和把握系统的本质特征和规律，把分析与综合有机地结合起来。这就要求我们在认识事物时，不仅要揭示客观对象各个部分的本质，还要揭示其与环境的内在联系。

2. 把模糊思维与精确思维相结合。随着科学技术的发展，人们认识的事物不再是简单的事物，而是极为复杂的系统，对象之间难以确定明晰的划分界限，这时如果再追求片面的精确思维，反而会导致认识上的模糊。若运用科学模糊思维可以起意想不到的作用，它帮助人们简洁明了地从整体上把握对象，节省信息传递过程，激发思维创造力。

3. 把继承思维与创造思维相结合。在继承传统思维优势的基础上，敢于破旧立新、推陈出新，追求独到和个性，树立适应时代主旋律的现代思维方式。随着时代的发展，人们实践和认识的领域不断地发生深刻变化，人们不仅要把思维触角扩展到直觉范围以外，还必须依靠思维的抽象和整合创造出新的理论。

推荐书目：

1. 邢贲思. 中国思想宝库. 北京：中国广播电视出版社，1990.
2. 叶福云. 科学精神是什么. 南昌. 江西高校出版社，2003.
3. （英）李约瑟. 中国科学技术史. 北京：科学出版社，2006.

话题讨论：

1. 你认为中国人的思维方式与你们国家的人有什么异同？各有什么优缺点？
2. 对李约瑟难题，你是怎么看的？中国没有出现现代科学，你认为还有哪些原因？
3. 如果说儒家思想限制了中国古代科技向现代科技的发展，那么中国在长达一千多年的时间里科技一直在世界上处于领先地位，这是为什么？

10.6.2　中国古代科技的创新与传播

关键词：天干　地支　"授时历"　《水经注》《徐霞客游记》　四大发明

中国古代科技长期以来一直处在世界的前列，在众多领域都有突出的创新成就，在某些方面对世界科技的发展有重大的推动作用。分类来说，大致包括以下几个方面：

一、中国古代的天文历法成就

中国古代的天文学是十分发达的，尽管观测天象的目的是为王朝的统治提供"受命于天"的根据，并希望以此来预测未来，指导帝王的活动，但却因此积累了丰富的天文学资料，并留下了诸多天文学古迹，例如汉代天文学家张衡工作过的"灵台"（在今河南省偃师市）、唐代天文学家僧一行工作过的"测景台"（今河南省登封市）以及元代科学家郭守敬创立的"观景台"（今河南省登封市）。在观测天文的基础上，伴随着原始农业的逐步发展，中国人建立了自己的历法，提出了"二十四节气”，并且随着时代的进步，不断进行改进。

早在《尚书·尧典》中，已经记载了一年分四季，有366天以及闰月。夏朝的历法“夏小正”，载有一年中各个月份的物候、天象、气象和农事情况。从殷商时期起，用六十干支纪日。所谓“干支”就是干枝，以天为干，以地为枝，这也是一种天地阴阳观念的表现。“天干”十个：甲、乙、丙、丁、戊、己、庚、辛、壬、癸；“地支”十二个：子、丑、寅、卯、辰、巳、午、未、申、酉、戌、亥。天干和地支依次组成六十个单位，每个单位代表一天，周而复始，循环不断。干支纪日法是商朝历法的最大成就，它是世界上延续时间最长的纪日方法，从殷商中叶一直用到公元1911年。商朝甲骨文还保留了中国最早的日食、月食和新星记录。春秋时期留下了世界公认的关于哈雷彗星的最早记录（《春秋·文公十四年》）。历法已经形成自己固定的系统，基本上确立了十九年七闰的原则。战国时代成书的《甘石星经》是世界上最早的天文学著作。西汉的武帝时制定了“太初历”。公元前28年西汉关于太阳黑子的记录是世界最早的太阳黑子记录。东汉的张衡还发明了浑天仪和地动仪。到了隋唐时代，唐朝天文学家僧一行制定的“大衍历”，比较准确地反映了太阳运行的规律，系统而周密，表明中国古代历法体系已经成熟了。一行还是世界上用科学方法实测地球子午线长度的创始人。元初政府设立了太史局编制新历法，郭守敬改进了简仪和圭表，主持全国范围的天文测量，他编制的“授时历”年周期与现行公历完全相同，但早于现行公历300年问世。

二、中国古代的数学成就

中国古代的数学又叫“算学”。中国大约在原始社会后期就发现了“十进制”算法。到了西周时期，商高提出了“勾三股四弦五”这一勾股定理的特例，载于《周髀算经》。大约与《周髀算经》同时成书的《九章算术》是当时世界上最先进的应用数学。大约是在春秋时期，中国已经出现了九九乘法表。西汉的刘歆推算圆周率为3.1547；到了三国时期的刘徽，他运用极限理论，计算出圆周率的精确值为3.1416；继此之后，南朝的大数学家祖冲之精确地算出圆周率是在3.1415926～3.1415927之间，这一成果比欧洲早一千年。他还著有《缀术》等书。北宋的贾宪提出的“贾宪三角”，可以求出任意高次方程的数解值。其后不久秦九韶的“大衍求一术”被世界同行公认为“中国剩余定理”。

中国人在长期的生活生产实践中发明了“珠算”，至少在元末明初已经普遍应用，简单方便，至今仍然十分流行，并且东传到日本、韩国等地。

三、中国古代的地理成就

中国地域辽阔，山川壮美，早就引起了人们的注意，并且展开了对地理学的研究。相传大禹治水以后，将天下分为“九州”，就已经包含了对地理的研究。战国及以后成书的《禹贡》、《山海经》可以看作是中国最早的地理学著作。

东汉时期成书的《水经》已经记录了130多条河流的情况，因为它过于简略，北魏地理学家郦道元为它作注，称《水经注》，记录了1 250余条河流的情况以及沿河流域的风情，成为一部综合性地理著作。西晋的裴秀在他绘制出的《禹贡地域图记》里，提出了绘制地图的科学原则，达到了当时世界的先进水平。明代的徐霞客是中国地理学史上的一位奇人，他历经34年，以个人之力进行了前无古人的地理旅行和野外考察，走遍了大江南北的16个省区，写出了大量的笔记，尽管遗失了很多，但是后来整理出的《徐霞客游记》仍是一部地理学巨著，书中对石灰岩溶蚀地貌的观察和记述，早于欧洲约两个世纪。

四、农业、手工业论著

中国自古以农立国，农业在社会生活中占有无可替代的重要位置。三皇五帝时期有著名的神农氏。周人的祖先后稷也是一位农业专家，至今在陕西省武功县还保留有纪念他的“教稼台”。百家争鸣时期出现了农家许行。杂家代表作《吕氏春秋》中不但提出了流行数千年的重农思想，阐述了土地利用原则，而且论述了农业生产的三要素天、地、人三者之间的关系，总结出了“不违农时”的生产规律。

到了北魏时期，贾思勰著了一部《齐民要术》，系统总结了黄河流域的农业生产经验，是现存一部最早、最完整的农书。宋朝的沈括著有《梦溪笔谈》，是中国科学发展史上的珍贵遗产，其中详细记录了毕昇发明活字印刷术的过程。明清时代，西方科技传入中国，加上中国的农业生产已经经历了千余年的积累，于是便产生了徐光启这样的大科学家，他所著的《农政全书》论述了农学理论，并介绍了欧洲的水利方法，是中国古代优秀的农学著作。同一时期，宋应星所著的《天工开物》则被后人誉为“17世纪中国工艺百科全书”。

五、中国古代的“四大发明”

李约瑟在《中国科学技术史》中提到了中国古代的“四大发明”，即造纸术、活字印刷术、指南针和火药，认为它们是中国对人类文化发展的巨大贡献。关于“四大发明”，后文有专门介绍，此处从略。

浑天仪

算盘

延伸阅读

中国古代天文学家:张衡

张衡(78—139 年),字平子,南阳西鄂(今河南南阳县石桥镇)人。他是中国东汉时期伟大的天文学家,为中国天文学的发展作出了不可磨灭的贡献;在数学、地理学、绘画和文学等方面,张衡也表现出了非凡的才能和广博的学识。

张衡是东汉中期浑天说的代表人物之一。他指出月球本身并不发光,月光其实是日光的反射。他还正确地解释了月食的成因,并且认识到宇宙的无限性和行星运动的快慢与距离地球远近的关系。

张衡观测记录了 2 500 颗恒星,创制了世界上第一架能比较准确地表演天象的漏水转浑天仪、第一架测试地震的仪器——候风地动仪,还制造出了指南车、自动记里鼓车、飞行数里的木鸟等。

张衡共著有科学、哲学和文学著作 32 篇,其中天文著作有《灵宪》和《灵宪图》等。

为了纪念张衡的功绩,人们将月球背面的一座环形山命名为"张衡环形山",将小行星 1802 命名为"张衡小行星"。

20 世纪中国著名文学家、历史学家郭沫若对张衡的评价是:"如此全面发展之人物,在世界史中亦所罕见,万祀千龄,令人景仰。"

二十四节气

二十四节气起源于黄河流域。远在春秋时代,就定出仲春、仲夏、仲秋和仲冬四个节气。以后不断地改进与完善,到秦汉年间,二十四节气已完全确立。公元前 104 年,由邓平等制定的"太初历",正式把二十四节气定于历法中,明确了二十四节气的天文位置。

太阳从黄经零度起,沿黄经每运行 15 度所经历的时日称为"一个节气"。每年运行 360 度,共经历 24 个节气,每月 2 个。其中,每月第一个节气为"节气",即:立春、惊蛰、清明、立夏、芒种、小暑、立秋、白露、寒露、立冬、大雪和小寒 12 个节气;每月的第二个节气为"中气",即:雨水、春分、谷雨、小满、夏至、大暑、处暑、秋分、霜降、小雪、冬至和大寒 12 个节气。"节气" 和"中气"交替出现,各历时 15 天,现在人们已经把"节气"和"中气"统称为"节气"。

二十四节气反映了太阳的周年视运动,所以节气在现行的公历中日期基本固定,上半年在 6 日、21 日,下半年在 8 日、23 日,前后不差 1 ~2 天。

为了便于记忆,人们编出了二十四节气歌诀:

二十四节气歌

春雨惊春清谷天,夏满芒夏暑相连,
秋处露秋寒霜降,冬雪雪冬小大寒。
上半年来六廿一,下半年是八廿三。
每月两节不变更,最多相差一两天。

立春:立是开始的意思,立春就是春季的开始。
雨水:降雨开始,雨量渐增。
惊蛰:蛰是藏的意思。惊蛰是指春雷乍动,惊醒了蛰伏在土中冬眠的动物。
春分:分是平分的意思。春分表示昼夜平分。
清明:天气晴朗,草木繁茂。
谷雨:雨生百谷。雨量充足而及时,谷类作物能茁壮成长。
立夏:夏季的开始。
小满:麦类等夏熟作物籽粒开始饱满。
芒种:麦类等有芒作物成熟。
夏至:炎热的夏天来临。
小暑:暑是炎热的意思。小暑就是气候开始炎热。
大暑:一年中最热的时候。
立秋:秋季的开始。
处暑:处是终止、躲藏的意思。处暑是表示炎热的暑天结束。
白露:天气转凉,露凝而白。
秋分:昼夜平分。
寒露:露水已寒,将要结冰。
霜降:天气渐冷,开始有霜。
立冬:冬季的开始。
小雪:开始下雪。
大雪:降雪量增多,地面可能积雪。
冬至:寒冷的冬天来临。
小寒:气候开始寒冷。
大寒:一年中最冷的时候。
随着中国历法的外传,二十四节气的知识已流传到世界许多地方。

中国古代科技的特点

1. 发展的延续性

在中国这块疆土上产生的古代科学技术,几千年来一直在延续地发展着,总的进程未曾中断，受到外来的影响不多，在这方面与其他国家的古代科技文明不甚相同。古代埃及和两河流域、古印度和古希腊，在奴隶社会都创造过辉煌的科技成就，但都在外族入侵或不明的原因下中断，未能在后来的封建社会中延续。古代阿拉伯则完全是在外来文化的基础上发展自己的科学技术。而古代中国的科学技术发端于本国的奴隶社会，进入封建社会后，发展虽时缓时速，但一直在继续发展，直至近代西方科学技术传入后才逐渐衰落。其延续发展的时间跨度之大，是世界上绝无仅有的。

2. 与封建社会同兴衰

古代中国的科学技术产生于奴隶社会，在奴隶社会向封建社会过渡的约春秋战国时期奠定基础，至秦汉时期形成体系，此后伴随着中国封建社会的上升而进步，在封建社会鼎盛期的宋代出现了科学技术发展的高峰。到明清以后，又随着封建社会的衰败，科学技术的许多学科和门类发展日渐停滞。尤其是在欧洲崛起的近代科学技术面前，逐渐相形见绌。可见，古代中国科学技术的主体部分是中国封建社会的产物，它的形成、发展以至衰落，是同封建社会的总进程休戚相关的。在这方面，恰与欧洲中世纪封建社会几乎没有任何科学技术上的建树的落后状况形成鲜明对照。

3. 注重实用，理论薄弱

古希腊自然科学，特别是数学、天文学，理论性较强，科学思想、科学方法都达到了较高的水平，这些正是古代中国科学所欠缺的。中国古代科学基本上都是实用性的。如农学，大体上都是各种农业生产具体经验的记载，很少有理论的概括和总结。天文学基本上就是为制订历法服务的，虽然天象观测上有许多成果，却极少探讨理论问题，更未深入研究宇宙结构模型。数学始终是以计算见长，注重解决实际问题，理论性的研究相当薄弱。医学是个例外，中医有较深厚的基础理论。西方近代科技传入后，传统科学各学科逐步为其所取代，唯有中医学依然保持着强大的生命力，继续为人类造福，这与它的理论性强不无关系。

中国古代科技的世界地位及其在近代衰落的原因（“李约瑟难题”）

中国古代科技的地位：中国古代的发明和发现，远远超出同时代的欧洲，中国古代科技长期领先于世界，并且向世界各地传播，对世界科技的发展作出了重要的贡献。

中国古代科技发展的原因：①国家的统一和社会的稳定为科技的发展提供了社会条件；②封建经济的发展，为科技的发展提供了物质条件；③封建教育的发展、思想观念的进步，为科技的发展提供了人才条件；④高度集中的中央集权制度功不可没，科技成就的取得离不开国家的支持；⑤统治者对外实行开明的文化、宗教政策，有利于科技文化正常交流和发展；⑥文化发展的继承性，前代科技文化成就为后代科技文化的进一步发展奠定了基础；⑦重视为“农本”思想的服务，如天文历法、数学等受到统治者的重视；⑧广大科技劳动者积极进取、勤奋钻研的精神。

中国没有产生近代科学的原因：①中国科学技术自身的缺陷，满足于实际上的应用，没有形成理论上探讨和深思的风气。中国古代科技成就大多是对生产经验和自然现象的简单总结，属于经验和描述的范畴，领先于西方的大多在经验技能方面，缺少科学的概念、定律和逻辑推理，也未能提出较为系统的完整的学说。如火药的发明是人们在炼丹时偶然发现的副产品，并未上升到化学反应方面的科学认识。中国人最早发现了哈雷彗星，但却没有分析研究其平均出现的周期，而英国人哈雷却揭示了其中的规律。中国的数学偏重“算”的实用技巧，而缺乏用以演绎、证明规律的理念。②自给自足的小农经济固有的分散性和狭隘性，不可能使科学应用达到较大规模，从而使近代科学的产生和应用失去了应有的土壤。③封建统治者实行“重农抑商”和“闭关锁国”的政策，阻碍了资本主义萌芽的成长，也阻碍了和工商业有关的科技的发展。④明清统治者实行文化专制主义政策，如八股取士、文字狱等，使大量知识分子脱离实际、脱离生产、脱离对自然界的观察和研究，使近代科学在中国失去了产生和发展的政治文化基础。⑤教育的落后，不利于科学间的互相融合，也不利于培养大批人才。

推荐书目：

1. 卢荫慈. 中国古代科技之花. 太原：山西人民出版社，1983.
2. 晁中辰，王绍曾. 中国古代科技. 济南：山东教育出版社，1990.

话题讨论：

1. 你们国家的古代科技有哪些突出的成就？体现在哪些方面？
2. 据你所知，中国古代科技成就在世界上传播，产生了哪些重要的影响？
3. 中国古代科技和现代科技，最明显的区别是什么？

10.7 医学

10.7.1 中医中药

关键词：整体观　辨证施治　四诊　八纲　中药　针灸

中医一般指中国以汉族劳动人民创造的传统医学为主的医学，所以也称汉医。中医学是中国传统文化中最为珍贵的遗产之一，在世界医学史上独树一帜。

中医具有完整的理论体系，它最大的特点就是整体观及辨证施治。中医认为人是自然界的一个组成部分，由阴阳两大类物质构成，阴阳二气相互对立而又相互依存，并时刻都在运动与变化之中。在正常生理状态下，两者处于一种动态的平衡之中，一旦这种动态平衡受到破坏，人就生病了。而在治疗疾病、纠正阴阳失衡时并非采取孤立静止的方法，而是从动态的角度出发，即强调“恒动观”。认为人与自然界是一个统一的整体，即“天人合一”、“天人相应”。人的生命活动规律以及疾病的发生等都与自然界的各种变化（如季节气候、地区方域、昼夜晨昏等）息息相关，人们所处的自然环境不同及人对自然环境的适应程度不同，其体质特征和发病规律也不相同。因此在诊断、治疗同一种疾病时，多注重因时、因地、因人制宜，并非千篇一律。认为人体各个组织、器官共处于一个统一体中，不论在生理上还是在病理上都是互相联系、互相影响的。因而从不孤立地看待某一生理或病理现象，头痛医头，脚痛医脚；而多从整体的角度来对待疾病的治疗与预防，特别强调“整体观”。

中医产生于原始社会，成书于春秋战国时期的《黄帝内经》全面奠定了中医理论的基础，这一时期出现了解剖和医学分科，已经采用“四诊”，即“望”（望色）、“闻”（闻味）、“问”（问情）、“切”（切脉）的方法给病人治病，著名的医生有扁鹊。西汉时期，开始用阴阳五行解释人体生理，出现了“医工”、金针、铜钥匙等。东汉出现了著名医学家张仲景，他已经对“八纲”（阴阳、表里、虚实、寒热）有所认识，总结了“八法”。三国时期的华佗则以精通外科手术和麻醉名闻天下，还创立了健身体操“五禽戏”。唐代孙思邈总结前人的理论并总结经验，收集 5 000 多个药方，并采用辨证治疗，因医德最高，被人尊为“药王”。唐朝以后，中国医学理论和著作大量外传到高丽、日本、中亚、西亚等地。同一时期，蒙医、藏医都受到了中医的影响。在朝鲜东医学也得到了很大的发展，例如许浚撰写了《东医宝鉴》。

中医治病的方法主要有三种，即：“中药”、“针灸”和“拔火罐”。中药主要起源于中国，相传尝遍百草的神农就是中药的发明人，至今还流传有《神农本草经》一书。明代李时珍的《本草纲目》是一部药典巨著。中药中，植物药最多，此外，动物药如蛇胆、熊胆、五步蛇、鹿茸、鹿角等；介壳类如珍珠、海蛤壳等，矿物类如龙骨，磁石等都是用来治病的中药。少数中药源于外国，如西洋参。中医认为每种中药都有不同的性味功能，服用时讲究“配伍”与“禁忌”。

针灸是在“经络学说”理论上建立起来的治疗方法，它是中国医学的又一突出成就。所谓针灸就是用针和灸两种方法刺激特定的穴位，以达到温通经络、调和气血、消除病因的目的。目前，针灸引起国际医学界的极大兴趣，被认为在治疗一些疾病方面非常有效而且副作用极低。

拔火罐疗法是用罐状器，借火热的作用，使罐中产生负压，吸附在皮肤的穴位上,造成局部充血、瘀血来治疗疾病的一种方法。

另外,中医的治疗方法还有推拿、按摩、刮痧等,在实践过程中,有经验的中医师往往会根据病人的实际情况,灵活采取各种治疗方法,以达到辨证施治的目的。

在西医未传入中国之前,祖祖辈辈的中国人都是用中医中药来治疗疾病的,挽救了无数人的生命。中医中药在中国古老的大地上已经运用了几千年,证实了无论是在治病上、防病上,还是在养生上,都是确凿有效可行的。但是到了现代,随着西方自然科学和哲学的传入,西方医学的思维方式和研究方法构成了对中医学的挑战,中医的存废一度成为讨论的热点。但是目前,人们已经日益认识到中医的价值,发扬传统、吐故纳新、中西结合、面向当代已成为中医学发展的态势。

延伸阅读

名医扁鹊的故事

扁鹊,原姓秦,名越人,又号卢医,中国春秋战国时期名医。生卒年代不详,渤海郡鄚(今河北任丘北)人,一说为齐国卢邑(今山东长清)人。由于他的医术高超,被认为是神医,所以当时的人们借用了上古神话中黄帝的神医"扁鹊"的名号来称呼他。

根据典记,魏文王曾求教于名医扁鹊:"你们家兄弟三人,都精于医术,谁是医术最好的呢?"扁鹊:"大哥最好,二哥差些,我是三人中最差的一个。"

魏王不解地说:"请你介绍得详细些。"

扁鹊解释说:"大哥治病,是在病情发作之前,那时候病人自己还不觉得有病,但大哥就下药铲除了病根,使他的医术难以被人认可,所以没有名气,只是在我们家中被推崇备至。我的二哥治病,是在病初起之时,症状尚不十分明显,病人也没有觉得痛苦,二哥就能药到病除,使乡里人都认为二哥只是治小病很灵。我治病,都是在病情十分严重之时,病人痛苦万分,病人家属心急如焚。此时,他们看到我在经脉上穿刺,用针放血,或在患处敷以毒药以毒攻毒,或动大手术直指病灶,使重病人病情得到缓解或很快治愈,所以我名闻天下。"魏王大悟。

还有一次,扁鹊来到了蔡国,桓公知道他声望很大,便宴请他。他见到桓公以后说:"君王有病,就在肌肤之间,不治会加重的。"桓公不相信,还很不高兴。10天后,扁鹊再去见他,说道:"大王的病已到了血脉,不治会加深的。"桓公仍不信,而且更加不悦了。又过了10天,扁鹊又见到桓公时说:"病已到肠胃,不治会更重。"桓公十分生气,他并不喜欢别人说他有病。10天又过去了,这次,扁鹊一见到桓公,就赶快避开了,桓公十分纳闷,就派人去问,扁鹊说:"病在肌肤之间时,可用熨药治愈;在血脉,可用针刺、砭石的方法达到治疗效果;在肠胃里时,借助酒的力量也能达到；可病到了骨髓，就无法治疗了。现在大王的病已在骨髓，我无能为力了。”果然，5天后，桓公身患重病，忙派人去找扁鹊，而他已经走了。不久，桓公就这样死了。

在中医的诊断方法里，望诊在四诊当中居于首位，十分重要，也十分深奥，要达到一望即知的神奇能力更是非同寻常。可见，扁鹊的望诊技术出神入化，“起死回生”、“讳疾忌医”等成语也都出于扁鹊，相传扁鹊名声过大，因而受到秦国太医李醯嫉妒，被其害死了。

中医学的一部经典之作《难经》相传为秦越人所作，但从内容上看应该是《黄帝内经》成书以后问世的作品，成书于汉代。其内容深奥，是中医学不可多得的理论著作之一。因此，古人将该书托名秦越人所著，表示扁鹊在人们心目中占有很高的地位，借其名以示书的重要性，也表达了人们对他的尊敬与怀念。

中医别名知多少

中医，即相对西医而言。在西方医学没有传入中国以前，中医基本不叫中医这个名字，而是有独特且内涵丰富的称谓。

岐黄　公元前26—前22世纪时，黄帝是传说中原各族的共同领袖，姓姬，号轩辕氏、有熊氏。岐伯，传说中的医家，黄帝的臣子。现存中国最早的中医理论专著是《内经》，此书托黄帝与岐伯讨论医学，并以问答的形式写成，又称《黄帝内经》。后世称中医学为“岐黄”、“岐黄之术”，即源于此。

医中圣手　《孔子传》载：“于事无不通，谓之圣”，即无所不通。手，指专司或专情其事的人。医中圣手即是对医生精湛医术的高度称赞。

扁鹊卢医　《史记·扁鹊仓公列传》载：扁鹊者，渤海郡郑人也，姓秦，名越人，其治赵简子、太子疾。《列子·力命篇》载：医者卢氏被人称为“神医”。扁鹊卢氏即“正统神医”也。

悬壶　《后汉书·费长房传》载，市中有一老翁卖药，悬一壶于市头。而他的药给人治病，每每药到病除，十分有效，引起人们的注意。结果发现这个神奇的老头，每到落市关门后，他就跳入葫芦里。古代医药不分家，就把“悬壶”作为行医的代称。一些开业医生也将葫芦作为招牌，表示开业应诊之意，后人称医生的功绩为“悬壶济世”。

杏林　三国时董奉，医术高明，医德高尚，为人治病，不受谢，不受礼，只要求治愈者在他房前栽杏树作为纪念。重症愈者种5株，轻者1株。数年后，蔚然成林，红杏累累。他建一“草仓”，告诉人们，要杏果的，不用付钱，只要拿一量器谷子来换一量器杏果。这样用杏果换来的谷子堆积满仓，他用这些谷子救济贫民。人们非常感谢他，送他匾额上写“杏林”、“医林”、“誉满杏林”、“杏林春暖”。这些赞誉之词成为医德高尚、医术高明的雅称。

虎守杏林 传说,董奉一天回家途中遇到茅草丛中卧着一只老虎。细看没有吃人的凶相,一动不动,抬头张嘴,大声喘气,流着泪,表情很痛苦的样子,是求董奉治病。董奉仔细看了老虎说:“明天此时你来此等候,我给你治病。”老虎点头走了。第二天董奉把两个铁环戴在胳膊上,叫老虎张口,铁环用来防虎咬。他用手掏出老虎喉咙里的骨头,治愈了老虎的病,后来老虎为了报恩,就为董奉守杏林。今人用“虎守杏林”,意在褒扬像董春那样高超的医术。

再世华佗 华佗一次在途中,见有人出殡,他看见棺材缝里流出来的血还像活人的血,于是上前救治,终于救活在棺材里假死的产妇,被人们誉为“神医”。他精通内、外、妇、儿、针灸各科。《三国演义》说他能为曹操开头颅治其头风病。后人用“再世华佗”来赞扬医生的医术高明。

青囊 指古代医生盛医书的囊,后借指医术。《后汉书·华佗传》张冀《补注》:“吴押狱者每以酒食供奉,佗感其恩,告曰:‘我死非命,有青囊未传,二子不能继业,修书与汝,可往取之。’吴至金城,取又藏之。佗知不免,大饮如醉而殂。吴弃役回家,向妻索书,妻曰:‘纵学得神术,终毙于狱中,故我以囊烧毁也。’”因华佗精医术,生前行医各地,声名颇著,所以,“青囊”也成了医术的代称。

苍生大医 唐代药王孙思邈,医德高尚,堪称医学界的典范。他在《千金要方》中写道:“若有疾厄(灾难)来求救者,不得问其贵贱贫富、怨亲善友、华夷智愚,普同一等,皆如至亲之想。不得瞻前顾后,虑吉凶,护惜身命。深心凄怆,勿避昼夜、寒暑、饥渴、疲劳,一心赴救,无作功夫形迹之心,如此可成苍生大医。”后人对医德高尚的医生尊称“苍生大医”。

《黄帝内经》简介

《黄帝内经》简称《内经》,原书18卷。其中9卷名《素问》;另外9卷无书名,汉晋时被称为《九卷》或《针经》,唐以后被称为《灵枢》,非一人一时之作,主要部分形成于战国至东汉时期。每部分各为81篇,共162篇。《素问》主要论述了自然界变化的规律、人与自然的关系等,《灵枢》的核心内容为脏腑经络学说。它是中国现存最早的研究人的生理学、病理学、诊断学、治疗原则和药物学的传统医学巨著。它总结了春秋至战国时期的医疗经验和学术理论,并吸收了秦汉以前有关的天文学、历算学、生物学、地理学、人类学、心理学知识,运用阴阳、五行、天人合一的理论,对人体的解剖、生理、病理以及疾病的诊断、治疗与预防,作了比较全面的阐述,在理论上建立了中医学上的“阴阳五行学说”、“脉象学说”、“藏象学说”、“经络学说”、“病因学说”、“病机学说”、“病症”、“诊法”、“论治”及“养生学”、“运气学”等学说。反映了中国古代的天人合一思想,确立了中医学独特的理论体系,成为中国医药学发展的理论基础和源泉。

李时珍与《本草纲目》

李时珍公元1518年生于湖北一个世医家庭。少年时代，常跟父亲和哥哥采集草药，或帮父亲抄写药方，听父亲讲解药物学知识。当时科举盛行，他14岁中了秀才。但他热爱医药事业，对八股文不感兴趣。因此，考举人三次落榜后，放弃了科举入仕的道路，一心做医生。

在行医当中，他发现当时的本草书收药不全，名称混乱，多有谬误。于是，下决心编写一部新的本草书。他详细研究了古代有关的本草学、医学等各类书籍，长期深入民间向广大劳动群众学习，到深山老林采集药材，开辟药园栽培药物，通过27年的埋头苦干，终于在61岁时写成举世闻名的《本草纲目》。该书载药1 892种，其中无机物达266种，而且药物的分类更详细，对一些较为混乱的药物命名加以更正，附方11 000多个。该书不仅对古代本草学作了一次历史性总结，也将以前的药物学知识予以系统化，并使之达到一个新的认识水平。《本草纲目》体例详明，表述严谨，是中国本草史上最伟大的著作，也是中国科学史中极其辉煌的成就。

《本草纲目》于李时珍死后三年(1596年)在金陵(今南京)首次刊行。这部书在16世纪初就流传中外，曾经多次刻印，并被译成多种文字，不但对世界医学作出了伟大的贡献，也是研究动植矿物的重要典籍。清代乾隆年间赵学敏编成《本草纲目拾遗》一书，对《本草纲目》作了一些正误和补充，增药716种。

中医在世界各地

自上世纪80年代后，汉方医学在日本迅速发展起来。据统计，目前日本以从事汉方医学为主的人员有15 000人左右，从事针灸推拿的医务人员约10万，从事汉方医药研究的人员近3万，有汉方医学专业研究机构10多个，有44所公立或私立的药科大学或医科大学的药学部也都建立了专门的生药研究部门，还有20余所综合性大学设有汉方医学研究组织。

随着汉方医学的不断发展，日本官方对汉方医学的应用和研究都给予了愈来愈多的支持和关注。首先在医疗政策方面，厚生省除规定大部分汉方制剂可以享受医疗保险外，还规定针灸费可部分地从医疗保险中支付。同时还同意在西医院内开设东洋医学科。在汉方医学教育方面，文部省正式下文成立世界第一所正规的针灸大学，使汉方医学开始纳入国家教育行列。

新加坡的中医药有悠久的历史和良好的群众基础，有中医医疗机构30余家，中药店开设的中医诊室有1 000余家。泰国政府承认了中医药的合法地位。越南很早就提出东医与西医相结合，规模较大的中药店有近200家，中小药店更是遍布城乡。

中医是16世纪传入英国的，17世纪被人们接受。近几年来，中医药在英国有了进一步的发展，一批国内本科毕业生出现在英国中医队伍中，对英国中医中药人员的技术素质的提高起了一定的促进作用。英国政府当局及医学管理部门对中医药的态度正在逐渐变化之中，开始是歧视和限制，继之因民众的需要而适当放开，近几年，因中药疗效显著而默认许可，中医药得到了英政府和社会的重视，在民众的医疗保健中有了一定的地位和信誉。

德国对古老的中医和针灸也有一定的认识，普遍持欢迎的态度。德国的针灸医生大多数为高等医学院校毕业，经过一定的西医实践后改为学习中医的。德国医生把针灸作为临床治疗的一种方法或手段，诊治病人既用西医疗法，也用中药和针灸，以便争取治疗更多的病人。

随着针灸在美逐步合法化，中医在美国的发展势头良好。据不完全统计，1987年全美已有2 500余名有执照的针灸师，从事针灸医疗工作的达万余人。近年来，美国公众和医学界逐渐认识到中国传统医学的安全有效和通用广泛的特点，越来越多的美国人愿意接受中医治疗。随着中医、针灸在美国的发展，中药也受到美国人的青睐。据统计，美国人每年要花费60亿美元用于营养保健品，而且这一市场还在以每年增长20%的速度拓展。美国约有5%的患者服用天然药物，其中80%的人在治疗过程中服用中药。

澳大利亚每年至少有280万人次看中医，由于中医药的广泛应用，中草药的进口量自1992年以来已增长了4倍，并逐渐成为澳洲医药市场的重要组成部分。各地都成立了中医学会，也有全国性的组织澳大利亚全国中医针灸学会联合会。澳大利亚每年中医医疗保健的营业额达到8 400万澳元。维多利亚州率先于2000年5月完成了中医立法，是西方第一个对中医药立法的国家，使之拥有与西医一样的法律地位。澳大利亚也是第一个在正规大学设立中医本科教育的国家，皇家墨尔本理工大学与南京中医药大学合作创办中医教育已有10年历史。

1960年以来，中国援非医疗队活跃在坦桑尼亚、赞比亚、莫桑比克、扎伊尔、马里、几内亚比绍等国，使这些国家的不少人了解了中医中药与针灸，为中医药在非洲的发展打下了基础。

早在20世纪50—60年代，中国援外医疗队就把中医药带到了中东地区，在中东地区，保健、强壮、减肥、美容的中成药很受欢迎。

中医美容和减肥

中医美容是附属于中医药学的，有着悠久的历史。秦汉时期，中医美容确立了整体的理论观和一些卓有成效的美容方法。到了晋隋唐，在中医养生防病、养颜抗衰的思想指导下，中医美容初步形成了独立的学科，在单纯强调外洗、外敷、外搽等外用美容药剂的同时，开始重视配合内服丸、汤等药物，并采用食疗、按摩等综合美容手法。

明清时期，中医美容广泛普及，在300多种医药著作的记载中，与美容有关的内服外用药达500种。现代中医各基础学科和临床学科的发展，为中医美容学的发展打下了基础。

中医美容的方法大致可分为中药、膳食、针灸、推拿按摩、气功五大类，此外还有心理、养生等方法。每一大类又有若干种具体方法，如药物美容，有内服法，有外用法。外用法又分贴敷法、洗浴法等，而贴敷、洗浴法又可再细分为患处皮肤贴敷、脐敷、穴位敷、熏洗、擦洗、沐浴、浸浴等，这些方法都属于自然疗法。

目前流行的中医减肥的方法特别多，比如说针灸、按摩、中药，还有耳穴。中医认为肥胖是一种疾病，而产生肥胖的原因，主要是人的五脏六腑的功能失调。肥胖是一种外在的表现，实际上肥胖的人多数伴有疾病，比如说便秘、疲劳，还有心血管、血压等的异常。

针灸减肥的原理主要就是疏通气血，重点是选择一些穴位，通过刺激这些穴位来调整内脏的功能，加强生理代谢，从而达到消脂健身的目的

推荐书目：

1. 唐云. 走近中医. 桂林：广西师范大学出版社，2004.
2. 印会河. 中医基础知识(英文版). 北京：外文出版社，1992.
3. 徐文兵. 字里藏医. 合肥：安徽教育出版社，2007.

话题讨论：

1. 你看过中医吗？你对中医的哪一部分最感兴趣？说说你的经验。
2. 你认为中医与西医有什么不同？有的人认为中医不是科学，你怎么看？
3. 中医在你们国家有影响吗？中医与你们国家的传统医学有没有什么关系？人们怎么看待中医？

10.7.2 中国的少数民族医学

关键词：民族医学　藏医学　蒙医学　维医学　苗医学　壮医学

中国有56个民族，各个民族在历史上都有自己的医学创造和医学知识的积累，从而形成丰富多彩的民族传统医学。中国的传统医学包括中医学、民间医学和民族医学三个部分。中医学是中国古代社会的主流医学，至今仍然是中国传统医学的代表。民间医学是指无特殊民族文化背景的民间的医疗经验、养生习俗、单方

验方和简易医术。民族医学是指中国少数民族的传统医药,"中国民族医药学会"(CHINA MEDICAL ASSOCIATION OF MINORITIES)就是中国少数民族传统医药的学术团体。

中国的55个少数民族在历史上对医学的贡献是多方面的,其中很多民族都有分量不等的医药专著、水平不一的临床能力和比较丰富的药物资源。当然,确定各个少数民族的传统医药是否都有自己独立的医学理论体系,还要看以下三个方面:一是该民族医药广泛的文化背景,二是医学理论的特点及其完整程度,三是与周边医学文化的联系。中国从公元前221年的秦代开始就是一个统一的国家,"书同文,车同轨",政令一统,文化渊源深厚而绵长,以《黄帝内经》为代表的中医学理论体系相对完整,医学著作汗牛充栋,各少数民族的传统医学无不受到汉文化和中医学的影响。在这个基础上,中国的民族医学可根据其文化源流或特殊地域文化背景分成若干类系,例如:

(一)受佛教文化影响,特别是受藏传佛教文化影响较深、结合青藏高原的疾病防治经验和药物资源而发展起来的,如藏医学、蒙医学。傣医学则具有南传上座部小乘佛教文化的背景。

(二)受阿拉伯文化影响较深,特别是受阿维森纳《医典》的影响,并结合自身的医学实践而发展起来的,如维吾尔医药、回回医药、哈萨克医药等。

(三)受朝鲜古典医学影响较深,具有中朝古代医学汇通特点的,如朝医药。

(四)受汉文化影响、具有土著文化特色、从南方地区医疗实践中创造的医学知识,如苗、壮、瑶、彝、侗、土家、黎等医药。

其中,藏蒙医学、维医学、苗医学可以说是中国民族医学中三个具有代表性的医学体系。

民族医药是中国少数民族长期与疾病作斗争的经验总结,为各个民族的健康繁衍作出过重要贡献。由于各个民族生存的自然环境、生产方式、生活条件和疾病状况不同,其医药创造和医药成就也各有千秋。例如,藏族人民世世代代生活在青藏高原,高寒缺氧,日照强烈,多风,气候多变。人们长期以游牧为主,肉食居多,燃料缺乏,高原病、高血压、中风、肺心病、风湿病、肝胆病、肠胃病比较多,藏医药对这些疾病的治疗经验相当丰富。诊断上验尿诊断是一大特点,治疗上藏药浴疗法很受欢迎。蒙古族人民生活在蒙古草原,逐水草而居,世称马背民族。蒙医学全面吸收了藏医药的基本理论,并与蒙古原来的传统医药经验相结合,许多医学理论和方药都与藏医相似,尤其对于骨伤、脑震荡的治疗有很好的传统疗法。近几年对白血病、牛皮癣、甲亢等专科疾病的治疗也很有特色。维医学是维吾尔族人民的医学创造。早在丝绸之路繁华的年代,维医受到阿拉伯医学的影响,吸收了西域诸多民族的医药经验。如今维医在治疗心血管病、胃肠病、男科病、白癜风等方面疗效显著。

瑶医以治疗肿瘤(例如肺癌、肝癌、胰腺癌)和红斑狼疮著名,用的都是从广西采集的瑶药。傣医历史悠久,古代的贝叶经中就有许多用老傣文写的医药典籍,对治疗感冒、胃肠病、食物中毒、关节病、妇科病很有经验。苗族是草药知识最丰富的民族之一,素有"三千苗药,八百单方"之称。村村寨寨几乎人人识药,户户学医,尤其对妇儿科疾病、骨伤、虫蛇咬伤、皮肤肿疖等均有显著疗效。彝医主要分布在云南和四川凉山。著名的云南白药就是彝药。彝医对高血压、高血脂、冠心病、创伤、各种眼疾均有较好疗效。壮医药历史悠久,资源丰富,善治痧、瘴、蛊、毒、风、火、湿等各种病,诊断以目诊、甲诊见长,灸法、针法、刮法、熏蒸法都别具一格。另外还有若干少数民族的医学资源也不可忽视,例如海南省的黎族医药、云南省的白族医药和哈尼族医药等,都有待于进一步发掘整理。总之,民族医药是一个伟大的宝库,具有鲜明的民族特色和地方特色,在治疗常见病、多发病和地方病方面,它的许多疗效是完全可以和其他医学相媲美的。

人类历史已有300万年,医药是人类与生俱来的需求。人类从早期的医巫不分发展到从宏观的、整体的、天人相应的角度来了解人类自己的生命体,并从大自然中寻找到不少有用的药物,创造出了许多各具特色的治病技术,这是人类的宝贵文化遗产。但是在现代自然科学发展以后,这些传统医药知识和体系在许多国家被排斥、取缔。从20世纪70年代开始,鉴于人类疾病的复杂性和现代医学的局限性,人们在返璞归真中把传统医学重新拾起。中国因为经济文化落后,农村面积很大,使中医学和民族民间医学保留至今,中国政府已经制定了"中西医并重"的方针,努力使其更好地为中国人民和世界人民服务。

延伸阅读

藏族医学

藏族医学是中国青藏高原地区以藏族为主的少数民族在长期医疗实践中创造发展起来的传统医学,简称藏医学、藏医,是中国传统医学的重要组成部分。

公元581年以前,青藏高原尚未形成统一的政权统治,医学也处于没有理论指导的朴素蒙昧时期。早期青藏高原居民信奉苯教,他们对疾病的认识多是通过占卜和巫师实现的,他们相信魔怪、妖精、瘟疫、厉鬼等会给人带来疾患。后来,随着社会的发展,他们学会利用热酥油止血,用青稞酒渣敷伤口,还知道了某些动、植物可以用来治病。7世纪前期赞普松赞干布统一了青藏高原,建立了吐蕃王朝。唐太宗以文成公主许配松赞干布,文成公主入藏时,带去"治四百零四种病的医方百种,诊断法五种,医疗器械六种,医学论著四种……"这批医书后经整理,由汉族医生和藏族译师译成藏文,名《医学大典》(藏文名称《门杰亲莫》)。这是已知最早的藏文医著，已失传。赞普弃隶缩赞时期，唐中宗又以金城公主许配赞普，金城公主同样随带大批医书和医生入藏，这些医方经整理后由汉族医僧摩诃衍和藏族译师毗卢遮那编成《月王药诊》（藏文名称《曼杰达维给布》），这是现存最早的一部藏医古代文献。以后历代藏王相继邀请一些邻近国家和地区的名医到西藏传授医学知识。

公元8世纪下半叶，西藏出现了杰出的医学家宇妥·宁玛元丹贡布，他广泛吸取《医学大典》、《月王药诊》等的精华，还多次到内地和邻近国家学习，不断实践，积累丰富的临床经验，经过数十年努力，著成《四部医典》（一译《医方四续》、《据悉》）一书，成为藏医学的经典著作，它标志着藏医学已走向成熟，奠定了藏医学发展的基础。17世纪，五世达赖命令对藏医学进行一系列整理，具体由摄政王德西·桑吉嘉措负责。在桑吉嘉措主持下，对《四部医典》进行了全面的诠注发挥，完成《四部医典蓝琉璃》（《据悉本温》）一书，这部著作内容比原著增加一倍以上，通俗易懂，成为《四部医典》的权威注本和学习藏医的必读课本。同时，桑吉嘉措还在南北学派所绘医药挂图的基础上，根据《四部医典》的内容，主持绘制了医药系列彩色挂图，共79幅。

中华人民共和国建立后，藏医学受到政府重视，改造和建成了一大批现代化的藏医院、藏医教育和研究机构。藏医文献《月王药诊》、《四部医典》、《晶珠本草》、《蓝琉璃》等先后被整理出版，《四部医典系列挂图全集》（藏汉、藏英版）还获中国图书奖和自治区科技进步一等奖。

蒙古族医学

蒙古族传统医学，简称蒙医学或蒙医，是中国传统医学的重要组成部分之一，在形成与发展的过程中，曾受到印度、藏族和汉族传统医学的影响。

古代蒙古族劳动人民以游牧生活为主，狩猎为辅，还有些相应的家庭手工业。他们劳动和生息在北方辽阔的蒙古草原和茂密的森林之中，信仰萨满教。在同自然界和疾病作斗争的实践中，他们逐步积累了原始的医疗知识，发明了最早的医疗保健方法，可惜传下来的史料很少。成吉思汗时期，蒙古军大举西征，建立起横跨亚欧的四个蒙古汗国。1271年，成吉思汗的后裔忽必烈入主中原，建立元朝，并于1279年统一了中国。忽必烈建立的元朝，沟通了国内各民族以及东西方之间的经济、文化交往，同时也使中外医药科学有了更多的联系和交流。当时，许多蒙医药学家将汉、藏医学理论和印度医学理论灵活地、创造性地同本民族的生活、生产、疾病情况以及地区特点结合起来，编写了大量的医药学著作，为蒙医药学基础理论的发展奠定了基础。19世纪末至20世纪初，蒙医药学发展到了一个新的阶段，先后涌现出许多医学家和蒙医学专著，这些著作的出版使蒙医药学日趋完善，逐步形成了具有鲜明北方民族医药特点和地域特点的近代蒙医药学,为保障北疆各族人民的健康及蒙古族的繁衍生息作出了贡献。

中华人民共和国成立后,在内蒙古广大牧区及部分农区,普遍建立了蒙医医院,使蒙医药在医疗保健上发挥了重要作用。广大蒙医药工作者在防治常见病、多发病、地方病及疑难病方面都取得了很大成就。内蒙古自治区和部分盟市先后建立了一批蒙医药科研机构,在系统理论、药物、临床等方面的研究都取得了显著成就。自治区还建立了蒙医高等院校,培养了大批新型蒙医药人才,使蒙医药学的发展后继有人。

维吾尔医学

维吾尔医学是中国新疆维吾尔族在漫长的医疗实践中，与疾病不断作斗争而创造出来的医学体系,有丰富的经验和独特的理论，是中国传统医学的重要组成部分之一,简称维医学或维医。

新疆地区在古代属西域的范围。西汉时期政府开拓和统一西域以后，横穿西域的“丝绸之路”畅通，促进了商业的发展和文化的交流，东西方医药相继荟萃在中亚腹地新疆，这就刺激了当地民族医药事业的发展。在隋唐统辖西域的前半期(公元6世纪)，当地名医辈出，著书译书成风，医药交流极为活跃。9世纪中叶后，生活在漠北的是维吾尔族的祖先——回纥(后经唐政府批准改为回鹘)，由于回纥汗国遭受饥荒和疾疫，经济濒于崩溃，又受异族袭击，其大部分迁到西域。西迁后定居西域的回鹘，既融合了早先就分布在天山以北和西部草原游牧的操突厥语的各部落，又融合了西汉以来移居到这里的汉族人,他们同原来就居住在南疆广大地区操焉耆、龟兹、于阗语的人，以及后来迁来的吐蕃人、契丹人、蒙古人等长期相处，繁荣发展，逐步形成了维吾尔族。维吾尔族的祖先经历了草原游牧和塔里木盆地农业两种经济生活方式，其医学也深受这两种方式的影响。11世纪后，由于维吾尔族信仰了伊斯兰教，也受到了伊斯兰文化和阿拉伯医学的影响。维医学正是在积累和发展本民族医学的基础上，又汲取东西方不同地区和民族医药文化之精华，从而形成了具有维吾尔民族特点的传统医学体系。

元代统治者由于民族、宗教等原因，对畏兀儿(元代对维吾尔之称)、阿拉伯医学都比较重视。元政府设置广惠司(即后来的回回药物院)，该院主持编出《回回药方》(36卷)，现仅存残卷，其中收载的药方就有维医的内容，反映了当时维医的某些医药知识和用药习惯。明清时期的维医学有了较大的发展，特别是一些著名医家在理论和实践方面都作出了贡献。近代自西洋医学传入后，维医和中医一样，也曾受到排挤、歧视甚至被取消。

中华人民共和国建立后，维医获得了新生。新疆维吾尔自治区各地陆续兴办了30多所维吾尔医医院，一般医院中都开设维医专科，还成立了新疆维吾尔医专科学校和新疆维吾尔医研究室，以开展维医医疗、教育和科研工作。许多已故著名维医的学术著作得到整理出版。

苗族医学

苗族是一个历史悠久、人口众多的少数民族，由于历史上种种原因，在频频的部落战争中，经历长达1 700多年的迁徙过程，从黄河下游迁到长江中游。苗族历史上没有建立过政权，目前还没有发现本民族文献记载的医学系统资料，但却有独特的理论体系：论医学有两纲、五经，论疾病有三十六大症、七十二疾、一百零八个小症、四十九翻，论病理有气、血、水学说，论药物有冷药、热药之分。苗族医药自成体系。

苗医认为，毒、亏、伤、积、菌、虫是导致人体生病的六种因素，简称六因。诊断疾病是通过把脉、听声、观察颜色、询问病情，用手触、摸、扣、打、刮、按、搬、量等传统方法，来观察人体形态结构的变化和精神方面的异常情况。

苗医用药多是植物药、动物药及少量矿物药。药的特征归纳起来有热、冷和不热不冷三种；热药可治冷病，冷药可治热病，和药可补体质、治亏损病。据不完全统计，目前常见的药可达1 500种之多，常用的约200种。

苗药主要分布于苗族聚居的苗岭山脉、乌蒙山脉及武陵山脉等地区。由于各地区纬度、地理环境、用药习惯的不同，各类药物分布有差异，有的种类如见血飞、鱼腥草、银花、桔梗等几乎各地都有分布，而有的种类如艾纳香、马槟榔、金铁锁、松萝、紫金莲等仅限于某些地区和一定的海拔高度才有分布。近年来，中国苗族聚居的广大地区建立了不少的药材种植生产基地，大力进行常用的药材如天麻、茯苓、杜仲等的人工栽培。

推荐书目：

1. 崔箭，唐丽. 中国少数民族传统医学概论. 北京：中央民族大学出版社，2007.

2. 诸国本. 中国民族医药散论. 北京：中国医药科技出版社，2006.

3. 奇玲，罗达尚. 中国少数民族传统医药大系. 呼和浩特：内蒙古科技出版社，2000.

话题讨论：

1. 你知道中国的哪些少数民族医药？请简单介绍一下。

2. 为什么在一些发达国家，一些带有原始色彩的民族医药学及健身方法最近开始流行？你怎么看待这个问题？

3. 你们国家有什么民族医学？你认为民族医药学怎样才能更好地与现代化、国际化接轨？

10.8 中国的非物质文化遗产

关键词：世界文化遗产　物质文化遗产　非物质文化遗产

中国是一个文明古国，拥有不计其数的文化遗产，例如各种古文化遗址、古墓葬、古建筑、石窟寺、石刻、壁画、近现代重要史迹和代表性建筑，还有历史上各时代的重要实物、艺术品、文献、手稿、图书资料等，这已经被世界人民所熟知了。但文化遗产实际上包括物质文化遗产和非物质文化遗产，以上所述都是物质文化遗产，是具有历史、艺术和科学价值的文物。除此之外，中国还拥有十分丰富的非物质文化遗产。

根据联合国教科文组织通过的《保护非物质文化遗产公约》中的定义，“非物质文化遗产”指被各群体、团体，有时为个人所视为其文化遗产的各种实践、表演、表现形式、知识体系和技能及其有关的工具、实物、工艺品和文化场所。由此可见，非物质文化遗产的最大的特点是不脱离民族特殊的生活生产方式，是民族个性、民族审美习惯的“活”的显现。它依托于人本身而存在，以声音、形象和技艺为表现手段，并以身口相传使文化链得以延续。这些活态的文化，不仅构成了中华民族深厚的文化底蕴，也承载着中华民族文化渊源的基因。

具体说来，非物质文化遗产的范围包括：在民间长期口耳相传的诗歌、神话、史诗、故事、传说、谣谚；传统的音乐、舞蹈、戏剧、曲艺、杂技、木偶、皮影等民间表演艺术；广大民众世代传承的人生礼仪、岁时活动、节日庆典、民间体育和竞技，以及有关口头传统、传统表演艺术、民俗活动和礼仪与节庆、生产、生活的其他习俗；有关自然界和宇宙的民间传统知识和实践；传统的手工艺技能以及与上述文化表现形式相关的文化空间等。非物质文化遗产是和人的活动息息相关的，是靠人传承下来的，如果从事民间艺术和技艺的艺人日益减少，遗产就要断绝了。再加上在全球化、现代化的背景下，文化受到了空前的冲击。中国作为一个发展中国家，面对这个巨大的冲击，非物质文化遗产也渐渐失去了原有的存在土壤和社会环境，这更加重了中国非物质文化遗产的消失。为了保护中国的非物质文化遗产，中国政府公布了国家级非物质文化遗产名录，2006 年公布的第一批共分 10 大类 518 项，春节、端午节、中医诊法、针灸、梁祝传说、景德镇制瓷、茅台酒酿制、昆曲、京剧等榜上有名，传统戏剧入选数量名列榜首。2008 年又公布了第二批国家级非物质文化遗产名录（共计 510 项）和第一批国家级非物质文化遗产扩展项目名录（共计 147 项）。

联合国教科文组织认为非物质文化遗产是确定文化特性、激发创造力和保护文化多样性的重要因素，在不同文化的相互宽容、协调中起着至关重要的作用，因而于1998年通过决议设立非物质文化遗产评选。这个项目的申报有三个基本条件:一个是艺术价值,一个是处于濒危的状况,还有一个是有完整的保护计划。截止到2011年,中国文化部公布,中国被列入《人类非物质文化遗产代表名录》的有36项:昆曲、中国古琴艺术、新疆维吾尔木卡姆艺术和蒙古族长调民歌(与蒙古国联合申报)、中国蚕桑丝织技艺、福建南音、南京云锦、安徽宣纸、贵州侗族大歌、广东粤剧、《格萨尔》史诗、浙江龙泉青瓷、青海热贡艺术、藏戏、新疆《玛纳斯》、甘肃花儿、西安鼓乐、朝鲜族农乐舞、书法、篆刻、剪纸、传统木结构营造技艺、端午节、妈祖信俗、中国雕版印刷技艺、呼麦、羌年、黎族传统纺染织绣技艺、中国木拱桥传统营造技艺、京剧、中医针灸、麦西热甫、中国水密隔舱福船制造技艺、中国活字印刷术、中国皮影戏、赫哲族伊玛堪。

非物质文化遗产是文化遗产的重要组成部分,是中国历史的见证和中华文化的重要载体,蕴涵着中华民族特有的精神价值、思维方式、想象力和文化意识,体现着中华民族的生命力和创造力。目前,中国政府和人民正在进行申报世界文化遗产的工作,无论是物质文化遗产还是非物质文化遗产,申报都是为了更好地保护。对于非物质文化遗产来说,更应该重视其活态性,即尽一切可能使那些珍稀的民间文化活起来,在继承的基础上发展民间文化,努力使世界文化和思维向多元化方向发展。

延伸阅读

中国的第一个人类非物质文化遗产——昆曲

2001年5月18日,联合国教科文组织在巴黎宣布第一批"人类口述和非物质遗产代表作"名单,共有19个申报项目入选,其中包括中国的昆曲艺术,中国成为首次获此殊荣的19个国家之一。

发源于江苏昆山、至今已有600多年历史的昆曲被称为"百戏之祖,百戏之师",许多地方剧种,像晋剧、蒲剧、上党戏、湘剧、川剧、赣剧、桂剧、邕剧、越剧和粤剧、闽剧、婺剧、滇剧等,都受到过昆剧艺术多方面的哺育和滋养。

戏曲的表现手段为唱、念、做、打(舞)之综合。这四个方面及其综合在昆曲中要求最高,昆曲演员必须在这几个方面兼备,舞台呈现亦最为完美与出色。其他剧种演员为提高技艺都要学昆曲。如京剧演员梅兰芳即有深厚的昆曲功底并能演昆曲。河北梆子演员裴艳玲之代表作《林冲夜奔》即以昆曲形式演出。

中国戏曲自形成以来一直在舞台上流传,随着时代的变化,从剧本到声腔、表演不断变革,昆曲则变化较少,对戏曲传统特点保留较多,剧目又极为丰富,被称为"活化石"。在18世纪后期,地方戏兴起,昆曲由于过于文雅和繁难,便呈衰落趋势。1949年前,在全国范围内除"国风新型苏剧团"这个"半副昆班"竭力延续昆曲艺术生命之外,已没有一个职业性表演团体,老艺人有的回家务农,有的摆摊糊口。昆曲成为"濒危物种",经过政府的大力保护和提倡,才又发展起来。

人类口述和非物质遗产代表作——中国古琴艺术

2003年11月,联合国教科文组织在巴黎宣布了第二批"人类口述和非物质遗产代表作",中国古琴艺术与世界其他27个文化艺术表现形式获此殊荣。

琴在中国有着悠久的历史,中国古琴是世界上最古老的弹拨乐器之一,主要由弦与木质共鸣器发音,至今已有3 000多年历史,20世纪初才被称作"古琴"。关于它的创制者有"昔伏羲作琴"、"神农作琴"、"舜作五弦之琴以歌南风"之说。古琴艺术在中国音乐史、美学史、社会文化史、思想史等方面具有广泛影响,是中国古代精神文化在音乐方面的主要代表之一。

在先秦时代,琴已很流行。现在常见的古琴式样,大多为魏晋之后的式样,一般长为110厘米,琴头宽17厘米,琴尾宽12厘米,分大、中、小不同的形制,琴弦根数有五弦、九弦、十弦、十二弦、二十弦等多种。常见的是七弦,所以古琴又称七弦琴。古琴的面板用桐木制成,面板的外侧有十三粒白色小圆点,称徽,是音阶的标志。制徽的材料可以用玉,也可用金、用骨、用蚌壳。古琴的弦用蚕丝制成,取其坚韧而发音纯正。

古琴音色纯净、幽雅,有三种音:散音、泛音、走手音。散音如钟鼓之声古朴、稳重、深远。泛音像珍珠一样明亮,古琴拥有91个泛音,是世界上任何一种乐器不能相比和不能达到的。至于古琴的走手音,更是古琴艺术之一绝,如人声在低声细语,音韵特别悠长,深厚,感人肺腑。

从唐代开始,古琴有了自己专用的记谱法,这种记谱法记录弦位和徽位、左右手的弹奏方法,但不直接记录音高。它由汉字的部首、数字和一些减笔字拼合而成,称作减字谱。减字谱记录古琴音乐的仔细程度和科学性,使现代的五线谱等记谱方法至今仍不能取代它。用减字谱记录而传承至今的古琴谱有150多种,保存了大量的古代音乐作品,是一座巨大而珍贵的音乐宝库。

古琴的弹奏法、记谱法、琴史、琴律、美学等方面早已形成独立完整的体系,被称作"琴学"。其内容精深博大,是中国传统音乐的代表,也是反映中国哲学、历史、文学的镜子。

人类口述和非物质遗产代表作——蒙古族长调民歌

2005年11月25日,联合国教科文组织在巴黎总部宣布了第三批"人类口头和非物质遗产代表作",中国申报的"中国新疆维吾尔木卡姆艺术"和中国、蒙古国联合申报的"蒙古族长调民歌"荣列榜中。"蒙古族长调民歌"是中国第一次与外国联合,就同一非物质文化遗产向联合国教科文组织申报的项目。

在蒙古族形成时期,长调民歌就已存在。蒙古族长调民歌与草原、与蒙古民族游牧生活方式息息相关,承载着蒙古民族的历史,是蒙古民族生产生活和精神性格的标志性展示。蒙古族长调民歌也是一种跨境分布的文化。中国的内蒙古自治区和蒙古国是蒙古族长调民歌最主要的文化分布区。

蒙古族长调蒙古语称"乌日图道",意即长歌,它的特点为字少腔长、高亢悠远、舒缓自由,宜于叙事,又长于抒情;歌词一般为上、下各两句,内容绝大多数是描写草原、骏马、骆驼、牛羊、蓝天、白云、江河、湖泊等。蒙古族长调以鲜明的游牧文化特征和独特的演唱形式讲述着蒙古民族对历史文化、人文习俗、道德、哲学和艺术的感悟,所以被称为"草原音乐活化石"。

中国首批国家级非物质文化遗产简介

中国国务院于2006年5月20日正式公布了《第一批国家级非物质文化遗产名录》,位居名录榜首的92项传统戏剧中,既有昆曲、京剧、越剧、豫剧、黄梅戏等人们所熟知的剧种,也有许多鲜为人知的剧种,如江西的广昌孟戏、湖南岳阳的巴陵戏、山西孝义的碗碗腔、安徽的泗州戏等。

传统手工技艺类在名录中占到89项,主要包括陶瓷、纺织、酿酒、冶铸锻制等方面的工艺。有1 700多年历史的江西景德镇制瓷、始于北宋时期的"国之瑰宝"紫砂陶制作、具有悠久历史和深厚文化底蕴的茅台酒酿制……这些享誉海内外的传统手工技艺均在其中占有一席之地。

在民间文学类中,脍炙人口的民间故事"梁祝传说"、"孟姜女传说"、"西施传说"、"江格尔"、"坞纳斯"等31项入选。"梁山伯与祝英台"的美丽传说始于1 600多年前的东晋时期,至今已涵盖口头故事、小说、剧本、曲艺、戏曲、交响乐、芭蕾舞剧、歌剧、电视剧、电影等艺术领域中的众多形式。此外,蒙古族的"江格尔"、藏族的"格萨(斯)尔"、柯尔克孜族的"玛纳斯"等中国少数民族英雄史诗,也具有世界性的影响。

民俗是民族精神的具体体现,民俗类国家级非物质文化遗产共70项,包括春节、清明节、端午节、七夕节、中秋节、重阳节、火把节、那达慕等。端午节是伟大诗人屈原的祭日,和春节、中秋节等传统佳节一起已经成为全球华人精神、亲情的纽带。那达慕是蒙古族人民为庆祝重大节日和欢庆胜利而举行的体育盛会,传统的那达慕主要内容是摔跤、赛马和射箭。

传统医药类包括中医生命与疾病认知方法、中医诊法、中药炮制技术、中医传统制剂方法、针灸、中医正骨疗法、同仁堂中医药文化、胡庆余堂中药文化、藏医药9项。

推荐书目:

1. 刘锡诚. 非物质文化遗产. 北京:学苑出版社,2009.

2. 白云驹. 人类口头和非物质文化遗产. 银川:宁夏人民教育出版社,2004.

话题讨论:

1. 非物质文化遗产与物质文化遗产有什么区别? 你觉得它有什么重要意义?

2. 你对中国的哪一种非物质文化遗产比较了解? 请简单介绍一下。

3. 你们国家有什么非物质文化遗产? 请详细介绍一下。

11　中国文明对世界的贡献

11.1　青铜

关键词:青铜器　商代　鼎　编钟

青铜器是由青铜(红铜和锡的合金)制成的各种器具,中国青铜器代表着中国在先秦时期高超的技术与文化,中国青铜器制作精美,在世界各地青铜器中堪称艺术价值最高。

青铜礼器是当时的贵族用于祭祀、宴会、征伐及丧葬等礼仪活动的用器,用以代表使用者的身份等级和政治地位。青铜礼器种类繁多,数量巨大,按用途可分为四大类。

食器。盛肉的鼎是最重要的礼器。安阳殷墟出土的后母戊鼎,重达875千克,是已发现的最重的青铜器。西周中晚期形成列鼎制度,即用形状、花纹相同而大小依次递减的奇数的成组鼎来代表贵族的身份。据《春秋公羊传》记载,天子用9鼎,诸侯用7鼎,卿大夫用5鼎,士用3鼎或1鼎。

酒器。最具有代表性的酒器是爵。商代贵族饮酒成风,西周初曾严厉禁酒,西周中期以后青铜饮酒器大为减少。

水器。主要用于行礼时盥手以表示虔敬。

乐器。有钟、鼓等。湖北随州战国曾侯乙墓出土的多达65件的青铜编钟,音域宽广,音色优美,代表了中国古代青铜冶铸技术及音乐的高度水平。

中国的青铜时代从公元前2 000年左右形成,经夏、商、西周和春秋时代。大约经历了15个世纪。在商的晚期和西周早期,青铜冶铸业作为生产力发展的标志而达到高峰。战国晚期,冶铁业出现,高水平的青铜冶铸业完成了历史所赋予的使命。

八牛贮贝器

镶嵌画像的战国纹壶

后母戊鼎

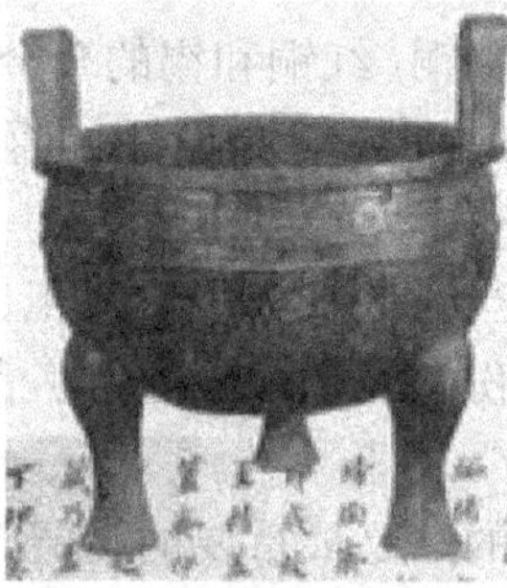

毛公鼎

延伸阅读

铭文

青铜器具上铸刻的文字，称铭文或金文。这种文字的价值主要体现在史料价值、文字学价值和书法艺术价值上。金文是研究商周历史文化的第一手资料，皆是真实事件的实录。西周时的金文急剧增多，内容更为丰富。武王灭商时的利簋，铸32字，记载武王伐商的年代；西周初期的大丰簋铸铭76字；恭王时期的曶鼎有铭410字，记载了五个奴隶相当于一匹马加一束丝，或等于百锊的价格；宣王时期的毛公鼎铭文长达497字，所记材料胜似一篇《尚书》。

铭文的书体，在商代与殷墟甲骨文相似。西周，到晚期，特别是孝王、夷王以后的铭文，字体变得长方，笔道均匀，结构和谐、精到，章法布局严谨规整。到春秋战国时期，则向多样化发展，并将铭文安排在器物的显著部位。文体多用韵文，惯用瘦长体,笔道纤细。在吴越还出现了鸟虫书,书写自由,可以随意增笔减画。秦国文字沿袭了西周的金文书体,经过改造,逐步发展为小篆。

后母戊鼎

后母戊鼎是中国商代后期(约公元前16世纪至公元前11世纪)王室祭祀用的青铜方鼎,1939年3月19日在河南省安阳市武官村一户人家的农地中出土,因其腹部著有"后母戊"三字而得名,现藏中国国家博物馆。后母戊鼎器型高大厚重,又称后母戊大方鼎,高133厘米,口长110厘米,口宽79厘米。鼎腹长方形,上竖两只直耳(发现时仅剩一耳,另一耳是后来据另一耳复制补上),下有四根圆柱形鼎足,是中国目前已发现的最重的青铜器。该鼎是商王祖庚或祖甲为祭祀其母所铸。

毛公鼎

毛公鼎为西周晚期的器物。其内容是周王命令毛公,要他忠心辅佐周王,以免遭丧国之祸,并赐给他大量物品,毛公为感谢周王,特铸鼎记其事。该鼎刻有铭文32行497字,是现存最长的铭文。毛公鼎对研究西周晚期的政治历史很有参考价值。

推荐书目:

郭军林.中国青铜文化(经典文化系列).北京:时事出版社,2009.

话题讨论:

1. 中国青铜器有什么用途?
2. 中国青铜器上有什么文字?这些文字内容是关于哪方面的?

11.2 丝绸与织布机

关键词:桑蚕　蚕丝　丝绸　丝绸之路

丝绸是中国历史上最早的发明之一,它与中国古代文明中的四大发明一样,都产生过世界性的影响。丝绸在史前文明时期就已经产生,直到今天,它仍然是最美丽、最环保的衣料之一。几千年里,桑蚕丝织与粮食生产一样重要,是中国古代农业最基本而重要的活动之一,也是古代政治家重点关注的产业经济和财税来源。中国古代农村的基本生产就是种粮和养蚕,城乡最普及的手工业也是与此有关的织丝和刺绣,它比制茶、制瓷都要普及得多。

传说是黄帝的妻子嫘祖发明了养蚕。有一次嫘祖在野桑林里喝水,树上有野蚕茧落下掉入了水碗,用树枝捞的时候挂出了蚕丝,而且连绵不断,愈抽愈长,嫘祖便用它来纺线织衣,并开始驯育野蚕。嫘祖被后世祀为先蚕,历朝历代都有王后嫔妃祭先蚕的仪式。目前江苏苏州盛泽镇仍存有一座建于清代道光七年(1827 年)的先蚕祠,是目前仅存的蚕桑祭祀文化的祠庙。

丝绸是中国古代重要的创造发明之一,与其他创造发明相比,有着出现最早、应用最广、传播最远、技术最高四大特点。它出现在新石器时代,与中华文明同岁;它衣被天下,服务众生;它传播世界,丝绸之路成为东西方交流的通道;它的技术含量最高,发明创造点极多,有六项在世界纺织史上独领风骚的发明专利。一是把野桑蚕驯化为家蚕,这是生物学史上极为重大的发明,人类历史上只有家蚕和蜜蜂两种昆虫被驯化。二是发明踏板织机,此后"机"字不仅成为所有机械和机器的总称,而且成为机智、机敏、机灵等聪敏智慧的代词。三是发明一整套织物结构系统,正是由于这一套结构的设计,才出现了绫罗绸缎锦等各种丝织品。四是发明控制图案循环的提花程序,这是丝织技术中最为神奇的部分,这种线编而成的花本传到欧洲之后发展成打孔的纸版,进而对电报和早期计算机器的发明产生影响。五是发明夹缬,这种在唐玄宗时期发明的多彩防染印花技术一直流传到今天。六是发明锁绣,虽然只是一种手工技艺,但在世界刺绣艺术之林中独树一帜。

有学者指出,印刷术、造纸术与丝绸紧密相关。最早的印刷术是在汉代,是用在丝绸上的。而唐代才出现在纸上的雕版印刷。另外最早的纸是丝纤维形成的薄层,后来,加入其他植物纤维后,才成为有一定强度、可用于书写的纸。

延伸阅读

新四大发明

中国古代四大发明早已妇孺皆知、远播海外,近日中国学者进一步提出,在造纸术、指南针、火药、活字印刷术四大发明之外,中国古代还有许多发明对人类进步具有极其重要的作用,堪与四大发明媲美。

中医中药、十进位值制、赤道坐标系、雕版印刷术在中国古代科技发展进程中的作用以及对世界文明的贡献,与四大发明同等重要,完全可以称为新四大发明。

中医中药对世界最伟大的贡献是其防病治病的实践技术。1543 年比利时医生维萨留出版《人体的解剖》一书后,将医学建立在解剖学的基础上,使医学成为近代科学的重要组成部分。现在西医已经成为各国主要的医疗手段,古代世界各地区各民族都有自己特殊的医药学,世界各地古老的区域性、民族性的医药学大都融入现代西医之中,然而唯有中医中药建立起完整的医药体系,服务中华民族数千年，在西医传入后继往开来，与时俱进，推陈出新，发扬光大，不仅在国内受到广大患者的信赖，而且在海外日益发展，现在世界上有华人的地方就有中医中药，外国人也日益崇尚中医中药。中医中药当之无愧名列新四大发明之首。

中国是数学古国，中国古代流传下来的《九章算术》、《数书九章》是古代数学名著。古代世界各国曾经有十、十二、二十、六十等多种进位制，现在统一使用十进位值制。中国是世界上最早采用十进位制的国家，在世界数学史上占有极其重要的地位。出土的殷商甲骨文中已经有一、二、三、四、五、六、七、八、九、十和百、千、万等字的合文来记数，最大的记数有二万多，记录了战争中歼敌、俘虏人数，以及牛羊头数。后来发展成筹算和珠算的逢十进一的十进位值制，是对记数和计算的革命性发明，其沿用至今。

中国还是天文学古国，中国是世界上最早有文字记载太阳黑子、哈雷彗星、超新星等天象的国家。中国古代天文计算采用的赤道坐标已经为现代天文学所采用，中国成为领先世界采用赤道坐标的国家。古代天文学家在进行天文计算时分别依照地球自转的赤道平面和公转的黄道平面确定坐标系，中国古代天文计算采用的是赤道坐标，以赤道二十八宿为准研究日、月、星辰的运动；西方则按黄道坐标，有所谓黄道十二宫，这是两种不同的坐标体系。中国现存的古代观象仪器，像北京古观象台攀龙附凤的多种观象仪，采取的都是赤道坐标。现代天文学研究证明，赤道坐标优于黄道坐标，现代天文学已经用赤道坐标系统替代黄道坐标系统。

活字印刷术是中国古代四大发明之一，同样雕版印刷术也是中国对世界文化的巨大贡献。关于谁是世界雕版印刷术的先驱，由于1968年在韩国庆州发现唐代武周时期印刷的《无垢金刚经》，曾经在国际学术界引起争论，中国著名科技史家潘吉星证实该印刷品印自中国长安，而且中国还有比此更早的印刷品，从而结束了这场历时30余年的大争论，中国成为世界雕版印刷术当之无愧的先驱。

世界著名科技史家李约瑟博士曾经列举了中国传入西方的26项技术，为什么是26项呢？那是因为李约瑟用完了从A到Z排序的26个字母，所以是26项技术。美国学者坦普尔在《中国——发明与发现的国度》一书中详细描述了“中国领先于世界”、“西方受惠于中国”的中国古代100项技术发明。

在造纸术、指南针、火药、活字印刷术古代四大发明，中医中药、10进位值制、赤道坐标系、雕版印刷术新四大发明之外，瓷器、丝绸、金属冶铸、精耕细作等影响世界科技发展的中国古代发明还可以列举出许多，它们与四大发明、新四大发明具有同样的意义。

推荐书目：

袁宣萍，赵丰.中国丝绸文化史.济南：山东美术出版社，2009.

讨论话题

1. 研究科学技术史对我们有什么帮助?

2. 你有没有养过蚕?

11.3 瓷器

关键词: 陶瓷 五大名窑 景德镇 青花瓷

瓷器是在陶器制造工艺技术长时期、多方面经验积累的基础上创造出来的。中国最早发明瓷器,在河南、河北、安徽、湖南、湖北,尤其是江西、浙江等地发掘的东汉晚期墓葬品中,均发现瓷制品。中国的瓷器大体经历了唐宋时期的蓬勃发展阶段和元明清时期的鼎盛阶段。

唐宋两代经济发达,瓷业也空前繁荣。唐时已有浙江的越窑与河北的邢窑两大名窑系,分别以制造青瓷与白瓷而称誉,当时有"南青北白"之称。宋代的瓷器产地遍及中国中原及南、北各地,按产品的工艺、釉色、造型与装饰技艺,形成了若干瓷窑体系。宋代的定、汝、官、哥、钧五大名窑为当时诸窑的代表。

唐宋两代在瓷器制作工艺上也有新的发展。例如唐时继承隋代钵的发明并扩大了应用,对瓷器质量的提高起到了较关键的作用;宋代从定窑发展起来的复烧工艺,是保证瓷器质量、提高产量的一种较先进而有效的措施。

元、明、清三代,中国瓷器制作工艺与装饰艺术从成熟发展到鼎盛时期。这一时期中国的瓷器生产一直以景德镇的技艺水平为代表,景德镇瓷器坯料在制备中成功地掺和了高岭土,这一工艺的改进,提高了制品在高温中抵抗软化变形的能力,并使制品获得较高的白度。在装饰艺术上的突出成就有:元代的铜红釉、青花、釉里红,明代的釉上彩绘和釉上与釉下彩饰相结合的斗彩,清代的五彩、粉彩、珐琅彩。其中青花装饰技艺,自元代烧成以来,历代相传,经久不衰,并成为这一时期瓷器生产的主流,为中国各地以及世界一些地区的制瓷工业所争相仿制。

日本的瓷器制造是在13世纪开始的。13世纪20年代,日本人加藤四郎右卫门到中国福建学习制瓷技术,5年后归国,在濑户设厂制造黑釉瓷器。后来濑户迅速发展成为日本陶瓷业的中心。朝鲜在10—14世纪时已能仿造中国耀州窑和越窑的青瓷,并有较高的成就。中国瓷器在唐宋时期已开始传至中、近东与埃及一带,埃及的伏斯泰特就已出土中国从唐到清各时期的瓷器碎片近万件。中国青花瓷器在该地区所产生的影响,尤其是在装饰艺术方面的影响,直到现在依然存在。

约在8世纪末,中国的瓷器开始西传。首先到达中、近东地区。14世纪末,叙利亚已能仿制中国的青花瓷。在13—14世纪的中国元代，中国瓷器传到欧洲。18世纪，欧洲的法、德、英以及意大利、西班牙等国都先后建成了一些瓷器厂。

青花瓷

延伸阅读

20世纪的陶瓷发展概况

20世纪，随着科学技术的高速发展，陶瓷科学和陶瓷生产技术也不断地进步与更新。在陶瓷科学研究工作中，基础科学及其实验手段得到广泛运用，帮助人们从本质上弄清楚了陶瓷生产过程中所发生的各种变化以及结构与性质的关系，使人们对陶瓷有了深入的了解，从而发展了陶瓷科学。此外，利用机械、电工与电子学原理改进了生产设备，提高了生产效率并使产品质量得到科学的控制。

20世纪上半叶，中国的陶瓷生产处于萧条状况，产品质量下降，数量减少，人员流散。50年代以后，国家重视陶瓷生产，曾组织国内有名望的陶瓷专家与经验丰富的老工人及艺术家联合，首先对景德镇瓷器、制瓷原料、坯釉料和烧成工艺制度，进行了全面的科学总结、研究，并且进行了试制，使景德镇窑失传已久的技艺和传统产品得到恢复。同时，中国各省市也掀起了对各古窑产品的研究与试制，从而使河南的钧瓷、汝瓷，河北的定窑瓷，陕西的耀州瓷，浙江的龙泉青瓷，福建的建窑和德化窑瓷等名品，陆续得到恢复与发展。

与此同时，制瓷原料基地如苏州的高岭土矿也以先进技术进行了改造。其他如衡阳、大同、同安、高州等新建或扩建的瓷土矿区都备有控制原料质量的设备，使原料供应在数量和质量上均得到保证。此外，彩绘颜料、金水、贴花纸等装饰材料也已投入生产，改变了依赖进口的局面。烧成窑炉也一改旧观，在窑炉结构和燃料种类上均较过去有突破性的变化；新式的隧道窑已基本普及，有的还采用了先进的控制装置，对稳定操作制度、降低能耗，起到了很好的作用。

20世纪，欧洲一些国家在运用现代科技成果提高陶瓷的科技水平方面，作出了重大贡献。欧洲的许多陶器生产设备已从半机械化走上机械化继而达到了自动化。例如成型机械已从旋压改成了自动滚压与等静压,烧成设备已从过去的倒焰式间歇窑发展到自动控制的隧道窑或梭式窑和钟罩窑,燃料则从煤发展到天然气和电。这些改进保证了产品规格的一致和釉面质量。20世纪随着陶瓷科学与生产技术的进步,陶瓷领域已包含用很少黏土或不用黏土的特种陶瓷,如高铝瓷、镁质瓷、锆质瓷和氮化物陶瓷等。陶瓷已成为当今世界三大材料之一。

推荐书目:

程庸.国风西行.上海:上海人民出版社,2009.

话题讨论:

1. 中国著名的生产瓷器的地区有哪些?
2. 中国瓷器什么时候传入欧洲?

11.4 指南针

关键词:指南针 航海 司南

指南针是用以判别方位的一种简单仪器。指南针的前身是中国古代四大发明之一的司南。主要组成部分是一根装在轴上可以自由转动的磁针,磁针在地磁场的作用下能保持在磁子午线的切线方向上。磁针的北极指向地理的北极,利用这一性能可以辨别方向,常用于航海、大地测量、旅行及军事等方面。传入欧洲后在航海大发现中发挥了不可替代的作用。

目前传统的观点认为指南针的始祖大约出现在战国时期。它是用天然磁石制成的。样子像一把汤勺,圆底,可以放在平滑的"地盘"上并保持平衡,且可以自由旋转。当它静止的时候,勺柄就会指向南方。

司 南

延伸阅读

《梦溪笔谈》

《梦溪笔谈》是沈括(1031—1095)所著的有关我国古代科学技术的著作,书中谈到磁学和指南针的一些问题。沈括在《梦溪笔谈》的补笔谈中谈到了摩擦法磁化时产生的各种现象:"以磁石摩针锋,则锐处常指南,亦有指北者,恐石性不同……南北相反,理应有异,未深考耳。"这是说,用磁石去摩擦缝衣针后,针锋有时指南,也有时指北。从现在的观点来看,磁石都有N和S两个极,磁化时缝衣针针锋的方位不同,则磁化后的指向也就不同。但沈括并不知道这个道理,他真实地记录了这个现象并坦白承认自己没有作深入思考,以期望后人能进一步探讨。

关于磁针的装置,沈括介绍了四种方法:

1. 水浮法—将磁针上穿几根灯心草浮在水面,就可以指示方向。

2. 碗唇旋定法—将磁针搁在碗口边缘,磁针可以旋转,指示方向。

3. 指甲旋定法—把磁针搁在手指甲上面,由于指甲面光滑,磁针可以旋转自如,指示方向。

4. 缕悬法—在磁针中部涂一些蜡,粘一根蚕丝,挂在没有风的地方,就可以指示方向了。

沈括还对四种方法作了比较,他指出,水浮法的最大缺点,是水面容易晃动,影响测量结果。碗唇旋定法和指甲旋定法,由于摩擦力小,转动很灵活,但容易掉落。沈括比较推重的是缕悬法,他认为这是比较理想而又切实可行的方法。事实上沈括指出的四种方法已经归纳了迄今为止指南针装置的两大体系—水针和旱针。

中国风水罗盘

罗盘也叫罗经、天地盘,是看风水的主要工具。它不但用于辨别方向,而且还可用来推算星象、节气,可以说是经天纬地、包罗万象的精密仪器。

罗盘的学问博大精深,其内蕴涵"天人合一"的体系,形成一套百科荟萃的理论。把天、地、人三才包含其中,将人的穷通寿夭、吉凶祸福与天地万物联系起来,又把一个大千世界浓缩到主宅和坟茔之中。

罗盘中央放指北针的地方叫"天池",天池中的指北针也叫"磁针",磁针专门指北,永久不变。磁针的红头指向正南方的"午"字,白头的尾部对准北方的"子"字,并与天池内子午黑线对齐。应用时将罗盘摆放平稳,以磁针自由转动为准,待磁针稳定后即可判断吉凶。

推荐书目:

潘吉星.中国古代四大发明——源流、外传及世界影响.合肥:中国科学技术大学出版社,2003.

话题讨论

1. 古代指南针有什么用途?

2. 指南针对航海技术的发展有什么积极作用?

11.5 造纸术和印刷

关键词:蔡伦 蔡侯纸 雕版印刷 活字印刷 毕昇 造纸术

造纸术是中国四大发明之一,人类文明史上的一项杰出的发明创造。中国是世界上最早养蚕织丝的国家,最早出现的纸是用蚕茧做成的。古人将好的蚕茧抽丝织绸,剩下的恶茧、病茧等则用漂絮法制取丝绵。漂絮后,篾席上会遗留一些残絮。当漂絮的次数多了,篾席上的残絮便积成一层纤维薄片,经晾干之后剥离下来,可用于书写,古人将这种纸称为赫蹏或方絮。这种纸数量少,没有被广泛使用。

东汉元兴元年(105)蔡伦改进了造纸术。他用树皮、麻头及破布、鱼网等植物原料,经过挫、捣、抄、烘等工艺制造纸,制造成了适合书写的植物纤维纸,才使纸成为普遍使用的书写材料,被称为"蔡侯纸",是现代纸张的渊源。因此蔡伦只是改进造纸术,而不是纸的发明人。造纸术在7世纪经朝鲜传到日本,8世纪中叶传到今阿拉伯联合酋长国,随后传往欧洲。

印刷术

印刷术经历两个阶段,第一个阶段是雕版印刷阶段。唐初已有雕版印刷品出现。1900年,在敦煌千佛洞里发现一本印刷精美的《金刚经》,末尾题有"咸通九年(868)四月十五日"等字样,这是目前世界上最早的有明确日期记载的印刷品。宋代,雕版印刷已发展到全盛时代,各种印本甚多。较好的雕版材料多用梨木、枣木制成。雕版印刷一版能印几百部甚至几千部书,对文化的传播起了很大的作用,但是刻版费时费工,大部头的书往往要花费几年的时间,存放版片又要占用很大的地方,而且常会因变形、虫蛀、腐蚀而损坏。印量少而不需要重印的书,版片就成了废物。此外雕版发现错别字,改起来很困难,常需整块版重新雕刻。

第二个阶段是活字印刷阶段。活字制版正好避免了雕版的不足,中国的活字印刷起源于宋代,北宋平民发明家毕昇发明了活字印刷。他总结了历代雕版印刷的丰富的实践经验,经过反复试验,在宋仁宗庆历年间(1041—1048)制成了胶泥活字,一个字为一个印,用火烧硬,使之成为陶质。排版时先预备一块铁板,铁板上放松香、蜡、纸灰等的混合物,铁板四周围着一个铁框,在铁框内摆满要印的字印,摆满就是一版。然后用火烘烤,将混合物熔化,与活字块结为一体,趁热用平板在活字上压一下,使字面平整,便可进行印刷,完成了印刷史上一项重大的革命。

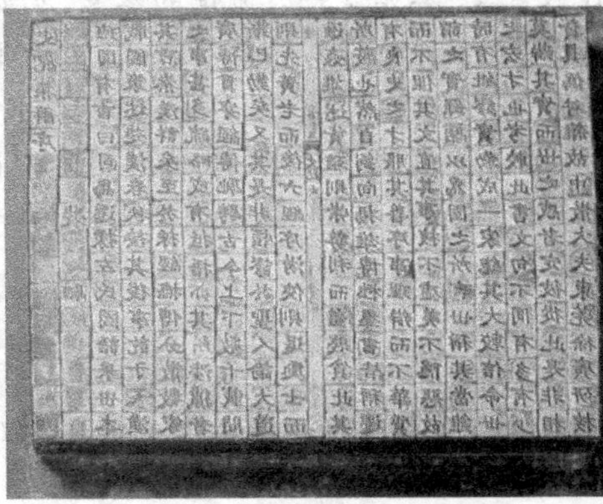

活字印刷

延伸阅读

纸张出现以前如何书写

在3 500多年前的商朝,我国就有了刻在龟甲和兽骨上的文字,称为甲骨文。到了春秋时,用竹片和木片替代龟甲和兽骨,称为竹简和木牍。西汉时在宫廷贵族中又用缣帛或绵纸写字。缣是细绢,帛是丝织品的总称。在缣帛上写字,书写方便,不但比简牍写得多,而且还可以在上面作画,但是价格昂贵,只能供王公贵族使用。

战国至魏晋时代的主要书写材料是削制成的狭长竹片(也有木片),竹片称简,木片称札或牍,统称为简,现在一般说竹简。均用毛笔墨书。在湖南长沙、湖北荆州、山东临沂和西北地区如敦煌、居延、武威等地都有过竹简的重要发现,其中居延出土过编缀成册的东汉文书。

竹简多用竹片制成,每片写字一行,将一篇文章的所有竹片编联起来,称为"简牍"。这是中国古代最早的书籍形式。用于书写文字的木片称木牍,多用于书写短文。

简牍起源于西周,春秋战国时使用更广。公元4世纪左右,由于纸已广泛使用,简牍才为纸抄本所代替。在没有纸之前竹简是最好的书写媒体。

造纸术的意义

有了文字之后,最重要的就是要有一个很好的载体。古代埃及人利用尼罗河的纸草来记述历史;在古代的欧洲,人们还长时间地利用动物的皮比如羊皮来书写文字;而中国,在造纸术发明以前,甲骨、竹简和绢帛是古代用来供书写、记载的材料。但是甲骨、竹简都比较笨重,秦始皇一天阅读的奏章,就要装整整一车;绢帛虽然轻便,但是成本非常昂贵,也不适于书写。到了汉代,由于西汉的经济、文化迅速发展,甲骨和竹简已经不能满足发展的需求了,从而促使了书写工具的改进——纸被发明出来了。造纸是一项重要的化学工艺,纸的发明是中国在人类文化的传播和发展上,所作出的一项十分宝贵的贡献,是中国历史上的一项重大的成就,对中国文化的发展也产生了重要的影响。

推荐书目:

1. 李万健. 中国古代印刷术. 郑州:大象出版社,1997.
2. 张金声. 造纸术的演变. 济南:山东科学技术出版社,2008.

话题讨论:

1. 蔡伦的造纸术有什么重要意义?
2. 中国印刷术与古代文字书写有什么联系?

11.6 火药

关键词:火药　炼丹术　火器　烟火

火药是中国四大发明之一,是人类文明史上的一项杰出的成就,距今已有一千多年的历史了。

火药的研究始于古代炼丹术。从战国至汉初,帝王贵族们幻想长生不老,并寻找长生不老的药,一些方士与道士炼"仙丹",在炼制过程中逐渐发明了火药的配方。

唐代炼丹家于唐高宗永淳元年(682)首创了硫黄伏火法,用硫黄、硝石,研成粉末,再加皂角子(含炭素)。唐宪宗元和三年(808)又创伏火矾法,用硝石、硫黄及马兜铃(含炭素)一起烧炼。这两种配方,都是把三种药料混合起来,已经初步具备火药所含的成分。

火药的最初使用并非在军事上,而是在宋代诸军马戏的杂技演出,以及木偶戏中的烟火杂技 ——药发傀儡中。宋代演出一些杂技节目时,都运用刚刚兴起的火药制品"炮仗"和"吐火"等,以制造神秘气氛。宋人同时也以火药表演幻术,如喷出烟火云雾以遁人、变物等,来收到神奇迷离的效果。

中国发明了火药首先运用于制造烟火，不久后就将其运用于军事，并发明了世界上第一根火箭。大炮和火枪在宋代的军事运用已经相当成熟，这使得中国的军事科技在当时遥遥领先于世界。

延伸阅读

炼丹术

中国古代炼丹术的主要目的，一是炼出使人长生不老的丹药，二是想把贱金属转化为金银等贵重金属。关于长生不老丹，由于中国炼丹主要用五金、八石、三黄为原料，炼成的多为砷、汞和铅的制剂，吃下去以后就会中毒甚至死亡。

唐代是炼丹术的全盛时期，几乎历代皇帝都热衷于炼丹，而这些皇帝们也大都死于"长生不老丹"。在唐代，服丹身亡的皇帝就有唐太宗、宪宗、穆宗、敬宗和武宗、宣宗六个。

炼丹家们在冶炼合金和制造药物方面取得很大的成绩，他们曾经成批生产过黄色的合金和白色的合金，其中就有黄铜（锌铜合金）、白铜（镍铜合金）、砷白铜（砷铜合金）、白锡银（砷锡合金）等，当然，还有各种各样的汞合金。

中国古代火器的运用

从北宋到南宋约 3 个世纪，是早期火器的创制阶段。这个时期火器已用于战争，并有一定规模，有些火器的储备已是数以万计，在战争中起了重要的作用。但就全局来说，当时大量装备军队、起决定作用的兵器还是冷兵器。北宋发明的火药箭、火球类火器，主要是用以纵火的火攻器具，可起烧伤敌人和惊吓敌军人马的作用。南宋发明的铁火球、火枪类火器，已有较大的杀伤和破坏作用。但这两类火器除少数可以手投外，主要是用弓、弩、球等冷兵器来发射和投掷，飞火枪也是把喷火筒和矛枪结合起来使用，都离不开冷兵器。因此，这个时期虽然已经是火器和冷兵器并用，但还是一个以冷兵器为主的时期。

火器在北宋时期的战争中经常使用。如靖康元年（1126 年），宋军在丞相李纲的指挥下，使用火箭、霹雳球同其他冷兵器相结合，打退了金军对汴京（今河南省开封）的进攻。之后，金军也学会了制造和使用火器的技术，攻占了汴京城。北宋时期火器的制造已初具规模，在汴京设有广备攻城作，有工匠 5 000 余人，下辖 10 作，其中就有火药作和专门制造火器的火作。元丰七年（1084 年）二月，从汴京一次调发熙州、河州驻军的火器，就有神臂弓火箭 10 万支、火药弓箭 2 万支、火药火球箭 2 000 支、火弹 2 000 枚之多。

推荐书目：

1. 容志毅. 中国炼丹术考略. 上海：上海三联书店，1998.

2. 刘旭. 中国火药火器史. 郑州：大象出版社，2004.

话题讨论：

1. 火药的名称为什么称为药？

2. 火药原来的用途是什么？

12 中外文化交流

12.1 丝绸之路

关键词：丝绸　西域　张骞　海上丝绸之路

"丝绸之路"一词最早是由德国地理学家费迪南·冯·李希霍芬在1877年出版的《中国》中提出，19世纪下半期，德国地理学家李希霍芬（Ferdinand von Richthofen）就将古代横贯亚洲和欧洲的交通道路称为"丝绸之路"，也简称为"丝路"。此后这个称呼被中外史学家接受。自从张骞通西域以后，中国和中亚及欧洲的商业往来迅速增加。通过这条贯穿亚欧的大道，中国的丝、绸、绫、缎、绢等丝制品，源源不断地运往中亚和欧洲，因此，希腊、罗马人称中国为"赛里斯"国，称中国人为"赛里斯"人。所谓"赛里斯"即"丝绸"之意。丝绸之路是历史上横贯欧亚大陆的贸易交通线，促进了欧亚非各国和中国的友好往来。

丝绸之路由西汉都城长安出发，经过河西走廊，然后分为两条路线：一条由阳关，经鄯善，沿昆仑山北麓西行，过莎车，西逾葱岭，出大月氏，至安息，西通犁靬（jiān，今埃及亚历山大，公元前30年为罗马帝国吞并），或由大月氏南入身毒；另一条出玉门关，经车师前国，沿天山南麓西行，出疏勒，西逾葱岭，过大宛，至康居、奄蔡（西汉时游牧于康居西北即咸海、里海北部草原，东汉时属康居）。

广义的丝绸之路指从上古开始陆续形成的，遍及欧亚大陆甚至包括北非和东非在内的长途商业贸易和文化交流线路的总称。除了上述的路线之外，还包括在南北朝时期形成，在明末发挥巨大作用的海上丝绸之路和与西北丝绸之路同时出现，在元末取代西北丝绸之路成为陆上交流通道的南方丝绸之路等。

延伸阅读

丝绸之路的意义

商品的交流

中国使节出使西域时，为表示友好将丝绸作为礼物赠送给对方。葡萄、核桃、胡萝卜、胡椒、胡豆、波菜（又称为波斯菜）、黄瓜（汉时称胡瓜）、石榴等也通过丝绸之路传入中国以及其他东亚国家。西域特产的葡萄酒也通过这条路融入到中国的酒文化当中。来往于这条路上的商队从中国主要运出铁器、金器、银器、镜子等制品，运往中国的是稀有动物和植物、皮货、药材、香料、珠宝首饰等。

文化的交流

中国古代造纸术曾经在很长历史时期领先于其他国家。随着丝绸之路的开辟，纸制品开始在西域以及更远的地方出现。在怛罗斯战役中，阿拉伯人将中国战俘沿着丝绸之路带回撒马尔罕，而这些战俘中就有精通造纸术的中国工匠，这些中国工匠将造纸术传授给阿拉伯人，最终传播到世界各地。

中国古代印刷术也是沿着丝路逐渐西传的技术之一。在敦煌、吐鲁番等地，已经发现了用于雕版印刷的木刻板和部分纸制品。其中唐代的《金刚经》雕版残本如今仍保存于英国，这说明印刷术在唐代至少已传播至中亚。13 世纪，不少欧洲旅行者沿丝绸之路来到中国，并将这种技术带回欧洲。

宗教的传入

佛教通过丝绸之路传到中国，并沿着丝绸之路的分支，传播到韩国、日本等其他亚洲国家。基督教第一次来华传播为唐朝时“景教”的传入。通过考古发现和历史记载的证实，基督教第一次传入中国乃是唐太宗贞观九年即公元 635 年时景教的来华。

海上丝绸之路

海上丝绸之路是古代中国与外国交通贸易和文化交往的海上通道，主要以南海为中心，起点主要是广州，所以又称南海丝绸之路。海上丝绸之路形成于秦汉时期，发展于三国隋朝时期，繁荣于唐宋时期，转变于明清时期，是已知的最为古老的海上航线。

海上丝绸之路开辟后，在隋唐以前，它只是陆上丝绸之路的一种补充形式。但到隋唐时期，由于西域战火不断，陆上丝绸之路被战争所阻断，代之而兴的便是海上丝绸之路。到唐宋代，伴随着中国造船、航海技术的发展，中国通往东南亚、马六甲海峡、印度洋、红海，及至非洲大陆的航路纷纷开通与延伸，海上丝绸之路终于替代了陆上丝绸之路，成为中国对外交往的主要通道。

推荐书目：

1. 赵丰. 敦煌丝绸与丝绸之路. 北京：中华书局,2009.
2. 耿升,刘凤鸣,张守禄. 登州与海上丝绸之路. 北京：人民出版社,2009.

话题讨论：

1. 丝绸之路的路线是怎样的？
2. 丝绸之路对东西方文化交流起到什么作用？

12.2 佛教东传

关键词：文化交流过程　佛塔　云冈石窟艺术　西域画派　犍陀罗艺术

佛教传进中国内地的具体时间，说法很多。学术界一般认为，应该在两汉之际，即公元前后。它是内地与西域长期交通往来和文化交流的结果。从两汉之际到东汉末年，约200多年，是佛教在中国的初传时期。佛教东传，并不只是一个宗教事件，同时也是一个文化交流过程，印度、希腊、波斯和中亚文化伴随着佛教传入中国，雕塑、绘画、音乐、美术等艺术都借助佛教这只大船来到中国，丰富了中国文化。

随着佛教的流传，佛教艺术也随之兴盛起来。在新疆地区，人们根据当地的自然条件，用土夯筑和土块垒砌了佛塔；修建了“木骨泥墙”的“回”字形殿堂；并使在印度出现的中心柱窟得到发展，形成具有当地特点的“龟兹式”形制；用泥和石膏等塑造佛和菩萨像，发展了泥塑艺术；将中国中原绘画中的线条与印度的凹凸晕染法有机地结合在一起，产生了“西域画派”中的“于阗艺术”、“龟兹艺术”和“高昌艺术”。

佛教艺术传入中国中原地区以后，又和中国固有的中国画艺术相结合，出现了中原风格的佛教艺术，如浑厚淳朴的云冈石窟艺术等。同样，中原各地的佛教艺术也表现出本地区的特色，在统一中放射出异彩。

佛教继而传播到朝鲜、日本以及东南亚地区，在这些地区至今仍有许多虔诚的信仰者。佛教艺术是一门综合性艺术，包括有建筑——塔、寺等载体，表现内容有雕塑、绘画和一些装饰图案，此外，还有法器、供养器等造型艺术品。如前所述，佛教及其艺术产生于印度，随着佛教的向外传播，佛教艺术也在亚洲各地蓬勃地发展了起来，它们结合本地区的自然条件，在当地民族固有文化艺术的基础上，再形成有着各自的发展过程和特点的佛教艺术。这就使得佛教艺术变得更加丰富多彩，成为具有民族和地方特点的一种艺术。这些创造有的甚至还发展成了当地民族的传统。

"白马"驮着经像，顺着"丝绸之路"走来了

延伸阅读

佛教艺术

佛教沿着丝绸之路向西传播到犍陀罗地区。这里是古代亚欧陆路交通的十字路口、东西方文化的交汇处。早期，曾被马其顿王亚历山大占领，建立了一些希腊化的城市；后又统一于印度孔雀王朝。佛教传入这里时，当地的许多希腊人皈依佛教，建塔，修寺，供养舍利……公元1世纪中叶，原居住于中国的月氏人在此建立贵霜王国，其三世王迦腻色迦效法阿育王尊信佛教，在境内推行佛法，举行结集，一时大乘佛教兴盛，建塔修寺，雕琢石刻佛教艺术之风盛行。贵霜王国的人们创造了佛教艺术史上久负盛名的"犍陀罗艺术"。

犍陀罗艺术的另一功绩是创造了佛的形象。贵霜王朝时期的佛教以大乘为主，又继承了孔雀王朝活跃的文化艺术，并发扬光大，使其更加丰富多彩。"由于这里受希腊罗马的自由思想的影响，希腊罗马早有制作各种神像的传统，在这里，东方的宗教和西方的雕塑艺术很久以来已经融合很深"。因而，佛的形象首先在犍陀罗地区出现。对佛的偶像的崇拜逐渐替代了塔，发展成礼拜的主要对象。佛像的产生，表明佛教艺术的主要题材已经完成。这时与以后的几个世纪里，佛教及其艺术沿着丝绸之路向北、西、东面弘扬，在中亚除上述地区外，在西至阿姆河以南，北到锡尔河流域，包括今阿富汗、乌兹别克斯坦、吉尔吉斯斯坦等国都得到当地统治者的尊信和推崇。佛教在这一带如火如荼地兴盛了起来，人们用白膏泥等塑制佛像和建筑的装饰……这些地区的人民、学者、艺术家们在自己原有思想、宗教、文化、艺术、生活习俗和自然条件的基础上，对这些外来的东西学习、理解，与自己的传统文化相结合，产生了"阿姆河派美术"。

推荐书目：

1. 贾应逸，祁小山. 佛教东传中国. 上海：上海古籍出版社，2006.

2. 吴焯. 佛教东传与中国佛教艺术. 杭州：浙江人民出版社，1991.

话题讨论：

1. 佛教东传的意义有哪些？

2. 佛教东传对文化有什么意义？

12.3 遣唐使

关键词：日本　唐朝　遣唐使　假名文字

从公元7世纪初至9世纪末约两个半世纪里，日本为了学习中国文化，先后向唐朝派出十几次遣唐使团。其次数之多、规模之大、时间之久、内容之丰富，可谓中日文化交流史上的空前盛举。遣唐使对推动日本社会的发展和促进中日友好交流作出了巨大贡献，结出了丰硕的果实，形成了中日文化交流的第一次高潮。

4世纪中叶，大和朝廷大体上统一了日本列岛，日本国王曾多次向中国南朝政权遣使朝贡，并请求授予封号。公元589年，隋朝统一了中国，结束了自东汉末年以来中国近4个世纪的分裂动乱，社会经济文化迅速发展。当时日本正是圣德太子摄政，他励精图治，锐意改革。为了直接吸取中国的先进文化，先后向中国派出了四次遣隋使（公元600年、607年、608年、614年），这是中国和日本作为两个统一国家正式交往的开始，也是日本统治者采取主动积极的态度，派遣大型文化使团直接吸收中国先进文明的开端。遣隋使可以说是后来遣唐使的先驱。

公元618年，唐朝灭隋，建都长安（今西安）。唐帝国经济、文化空前繁荣发达，成为东亚最强大的帝国，声威远扬，对日本和亚洲各国都有巨大的吸引力。而日本通过四次遣隋使，朝野上下对中国文化更加仰慕向往，出现学习模仿中国文化的热潮。623年，遣隋留学僧惠齐、惠日等人在留学中国多年后回国，同天皇报告大唐国是法律制度最完备的国家，建议派使节赴唐学习。为了实现更加直接有效地学习唐朝先进制度和文化的目的，日本政府决定组织大型遣唐使团、派遣优秀人物为使臣，并携带留学生、留学僧去中国。

公元630年，舒明天皇终于派出了第一次遣唐使，从630—895年的260多年间，奈良时代和平安时代的日本朝廷一共任命了19次遣唐使，其中任命后因故中止的3次，实际成行的16次。但是有一次仅抵朝鲜半岛的百济国，有两次是作为送回唐朝专使的“送唐客使”，另有一次是因入唐日使久客未归而特派使团前往迎接的“迎入唐使”。因此实际上是12次。

延伸阅读

遣唐使团的规模

遣唐使团的规模初期一二百人,仅一二艘船,到中、后期规模庞大,一般500余人,4艘船,最多的是838年第18次竟达651人。使团成员包括大使、副使及判官、录事等官员,还有文书、医生、翻译、画师、乐师等各类随员和工匠水手。此外,每次还带有若干名留学生和学问僧。

日本朝廷选拔的使臣大多为通晓经史、才干出众而且汉学水平较高、熟悉唐朝情况的第一流人才,甚至相貌风采、言行举止也不同凡响,就是随员也至少有一技之长,至于留学生与学问僧也均为优秀的青年,有的在留学前已在国内崭露头角,学成归来一般均有一定建树。日本政府之所以精选这样强大阵容的遣唐使团,就是为了更好地吸收唐代文化,促进日本全面进步。遣唐使一旦安全回国,立即奏报朝廷,进京后举行盛大的欢迎仪式。使臣奉还节刀,表示使命完成,天皇则为使臣晋级加官,赏赐褒奖,并优恤死难者。

遣唐使的贡献

遣唐使的贡献首先是引进唐朝典章律令,推动日本社会制度的革新。遣唐使在长安如饥似渴地考察学习,博览群书,回国后参与枢要,仿行唐制,如《大宝律令》即是以唐代律令为规范制定的。还仿效唐朝教育制度,开设各类学校教授汉学,培养人才。818年,嵯峨天皇根据遣唐使菅啻原清公的建议,下诏改革礼仪,历法、节令、习俗也尽量仿效中国。

其次是汲取盛唐文化,提高日本文化艺术水平。遣唐使每次携回大量汉籍佛经,日本朝野上下竞相写作唐诗汉文,白居易等唐代著名诗人的诗歌在日本广泛流传。留唐学生、僧人还借用汉字偏旁或草体创造出日本的假名文字。遣唐使还输入唐朝书法、绘画、雕塑、音乐、舞蹈等艺术,经过消化改造,融为日本民族文化。

推荐书目:

1. 姚嶂剑. 遣唐使:唐代中日文化交流史略. 西安:陕西人民出版社,1985.
2. (日)古濑奈津子. 遣唐使眼里的中国. 武汉:武汉大学出版社,2007.

话题讨论:

1. 遣唐使对中日文化交流起到什么作用?
2. 遣唐使团规模如何?

12.4 郑和下西洋

关键词:三保太监　郑和　西洋　明朝

明永乐三年(1405 年)7 月 11 日明成祖命郑和率领庞大的 240 多艘海船、27 400名士兵和船员组成的远航船队,由苏州刘家港出发,访问 30 多个在西太平洋和印度洋上的国家和地区,加深了中国同东南亚、东非的友好关系。郑和曾到达过爪哇、苏门答腊、苏禄、彭亨、真腊、古里、暹罗、阿丹、天方、祖法儿、忽鲁谟斯、木骨都束等国家和地区,最远曾达非洲东海岸、红海、麦加,并有可能到过今天的澳大利亚。

从 1405 年一直到明宣德八年(1433 年),郑和一共远航了有七次之多。最后一次,宣德八年四月回程到古里时,在船上因病逝世。

明朝初期以婆罗(Borneo)/文莱为界,以东称为东洋,以西称为西洋,所以过去称南海、西南海,在明朝称为东洋、西洋。郑和都到达过这些地方,因此把郑和远航称为下西洋。

延伸阅读

郑和简介

郑和(1371—1433),原姓马,小字三保,云南昆阳(今昆明市晋宁县)人,回族。中国明代航海家、外交家、武术家。1381 年冬,明朝军队进攻云南,马三保被掳入明营,被阉割成太监,之后进入朱棣的燕王府,为燕王朱棣立下战功。永乐二年(1404)明成祖朱棣认为马姓不能登三宝殿,因此在南京御书"郑"字赐马三保郑姓,改名为和,任为内官监太监,官至四品。宣德六年(1431 年)钦封郑和为三保太监。宣德八年四月郑和在印度西海岸古里去世,赐葬南京牛首山。

郑和下西洋的人数

郑和下西洋的人数,史料上有明确记载的有 4 次。

郑和每次下西洋人数在 27 000 人以上。当时西方哥伦布、达·伽马、麦哲伦航海的人数分别在 90～150 人之间、170 多人、265 人。在古代社会,这么庞大的船队,物资消耗量巨大,反映了当时明朝实力的强大。

郑和船队人员组成

郑和船队人员主要有五个部分：指挥部分、航海部分、外交贸易部分、后勤保障部分、军事护航部分。指挥部分：整个船队的中枢，对航行、外交、贸易、作战等进行指挥决策。郑和职务是钦差正使总兵太监。航海部分：航海业务、修船的，预测天气的等。外交贸易部分：外交礼仪的、进行贸易的、联络翻译的。后勤保障部分：管理财务的、后勤供应的、起草文书的、医务人员等。军事护航部分：负责航行安全和军事行动的。郑和船队人员的组成，编制是完善的、严密的，体现了古代中国人民丰富的航海经验。

推荐书目：

1. 郑鹤声，郑一钧. 郑和下西洋资料汇编. 北京：海洋出版社，2005.
2. 孔志远，郑一钧. 东南亚考察论郑和. 北京：北京大学出版社，2008.

话题讨论：

1. 郑和下西洋的目的是什么？
2. 郑和下西洋船队的规模说明了什么？

12.5 西学东渐与东学西传

关键词：西方文化　中国文化　东西方文化交流　明末清初　晚清民初

西学东渐是指近代西方学术思想向中国传播的历史过程，也可以泛指自上古以来一直到当代的各种西方事物传入中国，但通常来说是指在明末清初以及晚清民初两个时期，欧洲及美国等地学术思想的传入。

在这段时期中，中国人对西方文化的态度由最初的排斥，到逐渐接受。在西学东渐的过程中，凭借来华西人、出洋华人、各种报刊和书籍以及新式教育等作为媒介，以澳门、香港、其他通商口岸以及日本等作为重要窗口，西方的哲学、天文学、物理学、化学、医学、生物学、地理学、政治学、社会学、经济学、法学、应用科技、史学、文学、艺术等大量传入中国，对于中国的学术、思想、政治和社会经济都产生了重大影响。

东学西传是指中国文化传入西方的过程，是和西学东渐互相补充的东西方文化交流过程。东学西传有 1 000 多年的历史，对世界文化的发展有十分深远的影响。

中国的中医中药、十进位值制、赤道坐标系、雕版印刷术、造纸术、活字印刷术、火药、指南针、瓷器、丝绸、金属冶铸、精耕细作等是中国文化对世界文明发展的巨大贡献。

延伸阅读

造纸术的西传

8 世纪中叶中国造纸术传入今巴格达、大马士革、摩洛哥。12 世纪中叶中国造纸术由摩尔人传入西班牙。13 世纪末叶中国造纸术传入意大利。14 世纪末叶中国造纸术传入法国、德国。15 世纪中国造纸术传入英国、荷兰、瑞士。16 世纪传入新大陆。

中国文学的西传

18 世纪法国传教士赫苍壁、白晋、宋君荣等翻译《诗经》。法国儒莲翻译《灰阑记》、《赵氏孤儿记》、《西厢记》、《平山冷燕》、《白蛇传》。法国巴赞翻译《合汗衫》、《琵琶记》、《货郎旦》、《窦娥冤》。法国神父昂特尔科尔翻译《今古奇观》。法国阿贝尔·雷米萨翻译《玉娇梨》。英国威尔金森翻译《好逑传》。19 世纪法译《二度梅》、《三国演义》等。

中医学的西传

17 世纪荷兰东印度公司医生邦特最早将针刺术介绍到欧洲。17 世纪末叶法国耶稣会士巴多明介绍冬虫夏草、大黄、三七、当归等中药。18 世纪初法国耶稣会士科斯特最早将中国牛痘接种法介绍到欧洲，耶稣会士韩国英将《医宗金鉴》、宋慈的《洗冤录》翻译成法文，这时期翻译成法文的还包括《本草纲目》、《奇经八脉总说》、《脉诀》等医书。法国国王御医阿斯特吕克著《性病论》，第一次介绍中医的性病理论和治疗方法。法国范德孟德在 18 世纪翻译《本草纲目》。

磁学等的西传

中国宋代航海磁针在 1180 年左右通过阿拉伯人传入欧洲。

传入西方的还有丝绸、印刷术、农业技术、茶叶、中国经典、中国园林艺术等。

利玛窦

1578 年，一名意大利传教士前往印度，开始了他的远东传教之旅，并于 5 年后踏上澳门土地。从此，他把后半生交给了中国，行程路线贯穿南北，最终辞世于北京——他就是明末中西科学技术文化交流的使者利玛窦。

利玛窦是第一位把近代西方科技和艺术成就介绍到中国的欧洲人，也是第一位阅读中国文学并认真钻研中国典籍的西方人。在中国生活期间，利玛窦以上流社会感兴趣的西方自然科学作为敲门砖，除了《圣经》，还带来很多对当时中国人来说绝对新奇的东西——自鸣钟、西洋琴、地球仪、天球仪、罗盘、日晷、放大镜、望远镜等。利玛窦用汉语撰写书籍，介绍西方自然科学成果和思维方式。他和徐光启一起翻译的《几何原本》，引进了西方自古希腊而来的逻辑思维和用"公理"、"定律"确切证明命题的数学方式。利玛窦带来的礼物中，最令朝廷士大夫们震惊的是《坤舆万国全图》，这幅世界地图彻底颠覆了中国人心目中以中国为世界中心的传统观念。他还是中国宫廷的第一位外籍音乐教师，带来了古钢琴，献给皇帝《西琴曲意》，教太监们弹奏8首配上中文歌词的钢琴曲。利玛窦等人还直接培养了中国最初的西洋画家。

《孙子兵法》的影响

《孙子兵法》走出国门始自盛唐时期。一位名叫吉备真备的日本留学生专攻中国兵法。吉备真备出身于军人家庭，从小喜爱钻研兵学。他到中国后，没有入太学研读五经，而是拜兵学名家赵玄默为师，单独受业18年，潜心研究孙、吴兵法。开元二十三年(735年)，吉备真备学成归国，并把《孙子兵法》带回日本，日本皇室视《孙子兵法》为至宝，藏于密室，非皇室成员不得寓目。第二次世界大战后，日本研究《孙子兵法》的仍然大有人在，并且于60年代又一次形成新的"孙子热"。与以往"孙子热"不同的是，这一次热潮中，许多专家学者根据战后经济复兴的客观需要，注重把《孙子兵法》的研究引向经济领域，出现了以大桥武夫为代表的"兵法经营管理学派"，从而为研究和运用《孙子兵法》开拓了新的领域。

《孙子兵法》传入朝鲜的时间，有人认为可能早于日本。这个问题尚待考证，据《朝鲜通史》记载，15世纪李朝的义宗至世祖时期，出版的《武经七书》注释，其中就有《孙子兵法》。16世纪后，朝鲜文版本的《孙子兵法》译著、评著大量涌现。

第二次世界大战结束之后，《孙子兵法》开始在东南亚其他国家受到普遍重视，越南、缅甸、泰国、马来西亚等国均有研究著作问世，不久前马来西亚还成立了《孙子兵法》研究会。

《孙子兵法》西渐，以法国为最早。1772年，法国神父约瑟夫·阿米欧在巴黎翻译出版法文《中国军事艺术》丛书，包含有6部中国古兵书，《孙子十三篇》是其中的第2部。这是第一本西方翻译的《孙子兵法》，该书扉页上写道："中国兵法——公元前中国将领们撰写的古代战争论文章。凡欲成为军官者都必须接受以本书为主要内容的考试。"

1860年，俄国斯列兹涅夫斯基根据法文版《孙子兵法》写出《中国将军孙子对其属下将领的教诲》一文,他文中说:"孙子能够了解统帅活动的所有的主要的特点,他在作战艺术里能够区分不变的和多变的情况。虽然时间过去了几个世纪,但是,我们认为,他为我们创造的军事原理至今仍然是军事理论的瑰宝。所以,现在如果有一个统帅运用孙子兵法,那么,世界上最天才的统帅也不如他。"

德国于1910年出版了第一部德文版《孙子兵法》,译者布鲁诺·纳瓦拉。据说,发动第一次世界大战的德国皇帝威廉二世流亡伦敦时曾读到《孙子兵法》。当他读到《火攻》篇的名言:"主不可以怒而兴师,将不可以愠而致战",不禁感慨万千,喟然长叹道:"我如果早20年读《孙子兵法》,就不至于饱尝亡国的惨痛了!"

英国对《孙子兵法》研究最深,译著最多,因而受影响最大。1906年,在日本学习语言的卡尔思·罗普首次把"十三篇"译成英文。1963年,美国格里菲斯又根据清朝孙星衍校勘的《孙子十家注》重新翻译,取名为《孙子兵法——翻译导论》。据统计,到1992年为止,《孙子兵法》已经有27种文字的译本及研究专著问世。

推荐书目:

1. 徐善伟. 东学西渐与西方文化的复兴. 上海:上海人民出版社,2002.
2. 朱谦之. 中国哲学对欧洲的影响——东学西渐丛书. 石家庄:河北人民出版社,1999.

话题讨论:

1. 举例说明什么是东学西传。
2. 举例说明什么是西学东渐。

12.6 当代文化体育交流

关键词:新中国对外文化交流　文化合作　对外体育交流　国际比赛

当代对外文化交流

中国是世界文明古国之一,对外文化交流的历史源远流长,中国的对外文化交流有着2 000多年的历史。1949年后,中外文化交流开始了一个崭新的时代。当年6月,一个由青年艺术家组成的艺术团赴匈牙利参加第二届世界青年与学生和平友谊联欢节,拉开了新中国对外文化交流的序幕。从中华人民共和国成立到1966年,中国与外国签订了30多个文化合作协定,仅表演艺术交流就达393起,21 657人次,为增进与亚、非、拉各国人民之间的相互了解和友谊作出了积极的贡献。1966年至1976年文化大革命期间,中国对外文化交流也遭到了严重的破坏,对外文化交流虽没有中断,但也只是与极少数国家维持着有限的往来。

1978 年以来中国实行改革开放,建设有中国特色的社会主义,对外文化交流迎来了争奇斗艳、欣欣向荣的新时期。一个以我为主,政府主导,与国家政治、外交大政方针相适应,与国家整体经济发展状况和国内社会主义精神文明建设相适应,与对外文化工作自身发展要求相适应,中央与地方相结合、官方与民间相结合的对外文化工作格局已经形成;对外文化交流的规模和范围不断扩大,交流的广度和深度不断发展,内容与形式更加丰富多彩,渠道与层次更加多样。迄今为止,中国与世界上 121 个国家签订了文化合作协定,与 160 多个国家和地区有不同形式的文化往来,与数千个外国和国际文化组织保持着各种形式的联系。交流范围涉及文学、艺术、文物、图书馆、博物馆、新闻、出版、广播、电影、电视、体育、教育、科技、卫生、青年、妇女、旅游、宗教等诸多方面。改革开放以来,是中国对外文化艺术交流史上发展最快、最好、最繁荣的时期。这对于中国文化艺术走向世界,让世界了解中国,对于借鉴世界优秀文化成果,繁荣发展我国文化艺术,对于推动中国与世界各国之间的友好与合作,产生了广泛而深刻的影响。中国对外文化交流成为增进中国人民和世界人民友谊的纽带和桥梁。

自 1949 年新中国建立到 2009 年,60 年来,新中国对外文化交流事业与共和国一起成长壮大,为中外友好关系和中国以及世界文化事业的繁荣发展作出了应有的贡献,也积累了丰富的交流经验。对外文化交流工作在继承的基础上不断创新,争取更大的发展;对外文化交流工作坚持"以我为主,为我所用"的原则,为中国的社会主义现代化建设服务,为发展社会主义文化事业和繁荣文学艺术服务。中国文化工作者将更加积极地开展多种形式的对外文化交流,向世界展示中国的伟大形象,博采各国文化之长,努力完成历史与时代赋予中国文化工作者的崇高使命,把一个繁荣发展的中国对外文化工作局面带入新世纪。

当代对外体育交流

1952 年 11 月,中央人民政府体育运动委员会成立,标志着体育成为中国整个社会主义事业的重要组成部分,也开始了中国体育史上一个全新的阶段——现代体育发展时期。鉴于当时的国际形势,第二次世界大战结束后一些国家对新中国采取蔑视态度,并进行封锁和包围,中国被迫于 1958 年中断了与国际奥委会的联系,在长达 20 多年的时间里 ,除乒乓球等少数运动项目外,基本未参加过正式的国际比赛。在这种情况下,中国在当时对外体育交流的主要工作对象国是前苏联和东欧国家。

1963 年 11 月,由印度尼西亚总统苏加诺发起的新兴力量运动会在雅加达举行。从那时起,中国同亚非拉发展中国家的体育交流开始上升到主要位置。

"文化大革命"的十年动乱,给中国社会带来了极大的灾难,严重干扰了政治、经济和文化的正常发展,体育也不例外。中苏关系的破裂,使中国所处的国际环境空前恶化,中国体育走向世界的历程更加艰难,与国际体坛的联系几乎全部中断。例如1968—1969年,中国只同一个国家进行了两起两个人的体育交往;1970—1980年只与罗马尼亚、阿尔巴尼亚、南斯拉夫三国有双边交往。

1978年以来,中国进入了改革开放的新的历史时期,1979年中国恢复了与国际奥委会的正式关系,中国的体育也就开始了全面走向世界的新历程。这一时期中国当代体育以空前的规模,全方位地同世界体坛进行了接触、交流和融合,并取得了举世瞩目的巨大成就,对外体育交流工作也进入了新的发展阶段。1984年,中国代表团参加了洛杉矶奥运会。2008年,中国成功地举办了第29届奥林匹克运动会。

延伸阅读

2008年北京奥运会口号

第29届奥林匹克运动会于2008年8月8日至24日在中国首都北京举行。此次奥运设置了三大理念:绿色奥运、科技奥运、人文奥运。举行了28个大项、38个分项的比赛,产生302枚金牌(其中中国获得51枚)。2008年,有6万多名运动员、教练员和官员参加北京奥运会。

本届奥运会口号"同一个世界,同一个梦想(One World One Dream)"集中体现了奥林匹克的精神实质和普遍价值观——团结、友谊、进步、和谐、参与和梦想,表达了全世界人民在奥林匹克精神的感召下,追求人类美好未来的共同愿望。尽管人类肤色不同、语言不同、种族不同,但我们共同分享奥林匹克的魅力与欢乐,共同追求着人类和平的理想,我们同属一个世界,我们拥有同样的希望和梦想。

"同一个世界,同一个梦想(One World One Dream)",深刻反映了北京奥运会的核心理念,体现了作为"绿色奥运、科技奥运、人文奥运"三大理念的核心灵魂的人文奥运所蕴含的和谐的价值观。建设和谐社会、实现和谐发展是我们追求的梦想。"天人合一"、"以和为贵"是中国人民自古以来对人与自然、人与人和谐关系的追求。我们相信,和平进步、和谐发展、和睦相处、合作赢和美好生活是全世界人民的共同理想。

"同一个世界,同一个梦想(One World One Dream)",文简意深,既是中国的,也是世界的。口号表达了中国人民与世界各国人民共有美好家园、同享文明成果、携手共创未来的崇高理想,表达了一个拥有5 000年文明,正在大步走向现代化的伟大民族致力于和平发展、社会和谐、人民幸福的坚定信念,表达了13亿中国人民为建立一个和平而更加美好的世界作出贡献的心声。

英文口号"One World One Dream"句法结构具有鲜明的特色。两个"One"形成优美的排比，"World"和"Dream"前后呼应。整句口号简洁、响亮、寓意深远，既易记上口，又便于传播。

中文口号"同一个世界，同一个梦想"中将英文口号"One World One Dream"中的"One"用"同一"表达，使"全人类同属于一个世界，全人类共同追求美好梦想"的主题更加突出。

汉语桥

"汉语桥"中文比赛是中国国家汉办主办的一系列大型国际汉语赛事，目前已经开展的比赛有"汉语桥"世界大学生中文比赛、"汉语桥"世界中学生中文比赛、"汉语桥"在华留学生中文比赛三项赛事。自2002年第一届"汉语桥"世界大学生中文比赛开赛以来，已经成功举办了八届"汉语桥"世界大学生中文比赛、两届"汉语桥"世界中学生中文比赛和两届"汉语桥"在华留学生中文比赛。来自世界70多个国家的近千名外国汉语学习者来华参加了决赛，各国参与预赛活动的汉语学习者达10万余人。"汉语桥"世界中文比赛已成为各国汉语学习者学习中文、了解中国、体验中国文化的重要平台，在中国与世界各国青年之间架起了一座沟通心灵的桥梁。

"汉语桥"中文比赛的内容包括汉语语言能力、中国国情知识掌握、中国文化技能和综合学习能力比赛。选手们首先在各自国家参加预赛阶段比赛，优胜者应邀来华参加复、决赛阶段比赛。优胜者还将获得相应的来华留学奖学金等奖励。比赛之余，选手们还将参加不同主题、丰富多彩的文化活动。

推荐书目：

1. 李景红. 风雨兼程 铸就辉煌：新中国体育60年. 广州：暨南大学出版社，2009.
2. 孙维学. 新中国对外文化交流史略. 北京：中国友谊出版公司，1998.

话题讨论：

1. 改革开放后中国体育文化交流有什么变化？
2. 新中国建立初期，中国体育文化交流有什么特点？

主要参考文献

1. 程裕祯. 中国文化要略[M]. 北京:外语教学与研究出版社,2003.
2. 沈治钧,高典. 中国社会概览[M]. 北京:北京语言大学出版社,1999.
3. 苏叔阳. 中国读本[M]. 沈阳:辽宁教育出版社,2007.
4. 孙岩,熊瑛,高侠. 中国概况[M]. 北京:海洋出版社,2007.
5. 王顺洪. 中国概况[M]. 北京:北京大学出版社,2004.
6. 肖立. 中国国情[M]. 北京:北京语言大学出版社,2001.
7. 中国政府网,http://www.gov.cn/.
8. 新华网,http://www.xinhuanet.com/.

责任编辑：陈　霁

图书在版编目(CIP)数据

中国概况 / 吴平主编. -- 北京 : 旅游教育出版社, 2014.9

ISBN 978-7-5637-2228-0

Ⅰ.①中… Ⅱ.①吴… Ⅲ.①中国—概况 Ⅳ.①K92

中国版本图书馆CIP数据核字(2011)第163910号

中国概况

吴平　主编

孙俊　副主编

出版单位	旅游教育出版社
地　　址	北京市朝阳区定福庄南里1号
邮　　编	100024
发行电话	(010)65778403 65728372 65767462(传真)
本社网址	www.tepcb.com
E-mail	tepfx@163.com
印刷单位	北京京华虎彩印刷有限公司
经销单位	新华书店
开　　本	787毫米×960毫米　1/16
印　　张	19.25
字　　数	301千字
版　　次	2014年9月第1版
印　　次	2014年9月第1次印刷
定　　价	36.00元

(图书如有装订差错请与发行部联系)